地图简史

徐永清 著

重走 3000 年地图漫漫途程

创于1897
The Commercial Press

2020 年 · 北京

图书在版编目(CIP)数据

地图简史/徐永清著.—北京:商务印书馆,2019
(2020.4 重印)
ISBN 978-7-100-16099-5

Ⅰ.①地…　Ⅱ.①徐…　Ⅲ.①地图—历史—世界
Ⅳ.①P28-091

中国版本图书馆 CIP 数据核字(2018)第 097706 号

审图号:GS(2019)72 号

地　图　简　史

徐永清　著

商 务 印 书 馆 出 版
(北京王府井大街 36 号　邮政编码 100710)
商 务 印 书 馆 发 行
北京顶佳世纪印刷有限公司印刷
ISBN 978-7-100-16099-5

2019 年 5 月第 1 版　　　开本 710×1000　1/16
2020 年 4 月北京第 3 次印刷　　印张 29¾　插页 3
定价:88.00 元

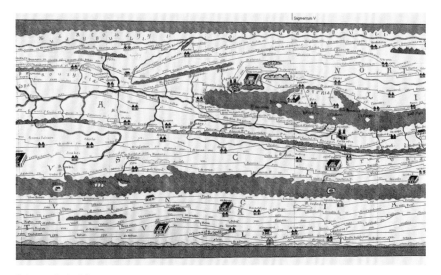

《波伊廷格地图》

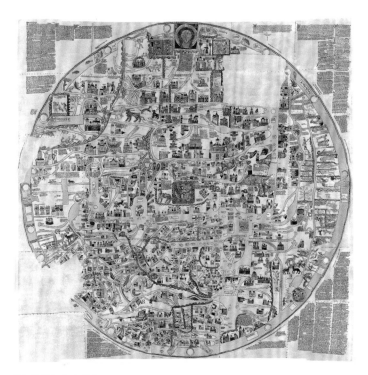

《埃布斯托夫地图》

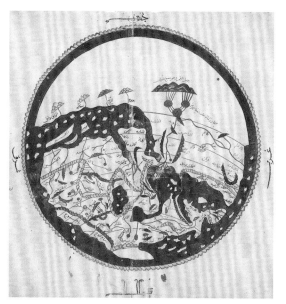

伊德里西《罗杰之书》的一份 16 世纪副本中的彩色圆形世
界地图（1154），汇集了拉丁语和阿拉伯语的地理知识。

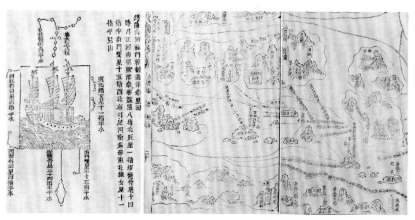

明代《郑和航海图》。记载郑和 1431 年最后一次下西洋的航海图。本图载于茅元仪《武
备志》卷二百四十。

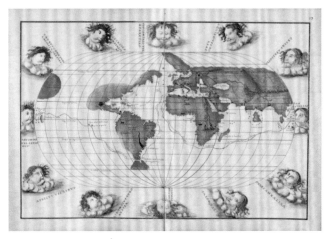

描绘麦哲伦航线的世界地图，选自《巴蒂斯塔·阿格尼斯航海地图册》慕尼黑副本。

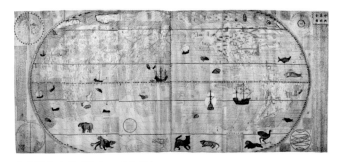

南京博物院藏《坤舆万国全图》

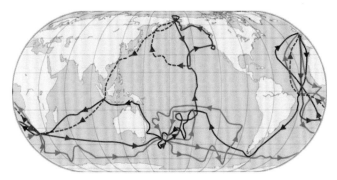

詹姆斯·库克船长航海路线图。红色是第一次的航线，绿色是第二次的航线，蓝色是第三次的航线。蓝色虚线是在库克死后船员们的航线。

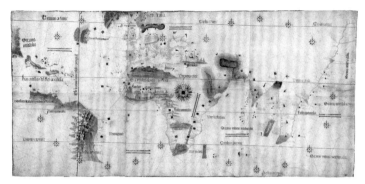

《坎迪诺平面球形图》

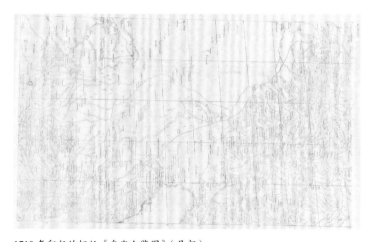

1719 年印行的铜版《皇舆全览图》（局部）

序：从全球视角了解地图历史

　　地图是人类认识世界的产物，是地图人（地图活动共同体）智慧的结晶。地图的历史，几乎和世界文化同样悠久。在地图学的漫长历史长河中，科学与创新的主旋律，始终主导着地图学发展的过去、现在乃至未来。

　　在我看来，无论是描述和表达地（星）球空间数据场和信息流的地图科学，或者是不同时期、不同地域、不同社会地图所承载的相应特殊形态的地图文化，抑或是"认识世界、改变世界"的地图哲学，都与地图发展的历史息息相关。地图科学的构建至少有2000年以上的发展历史，而没有地图史的地图哲学是空洞的，没有地图哲学的地图史是盲目的，地图科学、地图文化与地图哲学相结合的过程，就是古代、近代、现代地图的历史发展过程。

　　值得注意的是，在地图发展的历史长河中，地图文明同人类文明一样，正是在"变"与"不变"的对立统一中前进的。地图通过"时间效应"和"空间效应"的双重作用，在时间的坐标上，一次又一次地发生形态嬗变；在空间的坐标上，一次又一次地扩展地域的范围，由小到大，一直到在全球逐渐发展起来。

　　人类文明进步、社会稳定、生产力发展，是地图演化的充要条件。古希腊的荷马地图、爱奥尼亚地图、埃拉托色尼地图、托勒密地图，映射着地中海上的克里特文明或爱琴海文明；埃及尼罗河的季节性泛滥诞生的原始地图，映射着尼罗河流域的文明；古巴比伦人在陶片上绘制的美索不达米亚地区的巴比伦地图，映射着两河流域文明或美索不达米亚文明；印度河流域的冲积平原古代测量的原始地图，映射着土著达罗毗创造的哈拉巴文明；我们国家在黄河流域的堤防和灌溉工程兴建中出现的汉代黄河水道图，映射着黄河流域文明或远古中国文明。地图经历了从原始社会和农耕社会古地图的萌芽、兴起和发展，到工业社会基于大规模三角测量、航空摄影测量和照相平板彩色印刷技术应用导致的地图生产工艺的变革，再到知识经济社会以信息化为主要特征的数字（电子）地图、网络地图、移动地图、地理信息系统、智能地图的历史性和根本性变革。

现代地图源远流长。古希腊在自然科学方面的进步和发展，推动了古地图演化的进程，出现了把地球视为圆球，测量地面点的经纬度、采用地图投影经纬线网制图法绘制的"世界地图"；15世纪中叶以后，出现了至今仍广泛应用于航海的墨卡托投影海图；19世纪的科技发展成果，导致了地图测量与绘制水平的变革；20世纪50年代以来的信息革命浪潮，带来了地图制图技术的变革。今天，地图已成为国际上公认的三大通用语言之一，具备表达复杂地理世界的最伟大的创新思维，具备科学表达非线性复杂地理世界空间结构和空间关系的本质功能。在全球范围内，地图的数学基础趋于一致，地图符号和表示方法趋同，地图表达复杂地理世界的空间结构和空间关系的功能也是共同的。

一个时代和一种文化没有任何形式的地图，是难以想象的。不了解地图的历史，就难以认识地图对人类社会的重要性。地图文化与时代特征、地域（国家、民族）特征、生产力发展水平、科学技术水平和社会文明进步密切相关。长期的历史积淀形成了地图文化，地图文化通过地图、文献记载、媒体传播、地图生产等方式得到有序传承。

毋庸置疑，研究地图史，特别是现代科学意义上的地图发展史，需要从全球视野的角度进行。自 1958 年王庸先生的《中国地图史纲》出版以后，我国的学者陆续出版了若干中国地图学史的专著。但是，应该承认，在世界地图史研究方面，我国地图史研究学者对世界其他地区的地图学史研究、介绍不够充分，至今尚未出版过系统著作，相关的研究论文数量也不多。为了促进我国地图学史以及相关领域研究的长远发展，为了向中国普通读者普及地图史知识，我们不仅要加紧引进、介绍国外在地图史方面的优秀研究成果，同样需要中国学者在世界地图史方面的论著以及科普作品。徐永清的《地图简史》，正是一本普及世界地图史知识的有意义的读物。

从全球视角梳理、介绍地图历史，是《地图简史》的主要特色。书中回溯了从古代绘图时代到 18 世纪的地图发展历程，划分出世界地图史重要的时空发展阶段。围绕着历史上最著名的地图作品与地图学家，呈现了世界不同地域和文化所造就的各具特色的地图，讴歌了人类探索与发现的科学精神，并讲述了古往今来的制图家、探险家和地图测绘者精彩纷呈的故事。举凡古希腊哲人的地图理念，托勒密地图的地理指南，东方舆图的另辟蹊径，中世纪的宗教寰宇观地图，伊斯兰地图的传承与创新，地理大发现时代的地图复兴，全球航海贸易中的荷兰制图王国，中国皇朝金銮殿上的传教士制图家，16 世纪以降的国家制图行动……无不在书中得到生动翔实的反映。

以通俗易懂的笔法，向普通读者传播地图历史，是《地图简史》的又一特点。徐永清是新闻记者出身，从事测绘工作已经 20 多年，近年来开展边海地图方面的学术研究并且成果颇丰，我曾经主持过对他的南海地图、钓鱼岛地图研究项目的评审。他以学者的严肃态度、记者的求实精神，烹文煮字，勤奋耕耘，重走 3000 年地图漫漫旅途，呈现了大量历史上著名的地图，为我们勾勒了薪火相传的主流地图发展脉络，描绘出万象缤纷、大师辈出的全球地图史的瑰丽长卷。

值此《地图简史》付梓之际，永清向我索序，我为此感到慰藉，欣然应之。是为序。

王家耀

2018 年 11 月 12 日

目　录

引言
地图之路

地图之路，长路漫漫。

地图经天纬地，是描绘、再现地球表面状态的图形载体，尺幅之间，气象万千。

地图与时俱进，从图像模拟到模式化、符号化、抽象化，以特有的数学法则、图形符号和抽象概括，表现了地球或其他星球自然表面的世界现象，反映了人类人文现象的状态、联系和发展变化。

地图观摩世界，融自然和社会现象于一体，既有视觉的魅力，又有数学的精确，更有电子的神奇。

地图认知世界，是人们对于地理世界具象、形象与抽象的认识，是人类观察、感知地理空间的主要形式。

路漫漫其修远兮

地图与人类文明相伴相生。很难考证第一幅地图是什么时候、出于什么目的、在何处被绘制出来的。但是，我们可以肯定，早期的地图绘制目的多种，形式各异。开拓者筚路蓝缕，构建地图空间；先贤历尽艰辛，升华地图精神。

我们至今使用的地图，源自古希腊贤人的地理思想，集大成于托勒密的地图学，发扬光大于地理大发现以来的欧洲，裨益于 17 世纪后新的测绘技术的出现，转型于 20 世纪迄今的以航天、电子、计算机、通信技术为代表的科技革命大潮。

地图起步已有万年。在今捷克境内的巴甫洛夫附近，发现了 2.5 万年前旧石器时代的一颗巨大象牙，上面雕刻了一幅地图，方向朝南，描述了蜿蜒的河流、起伏的山峰和散布的村落，与当地的地形结构完全相符，这或许是现在人们能看到的最早的地图实物。[1]

巴甫洛夫象牙地图

---

[1]〔英〕安妮·鲁尼著，严维明译《世界人文地图趣史》，电子工业出版社，2016 年，第 7 页。

大约在距今 1 ～ 1.5 万年间，出现了早期人类在泥土上用线画或用简单符号表示事物的原始地图。

已发现的最古老的世界地图（公元前 2500 年，巴比伦）

4500 年前，一种画在巴比伦黏土片上的地图，被普遍接受为"最早发现的地图"。1930 年，在伊拉克哈兰和基尔库克附近的一座古巴比伦遗址的土丘上，出土了一片古巴比伦人绘制在泥板上的地图，手掌心大小，面积为 7.6 厘米 ×6.8 厘米。大多数学者将此片地图的年代，定位于公元前 2500 ～前 2300 年阿卡德王朝的开创者萨尔贡一世时期，也就是距今 4500 多年前。

这个地图把古巴比伦放在一个圆形世界的中心位置，四周是水，标明是一条"苦水河"。四周的大海里有七个岛屿，似乎想显示地球的中心部分有一座山、七个城市、几条河流和一片沼泽地。[①] 地图上还刻有楔形文字。

地图纵贯古今。地图是人类各个历史时代的产物，无不打上时代的烙印，人类社会发展的不同空间与时段，都有那个时期的主流地图。

约公元前 3100 ～前 332 年，基于丈量尼罗河流域的土地需求，古埃及时代的地图开始发展起来。

到了古希腊、古罗马时代，当古埃及的几何学和地理知识传播到地中海沿岸各国后，人们的注意力转向地中海航海地图的测绘。测量经纬度、研究地图投影、编制以地中海为中心的世界地图，成为西方地图测

---

① 〔英〕安妮·鲁尼著，严维明译《世界人文地图趣史》，电子工业出版社，2016 年，第 115 页。

绘的主流。

古希腊是现代地图的摇篮。数学家毕达哥拉斯提出世界是个球体的论断。公元前7～前6世纪间,阿那克西曼成为第一个用比例尺画地图的人。公元前2世纪,亚历山大图书馆馆长喜帕恰斯根据亚述人的算术,把圆分成360º,规定了纬线和经线的网格,确定用经纬线描述地表位置的体系,他也首次试图解决如何把地球的曲面放在一个平面上的问题。埃拉托色尼绘制了球体地图,编写了《地球的测量方法》和《地理学》两部著作,并首先将经纬线运用于地图上。托勒密使古希腊地图学的发展达到顶峰,他的著作《地理学指南》,包括地图制图的理论和两种投影方法,还有以经纬线绘制的26幅分区图和1幅世界地图。时至今日,其制图理论仍然主宰着制图学,特别是地形图和世界地图的绘制。

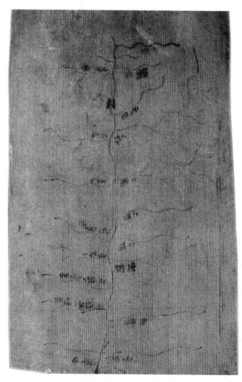

甘肃《天水放马滩秦墓出土地图》(第4板A面)

已知最早的中国地图，可追溯至公元前 2100 年左右，《左传》就记载了夏朝的《九鼎图》。《天水放马滩秦墓出土地图》绘制于公元前 299 年，是目前发现的中国最早的实物地图，共 7 幅，尺寸为 26 厘米 × 18 厘米，系战国末期秦国绘在木板上的地图。长沙马王堆汉墓所发现的公元前 130 年绘制的《地形图》和《驻军图》，说明早在汉朝，中国人就建立了一套以注重比例尺为核心的制图体系。西晋裴秀创立的"制图六体"，使东方地图的可靠性得到了提升。随后的岁月，西晋裴秀的《禹贡地域图》、唐贾耽的《海内华夷图》、北宋沈括的《天下州县图》、元朱思本的《舆地图》，以及明代的《郑和航海图》等煊赫于中国地图史。明清时期出现了大量地图，是中国舆图制作的高峰时期。现藏于中国第一历史档案馆的《大明混一图》，1389 年（明洪武二十二年）成图，彩绘绢本，图幅尺寸为 386 厘米 × 456 厘米，这幅世界地图，以大明王朝版图为中心，东起日本，西达欧洲，南括爪哇，北至蒙古，描绘了欧洲和非洲地区。

　　早期的地图从模型地图向平面地图升级后，逐步衍生出世界地图、航海地图等普通地图，以及行政区划图、军阵图、域外地理图等各种专用地图，开始成为人类认识世界的工具。

步履维艰

　　人们把对地球的认识画在地图上。托勒密的地图，显示了认为地球是整个造物中心的理论即"地心说"。人们还想当然地认为，某些国家和文明也是世界的中心。在伦敦格林尼治子午线被定为本初子午线之前，绘图师只能凭借狭隘的地理文化知识来确定世界的中心。早期的朝鲜地图把朝鲜作为世界中心，中国则是这张地图上的"中央之国"。十字军东征期间，基督教的世界地图把耶路撒冷绘制成世界的中心。

中世纪早期制图

在欧洲漫长的中世纪，地图黯淡无光。古希腊科学的制图精神，被宗教寰宇观取代，毫无实用价值的 T-O 地图风行一时。

从伊斯兰早期开始，就存在多种类型的地理图。9 世纪花剌子密绘制的地图，是伊斯兰地图学受托勒密影响的例证。10 世纪，在伊朗形成了独特的伊斯兰地图学体系巴里希学派。12 世纪，阿拉伯著名地理学家伊德里西撰写的巨著《云游者的娱乐》（又名《罗吉尔之书》），附有各类地图 70 多幅，利用经纬线正交的方法，划分了当时已知世界的区域。

持续了两个半世纪的文艺复兴，在摆脱精神枷锁、弘扬人类崇高精神的同时，也大大拓展了人类的空间观念。

地理大发现时代，人们迫切需要更多地了解世界。对地图精度的要求不断提高，在很大程度上促进了测量手段和地图绘制技术的快速发展。1487 年，葡萄牙航海家迪亚士绕过非洲大陆南端，找到了通往印度洋的入口好望角。1498 年，葡萄牙航海家达伽马乘船绕过好望角，到达印度。从 1492 年起，凭借地图，意大利人哥伦布 4 次航海到达美洲。1519 年，葡萄牙航海家麦哲伦完成了环球航行，从而完全证实了地球球体学说。

探险不仅发现了新的陆地、岛屿、海峡、水域，也加深了对地球面貌的认识。探险家们为人类呈现了一个全新的、趋于完整的地球，而制图师则将整个地球搬到了纸上，这就是世界地图。几乎所有的近现代探险家，在闯入未知的陆地和海洋进行探险的同时，不论是出于领土占领或殖民的目的，还是出于科学的目的，都无一例外地进行了地图的测绘工作，并取得了辉煌的制图成果。

文艺复兴时期的制图师

托勒密重新成为地图的权威。同时，相当一部分地图学家开始创新，以适应人们对新型地图的需要。1459 年，弗拉·毛罗绘制的世界地图，把托勒密传统中封闭的印度洋，改成向南开口。1490 年，马丁·贝海姆在纽纶堡制成了第一个地球仪。1507 年，马丁·瓦尔德泽米勒绘制的一幅世界地图，第一次把美洲作为一个独立的大陆，而不是"亚洲的东部"。

当我们简要地回顾地图的最初路径时，恩格斯在《自然辩证法》中的这段名言意味深长："随着君士坦丁堡的兴起和罗马的衰落，古代便

完结了。中世纪的终结是和君士坦丁堡的衰落不可分离地联系着的。新时代是以返回到希腊人而开始的。"[①]

开拓的历程

16世纪70年代至17世纪后半叶，铜版印刷技术及造纸术日趋成熟，航海探险者为正确地绘出陆地轮廓提供了海岸资料，各国的地图学家通过各种方式相互交换地理资料，内容广泛的世界性地图集出现了。当时，最著名的以出版地图集闻名的出版商是荷兰（包括今比利时）人，地图集的出版中心在安特卫普和阿姆斯特丹。

1570年5月，地图出版商阿伯拉罕·奥特柳斯出版的地图集《寰宇大观》，收入了70幅地图、35页地志，选用了90多位地图学家的资料。这部图集，通常被认为是第一部用科学方法编辑的地图集，在当时非常畅销，不断再版，并逐渐添加了新的内容，到1601年已增加到121幅图，共出了41版。这部地图集，也成为利玛窦神父在中国制作第一幅世界地图的底本。

1569年，地图学家墨卡托绘制的一幅世界地图，描绘了南北美洲，以及由南极和澳洲组成的南方大陆。使用的等角圆柱投影，能让航海者用直线导航，后来为航海图所普遍采用，后人把它称为墨卡托投影。墨卡托的世界地图，标志着现代地理学纪

地图学家墨卡托

---

①〔德〕恩格斯《自然辩证法》，人民出版社，1971年，第170页。

元的开端。

随着三角测量法被引入欧洲，以及平板绘图仪、经纬仪、星盘、航海手册等勘测和导航仪器的重大革新，再加上东方印刷术的传入，欧洲的地图制作方法有了革命性的变化。地图中的地物开始被统一规定的符号所替代，制图者也开始更加重视按比例来表现客观世界，这使得地图更加趋于一致并且专业化。

17世纪工业革命开始，高精度的测绘仪器相继出现，为进行大规模的地形测量准备了物质条件。随着地图精度的不断提高、大比例尺地图的出现，地图服务于政治、军事的功能更为突出，这就是以国家为背景的近代地图的开端。

从17世纪下半叶开始，地图制作的领先位置由荷兰转移到法国。在绘制法兰西新地图以及开展"欧洲测量计划"后，路易十四派人到世界各地去实地测量，精确绘制世界地图。1669年，意大利人J.D.卡西尼被邀请去法国天文台工作，并在法国境内着手进行一系列地形测量。他对地图学最大的贡献是发明了用观察土星运动的方法来确定经度。他的儿子J.卡西尼测量了从敦刻尔克经巴黎到佩皮尼昂的一段子午线弧长。他的孙子C.F.卡西尼及曾孙进行了三角测量工作，并据此确定了地形测量图幅的位置。1816年，法国本土的182幅1∶86400比例尺系列地形图测制完成。

此后，西方各国纷纷步法国的后尘，开展了三角网测量，建立了各自的测量部门。1791年，英国成立了军械测量局。由此，政府组织的大规模地形测绘成为近代地图学发展的主流。各国纷纷成立了测绘机构，主管国家基本地形图的测绘，逐步形成不同的比例尺系列地图，以及不同的地图投影方法、分幅、图例符号和表示方法。

1708年，在中国清代康熙皇帝的主持下，白晋、雷孝思、宋君荣等多名传教士参与了清政府组织开展的全国舆图测制工作，并于1718年完成了《皇舆全览图》和各省分图稿共32幅，推动了西方制图学走进中国，也使中国达到当时世界制图的最高水平。遗憾的是，这些地图

长期藏于内府，未能发挥其应有的作用。最终，反而被传教士带回欧洲，帮助世界重新认识中国，进而准确绘制出世界地图。

1839 年，摄影技术发明后，法国有人试用照片制作地形图。19 世纪 50 年代末，法国、美国相继利用气球拍摄出鸟瞰巴黎街道的照片和波士顿街道照片。19 世纪 80 年代，英国、俄国和美国都有人通过风筝拍摄地景照片。19 世纪 90 年代有人论述了这些地物照片转换为正射投影的数学解析法，继而制作出地形图。

航空摄影拍摄的千岛湖

1909 年，航空摄影开始在地图制图中得到应用，世界上第一次利用飞机实现了空中观测地面，同时拍摄地面相片，人们开始采用航空相片编制地形图。随着照相机的出现，人们开始尝试从气球上、飞机上拍摄地面照片以用于地图绘制，并于 1910 年成功研制了供航空摄影测量用的立体测图仪。不到半个世纪，航空摄影测量就从根本上改变了 300 多年发展起来的地图测绘生产过程。航空摄影和航空遥感技术的结合使得大范围测制大比例尺地形图变为现实。

航天时代的到来，使地图绘制更加准确。美国宇航先驱约翰·格伦说："当我驾驶的航天飞机从卡纳维拉尔角点火升空时，我可以从空中看到佛罗里达州的全貌，就像一张地图。"航天科技用于现代地图绘制以后，古代绘图师们在地图上的假想虚构物，从地图集中被彻底删除。卫星遥感可以精确、适时地提供绘图数据，甚至可以重现古代的地理痕迹。

1972年，美国发射了第一颗地球资源卫星，1975年、1978年和1982年又相继发射了三颗陆地卫星，主要用于探测地质、矿产、森林、土地资源、农作物产量估算、环境污染及动态分析和预测等。各有关部门都利用该陆地卫星系列所获取的信息，编制各种专题地图。1984年，法国空间研究中心发射地球资源观察卫星SPOT，并把高分辨扫描仪安置在卫星上，获取适合编制1∶100000或1∶200000地形图的较高分辨率的照片。

20世纪50年代，计算机开始应用于地图制图，加快了地图朝现代化方向的发展。到20世纪70年代，计算机地图制图发展到广泛应用阶段。目前，在自动化制图领域，多功能、多用途综合性地理信息系统，在各种评价、预测、决策、规划管理方面发挥着重要的作用。

地图改变着世界。随着科技的进步和测绘手段的提高，地图逐步成为改变世界的基础工具，并将能更好地帮助我们规划未来。在漫长的发展进程中，地图逐渐由表现工具演化为文化符号，蕴含、发散着丰富的文化信息，积淀着人类社会丰富多样的知识、观念，反映出绘制者对空间地理的各种理解和表达，并与历史、社会、环境、经济、科技之嬗变交相互动。

前所未有的发展空间

随着时代的发展、科技的进步和人们精神文化需求的与日俱增，地图产品日新月异，地图文化生机勃发，地图产业加速拓展。古老而又新

锐的地图，迎来了前所未有的发展空间。

地图功能强大。在经济、政治、社会、文化、生态领域，地图成为地理信息动态表达的一种主要手段。地图表示地理区域、版图范围；地图精确标定地理位置及其相关属性；地图将多源数据集成到同一地理参考坐标系中；地图通过数据合并或叠加来分析空间问题；地图可以模拟未来的地理空间状况。

科技给地图工艺插上翅膀。传统地图编制，根据外业实测地形图和其他制图资料，经过编辑、编绘、制印等阶段，编制各种比例尺的地图。现代制图技术，告别了手工编绘，实现了全数字化地图生产。应用计算机专业制图软件，可以扫描形成栅格图像，实现图形数据矢量化，运用高精度绘图仪编绘地图，并做到数据直接制版、数据直接印刷。

当代地图产品流光溢彩，种类繁多，从纸质产品到虚拟世界，构筑起一座宏伟的地图殿堂。按表现形式，可以分为普通地图、数字地图、电子地图、影像地图、网络地图等类别。按照具体应用范围，可以分为参考图、教学图、地形图、航空图、海图、海岸图、天文图、交通图、旅游图、电子导航图以及 VR 等品种。

地图始终处在科技前沿。进入 20 世纪后，航空摄影、卫星遥感、地图数据库、卫星导航定位等新技术的出现与成熟运用，使地图绘制呈现出崭新的面貌，地图在改造世界活动中的作用愈加显著。

人造地球卫星的发射，更是开创了人类进行全球性遥感制图的新纪元。航空、航天遥感影像分辨率的提高，为地图更新和专题制图提供了更高精度的源数据，改变了从大比例尺逐级缩小编图的工艺程序。地图数据库以及地理信息系统（GIS）的应用，使地形图、专题地图和遥感信息汇集、存贮于统一的地理坐标基础之上，改变了地图的数据收集和处理，以及制作、发行和使用的方式，把地图绘制带入计算机制图的新阶段。

2005 年启动的互动地图绘制工程"谷歌地球"（Google Earth），是美国谷歌公司开发的虚拟地球仪软件，它把卫星照片、航空照相和GIS布置在一个地球的三维模型上，受众可以在上面查看卫星图像、地图、地形和3D模型、2D照片、视频。

2012年1月9日发射的资源三号卫星，是中国第一颗自主的民用高分辨率立体测绘卫星，可以测制1：50000比例尺地形图。

地图大放光彩。今天，由于新一代信息、航天和通信技术与测绘地理信息技术的融合发展，凡是具有空间分布的事物和现象，都可以用地图来表现，大幅提升了地图中信息的负载量和影响力。

新一代的地图，可以统计、分析、预测世界即时发生的变化，为准确掌握世情国情、监测生态环境、提高管理决策水平提供了重要依据。智能手机中的电子地图和导航地图，成为人们生活中须臾不可离身的标配。

地图源远流长，历久弥新。

地图鉴古知今，溯源择流。

资源三号卫星拍摄的影像图

从古希腊到华夏大地，从地中海沿岸到宇宙空间，地图制作的悠久的古老旋律，至今回响在 21 世纪的地球上。

继承发扬地图辉煌的传统，反映瞬息万变的新世界。

挥舞科学技术神奇的魔杖，变幻七彩斑斓的新地图！

第一章
群星闪耀

　　两千多年前的一个夏至日，就是 6 月 21 日的正午，在古埃及西恩纳（Syene，今阿斯旺），科学家埃拉托色尼用简单的工具，测量出地球的周长。

埃拉托色尼测量地球周长

　　埃拉托色尼测量子午线，承袭地球是一个圆球的原理。地球是一个圆球这一原理的温床，正是古希腊先贤的哲学思想。

　　公元前 6 世纪，希腊思想家形成了球形地球观念，普遍认为大地是个球体。毕达哥拉斯及其学派认为，人类居住的地球应该

是用最完美的形式创造的，一定是个球形。公元前380年，柏拉图在他的《斐多篇》一书中提及，苏格拉底曾经思考过大地究竟是平的还是圆的这一问题。柏拉图在《蒂迈欧篇》中第一次明确地提出了地球概念，他认为大地是一个圆球体，这个圆的球，位于宇宙的中心，其他天体环绕它进行圆周运动。亚里士多德接受了柏拉图的球形观念，并给予了理论论证。希腊人还发现，当海船由远处海域驶来时，总是先看见船的桅杆，然后才是船身，这一现象后来也被用作支持球形大地的证据。

　　球形地球观念形成后，人们认识到地球是一个独立的天体，大地是具有连续表面的主体。这样，地与天就相隔开了。地理学从宇宙学中分离出来，形成以地球为其研究对象的独立学科，以球形地球为学科的核心概念。公元前4世纪的希腊学者欧多克索斯（Eudoxus）将地球划分为赤道、热带圈和极地圈，对地球表层的气候、植被、动物、土壤等地理要素的空间分布，体现出全球尺度上的纬度地带性特征。公元前2世纪，希腊地理学家喜帕恰斯建立了用经线和纬线组成的地理坐标，试图用数学方法来确定地表上各点的精确位置。

　　球形地球原理的产生，直接推动了地图学的发展。希腊人发现，把一个球面绘制到平面上而不产生变形，是完全不可能的。为了解决这一问题，喜帕恰斯发明了地图投影方法，使球面在地图上产生的误差、畸变，可以用数学方法来系统表示。地图投影的创立，标志着数学地图学的产生。随着经纬度、经纬网和地图投影理论与技术的逐步完善，集大成者托勒密的出现，使古代西方的地图学达到了顶峰。

地球是个球体

我们生存的地球是个什么形状？顾名思义，是"球"形的。

很早以前，在太阳系中的岩石相互碰撞、形成各个行星时，地球诞生了。地球是一个巨大的液态球体。从形成之初直至现在，地球主要是由液态岩石构成的。在引力极小的太空，液态物质将自动形成球形。

物体在宇宙中的移动，始终会受到各种引力的影响，所以它们既公转又自转，自转的离心力，将它们塑造成球形。在太阳系运行过程中，地球体积大，它的引力足以使自己形成圆形。

地球的形状，像一只旋转的梨子。整个地球是个三轴椭球，犹如一个梨形体，鼓起的赤道部分，是它的"梨身"；北极有点凸出，像个"梨蒂"；南极有点凹入，像个"梨脐"。

地图，就是这个"梨形地球"的整体与局部的图像表示。

蓝色玛瑙（The Blue Marble），是 1972 年 12 月 7 日由阿波罗 17 号太空船船员拍摄的著名地球照片。

现代地图的一切，都是从"地球是个球体"这一原理出发的。

古代的埃及人、美索不达米亚人和腓尼基人，都在地理知识的萌芽、积累和传播中有过重要的贡献，但是真正将地理学科化的历史使命，是由古希腊人完成的。

古希腊人的哲学思想，是古代西方地理学的指南，也是现代地图学的滥觞。

古希腊的科学家，群星璀璨，却也很是令人诧异。他们确定地球是一个球体，他们测定了地球的周长，他们还测出了太阳、月亮、地球三者间的距离，他们更为地球标出经纬度，绘制出世界地图，尽管在今天看来，那些地图很不精确。

法国学者保罗·佩迪什（Paul Pedech）在他的著作《古代希腊人的地理学》的绪言中指出："哺育希腊地理学成长的两位'奶母'是地理考察和哲学。"[1] 他又将古代希腊人的地理学，大致分成了两大类，一类是"叙述一些思想家和学者的活动。他们试图赋予地球一种科学的图像，并将人类居住世界的形貌记入其中，也就是要绘出当时已知世界的地图。这幅地图不是按照表明知识的结构，而仅仅是根据位置体系而绘制出来的。"[2] 这一类古希腊地理学家，主要探讨地球的结构、物理现象的成因、世界的范围以及世界地图的绘制，试图赋予地球一种科学的图像，绘出当时已知世界的地图，也可被称为地图学派。

另一类古希腊地理学家，"他们以文学的形式来描述人类居住的世界。这是描述地理学，可是遗憾的是它们已残缺不全了，或者分散夹杂在那些性质不同的著作，如历史之中。但是这些残存的资料是十分珍贵的，它们可以帮助人们了解希腊人当时是怎样提出地理描述这一问题，怎样看待宇宙以及人和自然环境的相互关系的。"[3] 这一类古希腊地理学家，主要从人文科学的视角考察、描述地理的世界，也可被称为描述地

---

① 〔法〕保罗·佩迪什著，蔡宗夏译《古代希腊人的地理学》，商务印书馆，1983 年，第 5 页。
② 同上。
③ 同上。

理学派。

公元前 800 年到公元前 600 年，是希腊殖民活动的出现和兴盛期。希腊人开展了大规模的海上航行活动，极大地开阔了地理视野，对于有人居住的世界的认识扩展到前所未有的范围，很自然地产生了绘制当时已知世界地图的要求，以便赋予地球一种科学的图像，并将有人居住的世界范围和形貌记入其中。

地理与哲学很幸运地首先在希腊爱奥尼亚（Ionia）结合起来，并导致了古希腊地理学的诞生。爱奥尼亚是古希腊人对今天土耳其安纳托利亚西南海岸地区的称呼，在当时是学者云集、学术思想活跃的中心，早期的古希腊地理学也被称为爱奥尼亚地理学。

米利都的阿那克西曼德（Anaximandre）和赫卡泰（Hecatee），分别是古希腊地理学的两个流派，即地图学和描述地理学的鼻祖。古希腊地理学作为一门学科，它首先是从地图编绘开始的，地理描述则是它发展的后一阶段。

美国加利福尼亚大学的地理学教授诺曼·思罗尔在他的《地图的文明史》一书中说："一个对随后的地图学进步有根本价值的概念，即大地为球形结构（最早似乎产生于毕达哥拉斯学派），通过柏拉图（逝于公元前 347 年）在内的支持者的工作得到了普及。"[1]

古希腊的哲学家和地理学家很快就意识到，球体可以对称地，甚至是美妙地被划分，地圆说为美学想象力提供了无可争辩的机会。

公元前 500 年，古希腊哲学家毕达哥拉斯第一次提出大地是球体的概念。他认为人类的家园是一个球体，他是有如此想法的第一人。毕达哥拉斯学派认为，圆形和球形是最神圣而完美的几何图形，地球和天体都是球形的，每个天体都沿着圆形的轨道运转。[2]

公元前 400 年，柏拉图在《斐多篇》中，转述了他的老师苏格拉底临终前的观点，认为大地是个球体。

---

[1]〔美〕诺曼·思罗尔著，陈丹阳、张佳静译《地图的文明史》，商务印书馆，2016 年，第 28 页。

[2] 桂起权《物理学史上的毕达哥拉斯主义研究传统》，《洛阳师范学院学报》2005 年第 4 期。

公元前 300 年，柏拉图的学生亚里士多德从纯数学理论出发，同意大地是个球体这一观点。

公元前 300 年，中国战国时期的哲学家惠施，在"历物十事"中提出，"我知天下之中央，燕之北，越之南，是也"[①]。有一种解释认为，"天下之中央"指地球南极和北极，这说明惠施已有大地是球形的观念。此说未免牵强，因为惠施并没有提到大地是球形或者南北极。从"历物十事"的上下文来看，惠施讲的其实还是一种哲学思辨。[②]

亚里士多德的学生狄西阿库斯（Dicaearchus，约公元前 355～前 285），首先在地图上画下了从东到西的纬线，这表明在同一纬度上的各地在任意指定的一天，都能看到正午太阳具有相同的倾角。

公元前 240 年，古希腊科学家埃拉托色尼最早计算出地球大小，他成功地用三角测量法测量了阿斯旺和亚历山大城之间的子午线的长度，算出地球的周长约为 25 万希腊里，与实际长度只差 340 公里。

公元前 134 年，古希腊科学家喜帕恰斯将经纬度变成地图上井井有条的坐标格，他的这一套经纬网一直沿用到今天。

公元前 64 年至公元 24 年，"希腊化"地理学家斯特拉波，详细描述了当时"已知的世界"的人文地理情况，并流传有一幅世界地图。

公元 200 年，亚历山大城的克劳迪乌斯·托勒密以数学解析方法，论述了在一个平面上再现球体的解决方案。托勒密承上启下，成为地图学泰山北斗级的奠基人和集大成者。

1519 年葡萄牙航海家麦哲伦率领的 5 艘海船，用 3 年时间，完成了第一次环绕地球的航行，从而直接证实了地球是球形的这一观点。从此，人们便一致把我们所在的世界称为"地球"。

哥白尼在其巨著《天体运行论》一书中摒弃了地球在宇宙中至高无上的中心位置，而把太阳作为宇宙的中心，但是他仍然使用了完美的圆

---

① 见《庄子·天下篇》。
② 杨新世《惠施"我知天下之中央"命题新解》，《河北学刊》1988 年第 6 期。

形轨道。

　　1609 年，德国天文学家约翰·开普勒公布了行星运动第一定律，又称轨道定律，即所有行星分别在大小不同的椭圆轨道上运动；太阳的位置不在轨道中心，而在轨道的两个焦点之一。

　　1672 年，法国天文学家李希通过测定，发现地球赤道的重力比其他地方都小，提出大地是扁球形的主张。

　　17 世纪末，英国科学家牛顿研究了地球自转对地球形态的影响，从理论上推测出地球不是一个很圆的球形，而是一个赤道处略为隆起、两极略为扁平的椭球体，赤道半径比极半径长 20 多公里。牛顿把椭圆轨道扩展为抛物线和双曲线。

　　1717 年（康熙五十六年），清朝康熙皇帝主持的、以来华传教士为主测绘的《皇舆全览图》告成，此图是中国第一次经过大规模实测，采用科学方法绘制的地图。在这幅地图的绘制过程中，人们发现了地球经线的长度因纬度上下而有所不同，从而第一次在实践中证实了牛顿关于地球为椭圆形的理论。[①]

　　1735～1744 年，法国皇家科学院派出两个测量队分别赴北欧和南美进行弧度测量，测量结果证实地球确实为椭球体。

　　20 世纪 50 年代后，科学技术发展非常迅速，为大地测量开辟了多种途径，高精度的微波测距、激光测距，特别是人造卫星上天，再加上电子计算机的运用和国际间的合作，使人们可以精确地测量出地球的大小和形状。

　　科学家通过实测和分析，终于得到确切的数据：地球的平均赤道半径为 6738.14 公里，极半径为 6356.76 公里，赤道周长和子午线方向的周长分别为 40075 公里和 39941 公里。测量还发现，北极地区约高出 18.9 米，南极地区则低 24～30 米。

──────────

① 〔法〕杜赫德著，葛剑雄译《测绘中国地图纪事》，《历史地理》第 2 辑，1982 年。

毕达哥拉斯

毕达哥拉斯（Pythagoras，公元前572～前497），古希腊数学家、哲学家、伦理学家、地理学家及宗教领袖，出生在爱琴海东部的萨莫斯岛，自幼学习几何学、自然科学和哲学。他去过巴比伦、印度和埃及一带漫游，学习、吸收了阿拉伯文明和印度文明的文化。

公元前500年，毕达哥拉斯第一次提出大地是球体的概念。毕达哥拉斯认为，圆形和球形是最神圣而完美的几何图形，地球和天体都是球形的，每个天体都沿着圆形的轨道运转。从球形最完美这一概念出发，毕达哥拉斯坚持认为大地是圆形的，最早提出了地球是球形的见解。他设想地球是一个正球体。[1]

毕达哥拉斯塑像，藏于Capitolini博物馆，罗马。

约公元前529年，毕达哥拉斯在古希腊殖民地意大利南部的克罗顿招收弟子，创建了约300人的毕达哥拉斯学派，亦称"南意大利学派"。入其教派者须将所有财产充公，并遵守共同戒律。毕达哥拉斯学派是一个以数学研究为主的科学团体，同时也是一个以"数"为信仰的宗教组织。

毕达哥拉斯从美学观念出发，认为宇宙不仅是和谐的，而且是完美的，宇宙中所有的天体的形状和它们的运行轨道都应该

---

[1]〔英〕杰里米·哈伍德、萨拉·本多尔著，孙吉虹译《改变世界的100幅地图》，生活·读书·新知三联书店，2010年，第21页。

是完美的。他从球形是最完美的几何形体的角度出发，认为大地是球形的，而且所有天体都是如此。他又由此推断，地球的外面是空气和云，再往外是太阳、月亮和行星，它们都在圆形轨道上绕地球做匀速圆周运动，最外层是永不熄灭的天火。

毕达哥拉斯学派不但提出了地球概念，还提出了天球概念，认为整个宇宙也是一个球体，由一系列半径越来越小的同心球组成，每个球都是一个行星的运行轨道，行星被镶嵌在自己的天球上运行。

他们认为，位于宇宙中心的是"中心火"，所有的天体都绕中心火转动。地球沿着一个球面围绕着空间一个固定点处的"中央火"转动，"中央火"虽不是太阳，但却是关于地球运行的第一个推测。

天球只能有 10 个，因为 10 是最完美的数字。天体有地球、月亮、太阳、金星、水星、火星、木星、土星 8 个，加上恒星天球，一共只有 9 个天球，不符合对"10"这一美的数字的理想追求。于是，毕达哥拉斯学派又假想出了一个叫"对地星"的天体。

毕达哥拉斯还画出了地球自转的图像，将球形地球分为 5 个区域：一个热带，两个温带，北部和南部两个寒带。

传说毕达哥拉斯很可能画过一个世界地图，然而，到现在也没有找到这幅地图幸存的证据。

毕达哥拉斯对于地球是球体的构想，来源于他对圆形是最完美的几何形状的信仰，抽象的理论推理，以及对于大地、天空、海洋的切实的观察。在他的推论的影响下，地球是个"球体"的观念，开始在古希腊普及。绘图史学家亚各布指出，自毕达哥拉斯提出这一学说起，地球仪以及地图被古希腊人用于冥想、开启心智，成为精神启蒙的工具。[1]

古希腊的毕达哥拉斯主义传统，在很大程度上促进了现代科学的诞生。毕达哥拉斯有关地球是球形的见解，从两千多年前到现在，一直是现代科学意义上的地图测绘学的出发点。

---

[1]〔美〕维森特·韦格著，金琦译《绘出世界文明的地图》，清华大学出版社，2013 年，第 20 页。

柏拉图

柏拉图塑像

毕达哥拉斯的拥趸柏拉图（约公元前427～前347），出生于古希腊一个贵族家庭，青年时师从苏格拉底。

公元前387年，柏拉图在朋友的资助下，在雅典城外西北郊的赛菲萨斯河畔买下房产，创建了以"阿卡德米"（Academy）命名的学园，讲授他的学说。

柏拉图的著作《斐多篇》，[1] 通过苏格拉底的学生斐多的回忆，讲述了苏格拉底临刑前一天的言行，文章主要引述苏格拉底与他的两个朋友西米阿斯与克贝的谈话。在《斐多篇》中，柏拉图阐述了他的老师苏格拉底和他本人的宇宙观，尤其使人感兴趣的是，还详述了他们对于大地面貌的见解：

"你怎么能这样说，苏格拉底？"西米亚斯说，"我本人听说过大量关于大地的理论，但从没听到过你这种说法。我很想听听到底是怎么回事。"

"说实话。西米亚斯，我不想用格劳科斯[2]的技艺来解释我的信念，要想证明它在我看来实在是太难了，哪怕对格劳科斯也太难。首先是我可能做不到，其次，即使我知道怎么做，西米亚斯，在我看来我的生命也太短了，以至于无法完成长篇解释。然而，我没有理由不告诉你我对大地的面貌和大地的区域是怎么看的。"

---

① 〔古希腊〕柏拉图著，王晓朝译《柏拉图全集》第一卷，人民出版社，2002年。
② 格劳科斯（Glaucus）是希腊神话中的海神，善做预言。

拉斐尔《雅典学园》（1509～1510）

"好吧，"西米亚斯说，"即使只能听到这些也就行了。"

"那么这就是我的信念，"苏格拉底说，"首先，如果大地是球形的，位于天空中央，那么它既不需要空气也不需要任何其他类似的力量来支持它，使它不下坠，天空的均匀性和大地本身的均衡足以支持它。任何均衡的物体如果被安放在一个均匀的介质中，那么它就不会下沉、上升，或朝任何方向偏斜，来自各个方向均等的推动使它保持悬浮状态。这就是我的信念的第一部分。"

"非常正确。"西米亚斯说。

"其次，"苏格拉底说，"我相信它的形体是非常巨大的，我们居住的位于费西斯河与赫丘利柱石之间的区域只是大地的一小部分，我们沿着大海生活，就像蚂蚁或青蛙围绕着一个池塘，大地上有许多人居住在类似的区域。环绕着大地，还有许多凹陷的地方，地形和大小各异，水、雾、气汇集在这些地方。但是大地本身就像天穹上的繁星一样纯洁，我们的大多数权威把繁星密布的天穹称作以太。水、雾、气是这种以太的残渣，不断地被吸进大地的凹陷之处。我们不知道自己居住在这些凹地上，却以为自己住在大地的表面。想一想，假定有人住在大海深处，能透过水看到太阳和其他天体，那么这样的人会以为自己住在大海表面，会以为大海就是天空。他会非常呆滞和虚弱，绝不会抵达大海的顶端，绝不会上升到海面上抬起头来从海上看到我们的这个世界，亲眼看到或从某些亲眼看到的人那里听到我们的这个世界比他的人民居住的那个世界更加纯洁和美丽。我们现在正好处在相同的位置。尽管我们居住在大地的凹陷之处，但我们以为自己住在大地的表面，把气称作天，以为它就是星辰在其中运动的天空。还有一点也是相同的，我们呆滞和虚弱，以至于不能抵达空气的顶端。如果有人抵达空气的顶端，或者长着翅膀飞到那里，那么他抬起头来就能看到上方的那个世界，就像海中的鱼抬起头来看我们的世界。如果他的本性是能够看的，那么他会认识到真正的天空、真正的光明、真正的大地。因为这个大地、它的石头，以及所有我们居住的区域都已受到损害和侵蚀，就像海中的一切都受到海水的侵蚀一样。我们不必提起植物，它们鲜有任何程度的完善，只要看看那些洞穴、沙滩、沼泽，以及大地各处的黏土就可以知道，按照我们的标准，这个世界上没有一样东西可以称得上是完美的。但是上面那个世界的事物远远胜过我们这个世界的事物。如果现在是一个恰当的时候，可以对上面那个世界做一种想象性的描述，西米亚斯，那么你值得听一听位于天穹下的那个大地真的是个什么样子。"

"那太好了，苏格拉底，"西米亚斯说，"不管怎么说，能听到这种描述对我们来说是一种极大的快乐。"

"好吧，我亲爱的孩子们，"苏格拉底说，"真正的世界，从上往下看，就像是一个用十二块皮革制成的皮球，有各种不同的颜色。我们所知的颜色种类有限，就像画家用的颜料，但是整个地球的颜色比画家的颜色还要明亮和纯洁。一部分是极为美丽的紫色，另一部分是金黄色。白的部分比粉笔和雪还要白，有其他颜色的部分也要比我们看见的颜色更加鲜明和可爱。即使大地上的这些充满水和气的凹陷之处也有颜色，五彩缤纷地闪耀着，看起来就形成一个五光十色的连续的表面。"

柏拉图和他引述的苏格拉底这些古希腊的哲学家，明确地认为大地是形体非常巨大的球形。

柏拉图晚年的著作《蒂迈欧篇》中，一位来自意大利西西里岛的毕达哥拉斯派的天文学家蒂迈欧讲述世界的历史时，提到了"世界球形说"[①]：

世界的全体是一个看得见的动物，它里面包罗着一切其他的动物。它是一个球，因为像，要比不像更好，而只有球才是处处都相像的。它是旋转的，因为圆的运动是最完美的；既然旋转是它的唯一的运动，所以它不需要有手或者脚。

亚里士多德

柏拉图的学生亚里士多德（Aristotle，公元前384～前322），公元前384年出生于色雷斯的斯塔基拉，父亲是马其顿王御医。公元前366年，亚里士多德被送到雅典的柏拉图学院学习，此后的20年间亚里士多德一直住在学院，直至老师柏拉图去世。

柏拉图去世后，亚里士多德接受学友——当时小亚细亚沿岸的密细亚统治者

罗马复制的亚里士多德大理石雕像

① 〔古希腊〕柏拉图著，王晓朝译《柏拉图全集》第三卷，人民出版社，2003年。

赫米阿斯的邀请访问小亚细亚，并在那里娶了赫米阿斯的侄女为妻。公元前341年，亚里士多德被马其顿的国王腓力二世召唤回故乡，成为当时年仅13岁的亚历山大大帝的老师。

亚里士多德在多部著作中，对地球形状和大小进行了详细论述。在创作于公元前350年左右的《天象论》和《宇宙论》中，亚里士多德论证了地球是圆的[①]：

> 地球的形状必定是球形的。因为地球的每部分到中心为止都有重量，因此，当一个较小部分被一个较大部分推进时，这较小部分不可能在较大部分周围波动，而是同它压紧和合并在一起，直到它们达到中心为止。要理解这个话的意义，我们必须想象，地球是在生成过程中，就像有些自然哲学家所说的那样。只不过他们认为，向下运动是由外部强制造成的；而我们则宁可说，其实向心运动是因为有重量的物体的本性而产生的。

> 在这些自然哲学家的理论体系中，当混合物还处于潜在状态时，微粒在分解过程中从四面八方同样做向心运动。不管周围各部分分布得是否均匀，它们都从各极端向中心集中，并产生同样的结果。因此，很清楚，第一，如果所有微粒从四面八方向一点（即中心）运动，那么结成的一团在各方面必定是一样的。因为，如果在周围各处加上相等的量，那么极端与中心之间必定是个不变量。这样的形状当然是一个球。即使地球的各个部分不是均匀地从四面八方向中心集中，上述证据同样适用。一个较大的质块必然要推动在它前面的一个较小的质块，如果二者的倾向都是向心的，那么较轻的东西因受到较重的东西的推动力，总归要到那个中心去的。

> 如果地球不是球形的，那么月食时就不会显示出弓形的暗影，但这弓形的暗影确实是存在的。每月的月相是多种多样的，有时是半圆形的，有时是凸形的，有时是凹形的；但月食时暗影的界线始

---

① 〔古希腊〕亚里士多德著，吴寿彭译《天象论·宇宙论》，商务印书馆，1999年。

终是凸形的。因此，如果月食是由于地球处于日月之间的位置，那么暗影的形状必定是因地球的圆周而造成的，因而地球必定是圆形的。

观察星星也表明，地球不仅是球形的，而且也不是很大，因为只要我们向南或向北稍微改变我们的位置，就会显著地改变地平圈的圆周，以致我们头上的星星也会大大改变它们的位置，因而，当我们向北或向南移动时，我们看见的星星也不一样。某些星星，在埃及和塞浦路斯附近可以看见，在较北边的地方则看不见，而在北方国家连续可见的星星，在其他国家就可以观察到沉落。这就证明，地球不仅是球形的，而且地球的圆周也不大，因为要不然，位置的细微变化不可能引起这样直接的结果。

根据这些论据，我们必然得出结论，地球不仅是球形的，而且同其他星球相比，是不大的。

亚里士多德认为，位于宇宙中心的地球，自然会变成球状，而且一直保持球状。由于所有下落的物体都有引至中心的倾向，那么从四面八方汇集的地球粒子必将成为一个圆球。"而且，凭我们的感觉，也可证实地圆之说，因为如果不是这样，那么月食也就不会产生这种形状。虽然月亮在每个月的不同阶段呈现各种形状——或全圆，或半圆，或呈钩状，但在月食时，其切线总是呈圆形的。因此，如果月食是由于地球之影介入，那么月食时出现的弧线就是地球的脚形所致。"

公元前 350 年前后，亚里士多德通过观察月食，根据月球上地影是一个圆形，第一次科学地论证了地球是个球体。亚里士多德做了一个实验，他在亚历山大城，让学生去南方比较远的一个城市，约好同一个日子正午，双方一起测量同样高度立杆的影子长度（也就是间接测量太阳高度），如果地面是平的，两地的太阳高度就应该一样；而如果不一样，就可根据差别，计算出地球的圆度和大小。实验结果当然不一样，亚里士多德也算出了在当时来说很精确的地球半径。

亚里士多德还认识到地球的曲面，他举例说，从埃及稍做远行到希

腊，有的星座在埃及能看到，但旅行到希腊后却看不到了，实际上埃及到希腊并不很远。他认为从埃及到希腊这样相对短的距离间，仍有这样的现象，正是源于地球的弯曲性质，使得所能见到的星座有所变化。同时，因为不远的距离即能察觉到弯曲，地球的半径必是有限的。然而，可惜的是，虽然他的论述是正确的，但却不能由此来准确测量地球半径。

埃拉托色尼

埃拉托色尼像

埃拉托色尼（Eratosthenes，公元前 275～前 193），又译厄拉多塞，古希腊数学家、地理学家、历史学家、诗人、天文学家。公元前 276 年，埃拉托色尼出生于希腊在非洲北部的殖民地昔勒尼（Cyrene，在今利比亚）。他在昔勒尼和雅典接受了良好的教育。

埃拉托色尼被西方地理学家推崇为"地理学之父"，在测地学和地理学方面做出了杰出贡献。他第一个采用了 geography 即"地理学"这个词汇，来表示研究地球的学问，并用它作为《地理学概论》的书名。这是该词汇的第一次出现和使用，后来被广泛应用开来，成为西方各国通用的学术词汇。

埃拉托色尼从雅典学园毕业后，埃及国王托勒密把他召到亚历山大，任命他为亚历山大里亚图书馆一级研究员，并从公元前 234 年起接任图书馆馆长和托勒密儿子的家庭教师。当时亚历山大图书馆是古代西方世界的最高科学和知识中心，那里收藏了古代的各种科学和文学论著。馆长之职在当时是希腊学术界最有权威的职位，通常授予德高望重、众望所归的学者。

亚历山大图书馆

在亚历山大图书馆任职期间，埃拉托色尼充分地利用了馆藏丰富的地理资料和地图。埃拉托色尼运用他对地球黄道的预测，设计了一个日历。他计算一年有 365 天，每隔四年有一个 366 天。

埃拉托色尼著述宏富，涉及地理、数学、哲学、历法、文学批评、语法、诗歌甚至喜剧。不幸的是，在亚历山大图书馆毁灭之后，他的作品只剩下了碎片。

所幸埃拉托色尼的《地理学》一书，在古罗马地理学家、历史学家斯特拉波的《地理志》中被大量引用。[1]

埃拉托色尼在地理学方面的杰出贡献，集中地反映在他的两部代表性著作《地球大小的修正》和《地理学概论》中。虽然埃拉托色尼的这

① 武晓阳《斯特拉波〈地理学〉的史料考信方法》，《史学史研究》2016 年第 1 期。

两部地理著作不幸都失传了，但是通过保存下来的残篇，特别是斯特拉波的引文，后世对它们的内容以及作者的精辟见解有了一定的了解。

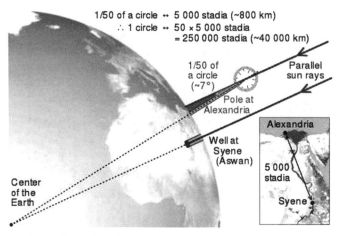

埃拉托色尼精确测算地球圆周

　　埃拉托色尼在《地球大小的修正》中，论述了地球的形状，创立了精确测算地球圆周的科学方法，以及赤道的长度、回归线与极圈的距离、极地带的范围、太阳和月亮的大小、日地月之间的距离、太阳和月亮的全食和偏食以及白昼长度随纬度和季节的变化等。

古代的测量井，阿斯旺，埃及，1998年，鲍勃·萨夏（Bob Sacha）。

约公元前 240 年，埃拉托色尼选择同一子午线上的西恩纳（Syene，今阿斯旺）和亚历山大城，在夏至日那天进行太阳位置观察的比较。这就是著名的阿斯旺井[①]的故事。

埃拉托色尼发现：夏至日那天，正午的阳光一直照到井底，这时所有地面上的直立物，都没有影子。这一现象闻名已久，吸引着许多旅行家前来观赏奇景。它表明，太阳在夏至日正好位于天顶。

但是，此时亚历山大城地面上的直立物，却有一段很短的影子。埃拉托色尼认为：直立物的影子，是由亚历山大城的阳光与直立物形成的夹角造成的。从地球是圆球和阳光直线传播这两个前提出发，从假想的地心向阿斯旺和亚历山大城引两条直线，其中的夹角，应等于亚历山大城的阳光与直立物形成的夹角。

与此同时，埃拉托色尼在亚历山大里亚选择了一个很高的方尖塔做参照，并测量了夏至日那天塔的阴影长度，这样他就可以量出直立的方尖塔和太阳光射线之间的角度。

获得了这些数据之后，埃拉托色尼运用了泰勒斯的数学定律，即一条射线穿过两条平行线时，它们的对角相等。通过观测得到了这一角度为 7° 12′，即相当于圆周角 360° 的五十分之一。由此表明，这一角度对应的弧长，即从阿斯旺到亚历山大城的距离，应相当于地球周长的五十分之一。

下一步，埃拉托色尼借助于皇家测量员的测地资料，测量得到这两个城市的距离是 5000 希腊里。一旦得到这个结果，地球周长只要乘以 50 即可，结果为 25 万希腊里。为了符合传统的圆周为 60 等分制，他将这一数值提高到 25.2 万希腊里，以便可被 60 除尽。埃及的希腊里约为 157.5 米，可换算为现代的公制，那么地球圆周长约为 39375 公里，经埃拉托色尼修订后为 39360 公里，这与地球的实际周长 40076 公里相差无几。他还算出太阳与地球间的距离为 1.47 亿公里，和实际距离 1.49 亿公里也惊人地相近。

---

① 〔加〕史密斯著，刘颖译《地图的演变》，江苏凤凰美术出版社，2015 年，第 8 页。

1998 年美国《国家地理杂志》2 月号发表了《绘图的革命》一文，提到了阿斯旺井。2001 年 8 月 21 日，美国《国家地理杂志》的《每日一图》，发表了摄影家鲍勃·萨夏（Bob Sacha）1998 年拍摄的阿斯旺古代的测量井照片。这口深井，在今日埃及阿斯旺附近尼罗河的一个河心岛洲上，离亚历山大城约 800 公里。

约公元前 200 年，埃拉托色尼写了《地理学概论》，致力于研究当时已知有人居住的世界。全书分三卷，第一卷先是一段简短的绪言，对地理学的产生和发展做了历史的回顾，然后着重阐述地球的结构和演变以及水的运动（潮汐、海峡中的海流等）；第二卷为数理地理学，主要探讨天空、大地和海洋的形状和结构，地球的区域和地带的划分，以及已知世界的范围等问题；第三卷是论述世界地图的改绘，包括一幅新编绘世界地图以及区域描述。这本书总结了希腊地理学的成就，标志着这个时期地理学的最高水平。

埃拉托色尼继承和发展了亚里士多德的居住适应地带学说，将世界分为欧洲、亚洲和利比亚（非洲）三大洲和一个热带、两个温带、两个寒带这五个温度带。对五个地带的南北界线，均进行了纬度的严格划分。埃拉托色尼的地球分带，已同现代地理学的"地带"概念相当接近。他确定的回归线位置，与其实际位置（23°30′）仅差半度，其精确性令人赞叹。不过，埃拉托色尼关于世界陆地三大洲的划分，与实际情况相差甚大，显然这是受到当时认识论和科学水平的局限。

在《地理学概论》一书中，埃拉托色尼系统地提出了采用经纬网格编绘世界地图的方法，全面地改绘了古老的爱奥尼亚地图，绘制出了更为科学、合理的一张世界地图。这张地图运用了几何学的方法，以精确的天文学和测地学测量新数据为依据，沿尼罗河一直到喀土穆，从不列颠群岛到斯里兰卡，从里海到埃塞俄比亚，绘制已知世界。

埃拉托色尼的另一项重要的贡献，是测绘地表的技术。这是从尼西亚（今土耳其伊兹尼克）的喜帕恰斯（公元前 165～前 127）对埃拉托色尼的攻讦中得知的。

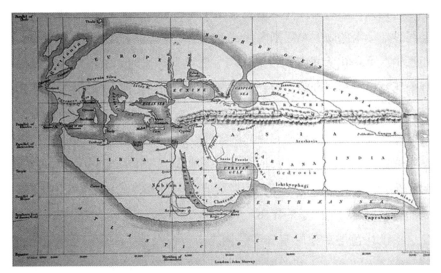

埃拉托色尼《已知的世界地图》，19世纪重绘。

　　埃拉托色尼曾用东西走向和南北走向的平行线划分地球，他用一条与赤道平行的东西向的线，把人类居住的世界分成北半部和南半部。这条线贯穿罗德岛，把地中海一分为二。然后他又加上一条与东西向的线呈直角交叉的南北线，穿过亚历山大城。

　　埃拉托色尼所绘地图上的其他一些线，无论是东西向的还是南北向的，其间距都是不规则的，呈现的地图是一幅不规则的网状圈，在地球表面添加了精细的格子。他把这些线画得穿过一些历史悠久的、为人熟知的主要地点——亚历山大城、罗德岛、麦罗埃（古代埃塞俄比亚诸王的首都）、海格立斯之柱、西西里、幼发拉底河、波斯湾、印度河以及印度半岛的顶端。

　　埃拉托色尼毫不含糊地摒弃了亚历山大以前的资料，大量采用了毕提亚斯远航和亚历山大远征以及其他新近的地理考察的成果。为了编绘新的世界地图，埃拉托色尼首先估算了有人居住世界的宽度和长度。宽度数值是沿通过亚历山大里亚城的子午线测算出来的，结果是38000希腊里；长度数值则是沿着从赫尔克列斯之位至恒河河口一线来估算的，结果是78000希腊里。长度线与宽度线组成了地图的基础坐标，它们在

罗德岛相交，然后，他在这两条基础坐标线上，各选了一系列地点，如经线纵坐标上的阿罗马提斯（Aromates，今索马里）、麦罗埃（Meroe）、西恩纳、亚历山大里亚、赫勒斯湾、波里斯丹尼河（Borysthene，今第聂伯河河口）和图勒等七处，纬线横坐标上的印度河、"里海之门"、幼发拉底河上的塔普萨克（Thapsa-que）、罗马和迦太基（Carthage）等处，分别画出横向的纬线和纵向的经线，组成了地图的经纬网格。

埃拉托色尼创立的经纬网系统，是地图学发展中的一项重大的突破和飞跃，有着深远的意义，它为投影地图学的出现奠定了基础，是投影地图学取代经验地图学的先驱。

埃拉托色尼在他的基础经纬网之上，还叠加了一套被称为"普林特"框格（Plinthes）和"斯弗拉吉德斯"框格（Sphragides）的几何图形。前者呈长形条带状，后者呈不规则形状，它们组成了地图的第二级网格系统。作为一级经纬网格的补充，其作用是便于标明《地理学概论》一书中所描述的各地区的位置和范围。这种将世界划分为不同地区的思维方法，似乎可视为现代地理学术语中的"区划"的雏形。同时，他将地理描述中的分区叙述与地图编绘紧密结合起来。

埃拉托色尼以 β（贝塔）这个别名著称，β 是希腊字母中的第二个字母。据说，因为埃拉托色尼的好朋友阿基米德是古希腊最伟大的科学家，所以同时代的埃拉托色尼只能成为"亚军"。

埃拉托色尼颇为骄傲，年迈时，他感染了眼炎，公元前195年左右，他失明了，失去了阅读和观察自然的能力。这困扰着他，沮丧的埃拉托色尼一年后在亚历山大城绝食而死，终年82岁。

喜帕恰斯

喜帕恰斯（约公元前190～前125），又译为依巴谷，古希腊天文学家、地理学家、数学家。

公元前 146 年，喜帕恰斯生于小亚细亚半岛西北比提尼亚的尼西亚（今土耳其伊兹尼克）。从公元前 141 年起，他在爱琴海的罗德岛建立了他的天文观象台，并长期从事天文观测。约公元前 125 年卒于罗德岛。他曾经在埃及的亚历山大进行天文观测。喜帕恰斯发明了许多用肉眼观察天象的仪器，这些仪器后来沿用了一千七百年。他写过不少著作，多已散佚，有关他的事略，大多是从托勒密的《天文学大成》中得知的。

喜帕恰斯像

公元前 134 年，喜帕恰斯编制了有 1025 颗恒星的连续位置的精确星图。这是第一幅准确的星图，喜帕恰斯根据每个星体的纬度（与赤道南北相隔的角距）、经度（与任意一点东西相隔的角距），标出它的位置。以此类推，用相同的方法可以很容易地标出地球表面的位置。

公元前 130 年，喜帕恰斯发现地球轨道不均匀，夏至离太阳较远，冬至离太阳较近。于是，他制定了星等的概念，质疑亚里士多德"星星不生不灭"的理论，并制造了西方第一份星表：喜帕恰斯（依巴谷）星表。

喜帕恰斯继承了阿利斯塔克测量太阳和月亮大小与距离的研究，通常都认为他是三角学和球面三角学的奠基人。利用自制的观测工具，喜帕恰斯测量出地球绕太阳一周所花的时间为 365.25–1/300 天，与正确值只相差六分钟；他还算出一个朔望月周期为 29.53058 天，与现今算出的 29.53059 天十分接近。

喜帕恰斯在地图绘制方面做出了杰出的贡献。他发明了经纬度表示地理位置的方法。利用三角学，喜帕恰斯展示了一幅 360° 的地球经纬网。经纬网是由横、纵向的线条交错而形成的网络图，它把地球分成若

干部分。

喜帕恰斯把环绕地球的所有日照地带的线条全都标示出来，使这些线与赤道平行并使赤道与两极之间的线间距相等，然后再在赤道的这些等距线上画出以直角交错的南北线，从而在整个地球表面画出有规则的方格网。日照地带的线条不只是表示出那些在相似角度受到阳光照射的地区，而且还有其他作用。如果对这些线标出号码，那么它们就可以为确定地球上每个地点的方位提供一套简单的坐标。

尽管当时还没有绘制地图的仪器和设备，但是喜帕恰斯却创立了经纬网，使地图的绘制向前迈进了一大步。

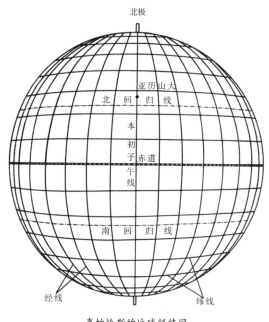

喜帕恰斯的地球经纬网

喜帕恰斯把地球的表面分成的三百六十个部分，后来就成为现代地理学家所称的"度"。他把赤道上的子午线——或经线——之间的间隔定为七十英里左右（约113公里），大致与"度"的长度相等，从而确定各个地点的精确方位。他把传统的日照地带与这些线条结合起来，构思出一幅以天文观测所得的经纬线为基础的世界地图。

用经纬线对空间进行测量，犹如利用机械钟对时间进行测量一样，标志着人类可以发现并标示他们所取得的经验，以精确而又便于人类运用的计算单位，取代了人类早期制图临时采用的那些方式。

一旦地球上有了规则的网格，对地球投影的科学研究就成为可能。事实上，喜帕恰斯率先在天文学研究中应用了后来在地图中非常流行的立体投影和正射投影。

所以，喜帕恰斯被认为是地图投影的真正创造者[1]。

斯特拉波

马其顿的亚历山大征战之后，希腊文化在东方传播、融合，19世纪的德国学者德罗伊森，用"希腊化"来指代这一历史时期。斯特拉波（Strabo，约公元前64～公元24），是承接古希腊余绪的"希腊化"地理学家、哲学家和历史学家。

斯特拉波出生于今天土耳其的黑海沿岸的城市阿马西亚（Amaseia）的一个富有的家庭，母亲是格鲁吉亚人。阿马西亚是当时属于希腊化的本都王朝首都。

斯特拉波像

21岁的时候，斯特拉波前往罗马，师从哲学家希纳克斯（Xenarchus）和地理学家蒂拉尼昂（Tyrannion）。希纳克斯是屋大维的好朋友，通过他，斯特拉波在罗马认识了很多名流权贵。

①〔美〕诺曼·思罗尔著，陈丹阳、张佳静译《地图的文明史》，商务印书馆，2016年，第32页。

公元前 27 年屋大维被授予"奥古斯都"称号，从此成为罗马帝国的皇帝，统治罗马帝国 40 年之久，埃利乌斯·加卢斯被屋大维任命为第二任埃及总督。这时，斯特拉波游历了埃及和库施（今苏丹北部），甚至可能与总督埃利乌斯·加卢斯一起参加了阿拉伯远征。公元前 26 年到公元前 19 年，斯特拉波游历了意大利、希腊、小亚细亚、埃及和埃塞俄比亚等地，环游了几乎整个环地中海和近东地区。

斯特拉波曾在亚历山大城图书馆任职。约在公元前 20 年著有《历史学》43 卷。斯特拉波还在《荷马史诗》和希罗多德的《历史》等著作的基础上，结合自己的旅行，写出世界上第一部地理专著《地理学》17 卷，详细描述了当时"已知的世界"的人文地理情况，书中还有一幅世界地图。

斯特拉波的《地理学》①，广泛、全面地描述了直到罗马帝国时代的整个古代西方世界。在第 1 卷"绪论"和第 2 卷"地理研究的数学方法、斯特拉波本人对有人居住世界组成情况的看法"里，讨论了以天文学和几何学为基础的数理地理以及研究地表和大气圈的自然地理学，评论了埃拉托色尼、喜帕恰斯、波西东尼斯等前人的著作，提出了"地理学家首先应确定地理学的研究对象"等一些原则，描述了海、大陆和气候带等。

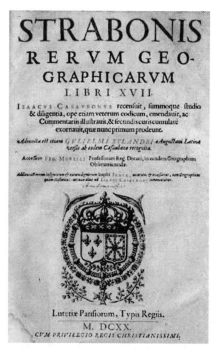

斯特拉波引用了很多前辈的

艾萨克·卡索邦 1620 年版斯特拉波《地理学》扉页

---

① 〔古希腊〕斯特拉博著，李铁匠译《地理学》，上海三联书店，2014 年。

研究成果，并结合自己的研究描述了关于地球、纬度、大洋、潮汐、火山、地震、民族等内容的最新研究成果，概略地描述了三大洲——欧罗巴、亚细亚和利比亚（欧亚非）的情况，以及经纬度等环境对各民族性格和风俗习惯的影响。

《地理学》第 3～17 卷，由罗马帝国的最西部依次向东，描述了当时欧洲人已知的世界各地区，内容包括自然环境、海陆交通、农业、工矿、旅游景点，以及各民族的语言、宗教、风俗习惯、文化艺术、科技教育和知名人物等。其中，关于伊比利亚、凯尔特、不列颠、高卢、意大利、希腊、高加索、小亚细亚、亚述、犹太、阿拉伯以及埃及等环地中海和近东地区，内容极其丰富，占了绝大部分篇幅。

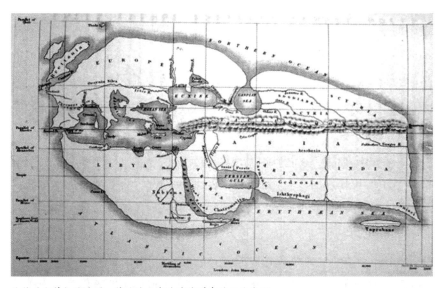

流传的斯特拉波地图，将陆地画成地球海洋中的混沌鱼形。

斯特拉波认为："像测量土地采用天文学家的基本原理，而天文学家采用物理学家的原理一样，地理学家应当以已经测量过的整个地球的报道作为真理，并相信地理学家过去所相信的原理，首先测定我们所居住的土地的面积、形状、自然特征和与它所有土地的关系，这就是地理学的特有对象。"

法国学者保罗·佩迪什将地理学划分为科学地理学和描述地理学，他认为斯特拉波应属描述地理学的代表人物，与重视地图绘制的托勒密等科学派地理学家相比，呈现出将地理描述与历史背景介绍相结合的特点。

在《地理学》中，斯特拉波作为埃拉托色尼地图的后来的修订者，阐明了古希腊时代的制图概念与方式，表明继承希腊知识遗产和实践，对罗马世界早期制图学持续发展的重要性。与制图学有关的最有趣的段落，是那些虽然不包含地图，但是在幸存的文本中，对于"已知世界"的独创性的描述。

斯特拉波感到，通过罗马人和帕提亚人的无数活动，地理知识方面取得了相当大的进步，他必须描述这个有人居住的世界。考虑到这些事实，世界地图必须重新绘制，进行调整。

斯特拉波依靠与他同时代旅行者的报告和古代的地图作品，编制了他的新地图。他定位了已知有人居住的世界部分，认为它位于地球的北象限，画出由寒冷地带、赤道和两侧的两个子午线组成的四边形。在这个设计中，他不仅受到埃拉托色尼对地测量的影响，而且还受到克拉泰斯阐述的四个有人居住的世界的概念的影响。

《地理学》的版本中附有流传的斯特拉波的经典世界地图，这幅地图得益于埃拉托色尼在公元前 3 世纪绘制的地图，将陆地画成地球海洋中的混沌鱼形，囊括了北欧、地中海、亚洲、利比亚和非洲大陆、阿拉伯和印度（包括恒河）的大概形状。 可以肯定，制图家斯特拉波，将埃拉托色尼的地图和波力比阿斯（Polybius）、克拉泰斯（Crates）、希帕克斯（Hipparchus）和波塞冬尼乌斯（Posidonius）的著作为重点关注和引用的对象。

斯特拉波流传的和失传的地图作品，某种意义上，代表着西方基督教时代之前的地图知识总和。

第二章
引领者

　　700 多年前的一天，在东罗马都城君士坦丁堡，走街串户寻访古籍的普拉努得斯神父（Maximus Planudes）获得了意外之喜，他发现了一份湮灭已久的《地理学指南》手稿。一个千年以前的精彩地理世界，呈现在神父面前。

托勒密与地球模型，根特·贾法尔（Joos van Ghent）和佩德罗（Berruguete）绘，1476 年，卢浮宫，巴黎。

这份手稿的作者，是公元2世纪的地理学家、数学家、天文学家、星相学家、哲学家克劳迪乌斯·托勒密（Claudius Ptolemaeus，约90～168）。手稿正是他的代表作之一《地理学指南》。公元150年左右，托勒密在辉煌湮灭的亚历山大图书馆中完成了这部典籍，他的成果，最终为随后2000多年的地图绘制奠定了基础。

《地理学指南》是用希腊语写在纸草卷上的，归纳了1000多年以来希腊关于已知世界大小、形状和范围的思考。全书共8卷，其中第8卷主要介绍了27幅世界地图和26幅局部区域图。这些地图被称为"托勒密地图"。

托勒密将整个世界画在了27张纸上，影响深远的一套制图方法由此呱呱坠地了。①

---

①〔英〕杰里·布罗顿著，林盛译《十二幅地图中的世界史》，浙江人民出版社，2016年，第2～3页。

湮灭千年

托勒密生活在公元 2 世纪的罗马帝国安敦尼王朝时期，是罗马帝国最发达和最繁荣的时代。这一时期，帝国版图东到美索不达米亚，南至北非撒哈拉沙漠，西起不列颠，北至喀尔巴阡山脉和黑海北岸，领域达到最大，地中海成为帝国的内海。帝国的法律、道路交通、度量衡、货币制度等基础设施，都在这个时代得到统一，并通行全国。

公元 4 世纪，曾经称霸地中海地区的罗马帝国已经奄奄一息。395 年，罗马帝国分裂为东西两部分。在西罗马帝国，托勒密的著作逐渐被人忘却。相反，在东罗马帝国，托勒密的著作却被人不断传抄，同时出现了许多托勒密式的世界地图。

如同许多曾经被时间灰尘埋没的巨著一样，《地理学指南》在公元 2 世纪左右成书时，并没有引起重视。直到 1300 多年后，探索未知大陆的热情开始在欧洲蔓延。一个走街串巷收集古籍的神父普拉努得斯，意外在君士坦丁堡发现了无人问津的《地理学指南》手稿。

1400 年，意大利富商帕拉·斯特罗奇把托勒密《地理学指南》的希腊文手稿，从君士坦丁堡带到佛罗伦萨，1406 年由著名希腊学者曼努埃尔·赫里索洛拉斯及其门生译成拉丁文 [1]。这样，古代希腊地理观念消失 1000 多年后，又在欧洲重新复活了。

15 世纪时，西方人陆续制作出托勒密地图抄本，这本书集齐了托勒密费尽心思收集的 8000 多个地方的经纬度坐标，以及收集或绘制的 26 幅欧洲、亚洲、非洲等地的地图。

尽管人们没有找到托勒密的地图原作，但他的作品通过拜占庭帝国的晚期抄本流传至今，这些手稿中的一部分包含了地图，这些地图甚至对中世纪基督教主导了若干个世纪的地理知识进行了重构。

---

[1]〔美〕丹尼尔·J. 布尔斯廷《发现者·人类探索世界和自我的历史》，上海译文出版社，1995 年，第 226 页。

1477 年，在托勒密版本地图的基础上，世界首本印刷地图集在意大利的博洛尼亚出版。15 年后，克里斯托夫·哥伦布才从大西洋向美洲进发，开始环球航行。

1492 年，当哥伦布从西班牙海岸出发，一路西行寻找遥远的东方时，他带着 3 艘帆船、87 名水手，以及一本由托勒密编写的《地理学指南》。

2004 年，英国牛津郡的一场大火烧毁了大半个沃丁顿庄园，在当地村民的救助下，庄园图书馆中收藏的约 700 本地图集与地理学书籍幸免于难。其中的一册托勒密地图集也完好无损。

为了支付灾后巨额的修缮费用，沃丁顿家族不得不将托勒密地图集拍卖。2006 年 10 月，在伦敦苏富比拍卖行，一册距今 529 年的印刷地图册，以 213.6 万英镑的价格成交，成为有史以来拍卖成交价最高的地图集。这本地图集只有 61 页薄薄易碎的发黄纸页，正是沃丁顿勋爵收藏的 1477 年版托勒密地图集。

1482 年的乌尔姆版的托勒密地图集，目前大概有 120 部存世，1884 年购买一本只需 85 美元，1984 年是 4 万多美元，而 1990 年苏富比拍卖行的成交价是 190 多万美元，创下了印刷地图集的拍卖纪录。

著名地图史学家劳埃德·布朗说："公元 1440～1500 年间三件最重要的事就是：活字印刷被介绍到欧洲，托勒密的《地理学指南》重被复制印刷，哥伦布发现新世界。"

托勒密的著作，为地理大发现提供了理论上的支撑。托勒密地图上地中海的海岸线已经十分接近真实，而澳洲、美洲和东南亚地区不在其内。

尽管因为资料有限、缺乏事实依据而做不到十分精确，但托勒密地图仍对后世制图者提出了挑战。15、16 世纪出版的地图，包括墨卡托在 1554 年问世的著名欧洲地图在内，一般也是以托勒密的地图为依据的。托勒密的地图投影法，在整个 16 世纪不断地激励着制图者们改进绘图方法。

1482 年乌尔姆版的托勒密地图集

尽管距离《地理学指南》及其地图的诞生，已经过去了 1300 多年，但对于当时的欧洲人来说，它仍然是"对已知世界地理情况的最佳指南"。

托勒密地理学说的复兴及其地图的发现，是古希腊实验探索精神觉醒、欧洲文艺复兴运动重振学术之风的重大事件，也是人类文明进入现代世界的序幕。现代地图滥觞于此，人们从此运用自己的经验、知识、科学原理与方法勘测、描绘整个地球，深化对已知世界与未知世界的认识。

希腊裔罗马公民

托勒密曾经在一段长达千年的历史上，是个不受重视的人物。原因之一就是人们对他不甚了了，这位学识渊博的奇才的生平至今还是个谜。

克劳迪乌斯·托勒密，生活在罗马统治的埃及，是用希腊文写作的，他的一首讽刺诗被收录在《希腊诗选》里。他是一名数学家、天文学家、地理学家、占星家，他是希腊裔的罗马公民。

托勒密于约公元 90 年生于埃及的托勒马达伊，父母都是希腊人。或许，托勒密是希腊移民的后裔，在罗马皇帝哈德良和马可·奥勒留统治时期，他居住在埃及。

观天测地的托勒密

公元 127 年，年轻的托勒密被送到亚历山大求学。他寓居的亚历山大城，尽管城内的著名图书馆早已于公元前 48 年被恺撒大帝焚毁，但复建后仍是个重要的学术中心。在那里，他阅读了不少书籍，并且学会了天文测量和大地测量。

27 岁时，托勒密开始在亚历山大城从事天文观测的工作。他在这一领域一干就是 27 年，这为他后来完成《天文学大成》（又名《至大论》）奠定了坚实的基础。

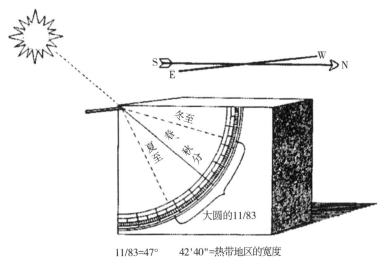

11/83=47°　　42'40"=热带地区的宽度

托勒密的成角日晷仪

127 年到 151 年，托勒密在亚历山大城进行天文观测。据说，与他的前辈埃拉托色尼一样，托勒密曾担任亚历山大城图书馆馆长一职。也是在亚历山大城的图书馆中，他完成了他的地图学著作。

托勒密的姓名中，保存着一些信息，可供推测。Ptolemaeus 表明他是埃及居民，而祖上是希腊人或希腊化了的某族人；Claudius 表明他拥有罗马公民权，这很可能是罗马皇帝克劳狄乌斯（Claudius，公元 41～54 年在位）或尼禄（Nero，公元 54～68 年在位）赠予他祖上的。

传说中也保存下来一些关于他的零散记录：托勒密似乎是中等身材，他面色白皙，口唇不大，留着尖尖的黑色胡须，讲话时声音颇为温和。

见于《天文学大成》书中的托勒密天文观测记录，最早的日期为公元 127 年 3 月 26 日，最晚的日期为 141 年 2 月 2 日。

同时代天文学家希欧（或称老塞翁）可能是托勒密的老师或朋友，他曾将自己从公元 127～132 年间所做的观测记录赠送给托勒密，而托勒密只参考了其中的一条。

托勒密的所有论著都具有非常重要的个人贡献。在引用他人成果的基础上，他清楚地得出了自己的结论。

为地理学指南

公元 2 世纪，托勒密提出了自己的宇宙结构学说，即"地心说"。在《天文学大成》中，他把亚里士多德的 9 层天扩大为 11 层，把原动力天改为晶莹天，又往外添加了最高天和净火天。

托勒密设想，各行星都在一个较小的圆周上运动，而每个圆的圆心则在以地球为中心的圆周上运动。他把绕地球的那个圆叫作"均轮"，每个小圆叫作"本轮"。同时假设地球并不恰好在均轮的中心，而偏开一定的距离，均轮是一些偏心圆；日月行星除做上述轨道运行外，还与众恒星一起，每天绕地球转动一周。

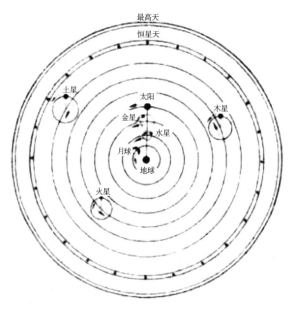

托勒密地心体系

托勒密这个不反映宇宙实际结构的数学图景，却较为完美地解释了当时观测到的行星运动情况，并具有航海上的实用价值，从而被人们广为信奉。

托勒密利用希腊天文学家们特别是喜帕恰斯的大量观测与研究成果，把各种用偏心圆或小轮体系解释天体运动的地心学说进行了系统化的论证，后世遂把这种地心体系冠以他的名字，称为托勒密地心体系。

托勒密认为宇宙是以地球为中心的，所有天体以均匀的速度，按完全圆形的轨道绕转。他使用了本轮、偏心圆和均轮3种复杂的原始设想，对火星、金星和水星等的轨道分别予以描述。

托勒密的宇宙模型历史性地印证了亚里士多德的观点，但更趋完美和精巧。球形的地球位于宇宙的中心，其余诸天体绕它旋转。这些天体就包括我们现今十分熟悉的月亮、水星、金星、太阳、火星、木星和土星等。

地理学家克劳迪乌斯·托勒密

托勒密提出的行星体系学说，肯定了大地是一个悬空着的没有支柱的球体。托勒密本人声称他的体系并不具有物理的真实性，而只是一个

计算天体位置的数学方案。至于教会利用和维护"地心说",那是托勒密死后一千多年的事情了。

托勒密用希腊语写在埃及纸草卷上的《地理学指南》,归纳了古希腊千年来的关于已知世界的地理学思考。托勒密认为,地理学的研究对象应为整个地球,地理学是对地球整个已知地区及与之有关的一切事物做线性描述,即绘制图形,并用地名和测量一览表代替地理描述。

在托勒密时代,地理学家已经把喜帕恰斯画的南北走向的线叫作经线,把与赤道平行的线叫作纬线。同喜帕恰斯一样,托勒密也把地球分成360度。他还将每一度分成60分,每一分分成60秒。他发展了弦的体系,通过将其展现在平面上,让人们对分和秒有更加直观的概念。托勒密的这一体系,使地图绘制者能够精确地确定物体在地球上的位置,沿用至今。

在《地理学指南》的前言中,托勒密将地图绘制分成两种。地区图编制着眼于小区域地图的绘制,例如村庄、城镇、农场、河流以及街道。而地理学意义上的绘图更加关注大范围的地表现象,例如山脉、大江、大湖以及大城市。绘制这样的地图,需要借助天文学以及数学方面的知识,从而达到准确无误。

8卷《地理学指南》中的6卷都是用经纬度标明的地点位置表。托勒密的多数地点位置,好像都是根据他的本初子午线和用弧度来表现的平纬圈之间的距离来计算的,因为他的经度没有一个是从天文学上测定的,只有少数纬度是这样测定的。

托勒密采用了波昔东尼斯测定的地球周长的较小数值,这就使得他所有用弧度表现的距离都夸大了,因为他把每一弧度的距离定为500希腊里,而不是600希腊里。这样一来,从欧洲到亚洲横贯大西洋的洋面距离,看上去就比埃拉托色尼的计算值小得多,这项计算最后还使哥伦布产生了从西面驶往亚洲的企图。

托勒密的地理学对后世的影响巨大。《地理学指南》一书在9世纪初叶便有了阿拉伯译本，书中关于伊斯兰帝国疆域内各地记载中的不准确之处，很快被发现并代之以更准确的记述，原初的阿拉伯文译本已经散佚，但此书在伊斯兰地理学中产生了直接与间接的巨大影响。

同绝大多数学者一样，托勒密认为世界是球体，并提出以下几点理由：第一，如果地球是扁平的，那么全世界的人将同时看到太阳的升起和落下。第二，我们向北行进，越靠近北极，南部天空越来越多的星星便看不见了，同时却又出现了许多新的星星。第三，每当我们从海洋朝山的方向航行时，我们会觉得山体在不断地升出海面；而当我们逐渐远离陆地向海洋航行时，却看到山体不断地陷入海面。

托勒密还把地理学与地图学等同起来，抛弃了描述地理学。托勒密运用经纬度确定山川、城市的位置，并据此确定它们的空间位置，开创了近代绘图学的先例。

托勒密依靠埃拉托色尼，取法喜帕恰斯，把地球圆周划分为360度，并把圆弧的每度再分为"分"，把"分"再分为"秒"。他也往往自称得益于著述众多的希腊的历史学家和地理学家斯特拉波，利用传说、神话以及自己广泛的旅行来调查研究这个已知世界。他还制造了测量经纬度用的类似浑天仪的仪器（星盘）和后来驰名欧洲的角距测量仪。

为了绘制已知世界的地图，托勒密成功地运用了三角学和球面几何学的原理，达到了用纬度和经度系统地解决各地域的区限问题。他不仅列数了欧、亚、非三大洲共约8100处地点的地理经度值和纬度值，留下了358个重要城市以及当地山川景物、民族等情况的简短描述，也贡献了一部由26幅区域地图组成的地图集，其中欧洲10幅、亚洲12幅、非洲4幅。每个地区以下再划分为省，各地区由其平均纬度来标定位置，并根据其东南西北四个极点画出自然界线。

托勒密对世界情况比他的前辈熟悉得多，埃拉托色尼地图的东面只到了印度的恒河，但是托勒密知道有马来半岛和"蚕丝之国"，即中国。

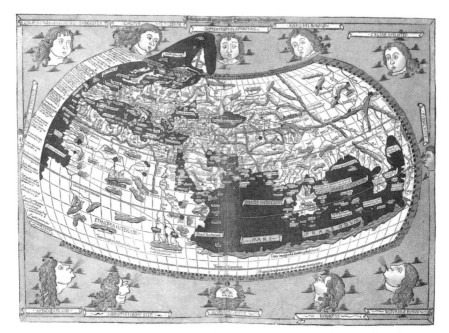

托勒密《地理学指南》中的木版世界地图，1486年出版于乌尔姆。

球体投影平面

托勒密绘制的地图原图早已失传，好在托勒密在《地理学指南》中详细地列举了世界各地大约8000多个地方的经纬度。这样，后人就可以比较容易地根据这些经纬度数据，运用托勒密所介绍的地图投影方法，绘制出托勒密式的世界地图了。

古希腊人早已确立地圆概念，所以地图投影问题无法回避。在《地理学指南》第一卷中，托勒密阐述了自己的一项伟大的地理学创新：用一系列数学投影，将球形的地球再现于平面。

托勒密非常清楚，将球状的地球画到一张平面的地图上，意味着会出现许多误差和扭曲，因此，他发明了如何把地球的球形表面，投影到一张羊皮纸的平面上的方法。他还描述了标明纬度子午线和经度平行线的重要性，告诉人们如何画出合乎几何学的既简洁又精确的圆锥形投影。托勒密首次用投影法将球面再现于平面之上，开创了地图学的投影时代。

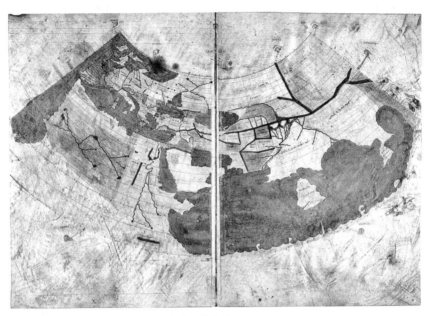

1400 年前后，拜占庭学者绘制的托勒密世界地图。

托勒密在《地理学指南》中，发明了两种地图投影方法[1]。

第一种投影法是圆锥投影，即先确定一个顶点，各圆弧都以此点为圆心，作成弧状分布的纬线，然后画出由这个顶点辐散开来的放射状经线。根据这种方法绘制的地图，在北纬 36°线上，东西距离与南北距离之间的比例是正确的，北纬 36°正是罗德岛所在的纬度，从中可以看到这门学问的创始人、设立天文台于罗德岛的喜帕恰斯的影子。而从这条基准纬线出发，越是向南或向北，比例就会越大。特别是在赤道以南地区，纬线的实际长度应当是越来越短的，但地图上的纬线却越来越长了。

第二种投影方法是球面投影，即纬线仍是同心圆弧，但各经线改为

---

① 龚缨晏《托勒密的世界地图》，《地图》，2015 年 9 月。

一组曲线。这个方案选取 23°50′ 的纬线为中心线，纬线都画成曲线。以地图中央的垂直经线为中心，其他所有的经线都被画成曲线，每一边18 条，每条之间相隔 5°，距离中央经线越远，经线的弯曲程度就越大。用这种方法绘制而成的地图，东西距离与南北距离之间的比例更加真实，并且可以使读者获得观看地球仪时的感觉。

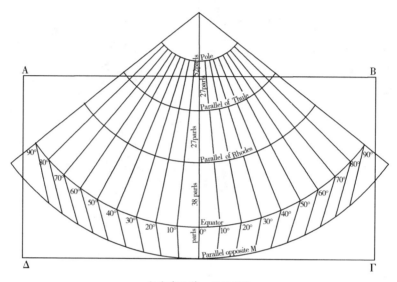

托勒密的第一种投影法

托勒密认为两种投影法各有利弊，第二种能更好地反映实际情况，但操作使用起来不如第一种方便，因此他建议这两种方法都应考虑采用。

托勒密在《地理学指南》中的世界地图，就是采用第二种投影法绘制的，他表示这是因为"我个人在这个工作方面及一切的事务上，宁愿采取较好和较困难的方法，而不采取粗糙和较容易的方法"。

托勒密的上述两种地图投影法，是地图投影学历史上的巨大进步，他在这方面的创造直到将近 1400 年之后才后继有人了。

托勒密撒下一张用几何学、天文学永恒定理以及对经纬度的测量定义织成的网，罩住了整个世界，通过测量绘图，显示了一个真正的极为庞大的地球。

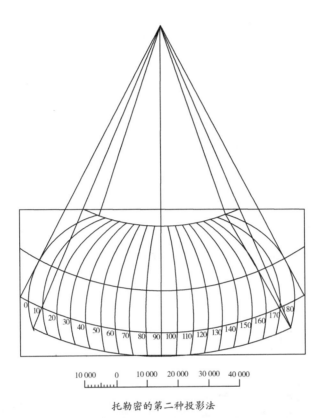

10 000　　0　　10 000　20 000　30 000　40 000

托勒密的第二种投影法

根据托勒密的第二种投影法制作的世界地图

第三章
"世界之布"

大约从公元 6 世纪开始，希腊、罗马的古典文化，渐渐走向没落。漫长的中世纪开始了，地中海世界乃至整个欧洲大陆，进入黑暗的时代。

"中世纪"一词，在 17 世纪的欧洲出现。历史学界对"中世纪"的界定，有两种不同的说法：一说从公元 416 年到公元 1450 年；一说从公元 500 年到公元 1450 年。

中世纪的制图师

mappamundi 即世界地图一词，源于中世纪拉丁语单词 mappa（布，桌布）和 mundi（世界），意为"世界之布"。在所有流通的术语当中，mappamundi 一词，成为 600 年来最常用的指代以文字或图像描绘基督教世界的词汇。[1]

中世纪的地图，大多绘制于并放置在教堂之中，供教徒们共享、学习和观摩，与经世致用的古希腊、古罗马的地图传统，存在明显的断裂带。典型的中世纪思维认为，神学现实就是最高也是唯一重要的现实，地图绘制者需要做的就是以时间和空间为经纬，编织这块本质上是球形的"世界之布"。这些地图上，没有纯粹的地理与历史，有三分之一的现实空间、三分之一的神学观念，还有三分之一纯粹是想象。

"世界之布"以一幅图像，从天堂的诞生到骑士挥手告别世界、从神的审判到个人的救赎地，将神学视角的人类发展史具体地呈现出来。

虽然岁月悠久，颜料剥落，画面斑驳，但在这块巨大的承载空间的布料上，我们仍然看到河流蔚蓝，海洋碧绿，大地褐黄，地理针脚在上面缝补成由田野、教堂、事件、物种织成的百衲被，历史的鹅毛笔在上面书写了漫漫长夜里的百科图鉴。

12 世纪的一位神学家说："世界是一本书，以上帝的手指写就。"地图也一样，中世纪的这块"世界之布"，以基督教信仰和哲学为经，根据《圣经》所确立的拯救情节为纬，编织了过去、现在和未来。

14 世纪中叶，文艺复兴兴起于意大利各城市，之后扩展到西欧各国，最终在 16 世纪的欧洲，掀起思想文化的风暴和科学艺术的革命，揭开了欧洲近代史的序幕。

公元 1300 年之后，与之前所有的地图截然不同的波托兰海图突然出现了。最早由中国发明的指南针，通过伊斯兰世界传入

---

[1] 〔英〕杰里·布罗顿著，林盛译《十二幅地图中的世界史》，浙江人民出版社，2016 年，第 59 页。

欧洲，首先在意大利得到改进与应用，并且在地中海的航海中，催生了波托兰海图。

《地中海、西欧和非洲西北海岸波托兰地图集》，胡安·奥利瓦绘制，他是著名的加泰罗尼亚地图制造者奥利瓦家族的成员，该家族 1550 年以前就在马略卡岛工作。这部地图集可能编绘于 1600 年左右。

　　波托兰海图是一种逼真的、详细的航海图，图上它绘出"指南玫瑰"及其延伸的恒向线，即一个用罗盘线连接的罗盘线网络，可以用来推断任何两点之间的精确航行方向。与基督教传统的 T-O 地图不同的是，波托兰海图面向北方，专注于对地理距离的现实描述，其精确度令人震惊，即使以现代标准来看也是如此。历史学家推测，波托兰海图是作为航海路线的指南而绘制的，由水手和商人的第一手地理信息构成，可能是由天文学家协助完成的。

波托兰海图不仅被水手和商人视为自己隐秘财产的一部分，后来还成为王侯贵族展示自己财富的象征。西班牙的马略卡和意大利的热那亚，都在争夺波托兰海图的发明权，因为保存到现代的波托兰海图很少，这就成了一个不太可能得到解决的问题。

标准的与豪华的波托兰海图的相继出现，说明欧洲制图人顺应时代潮流，将视点从宗教世界转向大海对面的现实世界。①

---

① 〔日〕宫崎正胜著，朱悦玮译《航海图的世界史·海上道路改变历史》，中信出版社，2014年，第61～66页。

T-O 架构

假设一个人，手持一张中世纪的 T-O 型地图按图索骥，试图从伦敦出发去耶路撒冷朝圣，那么他非但无路可寻，反而会在一座又一座的迷宫前碰壁而归。

那时的地图，以神的意志为皈依，不追求精确度量的地理方位，正如法国利摩日大学中世纪史教授让·韦尔东所言："世界地图所反映的不是一个真实的世界，它所反映的是这个真实世界的一种寓意。"①

在漫长的中世纪里，基督教的 T-O 地图占据了主导地位②，有超过 1100 幅中世纪的地图流传至今。

随着罗马帝国的分裂，地中海世界衰落了。基督教的宗教性地图逐渐取代了托勒密地图。中世纪的基督教地理学家，苦心孤诣地用已知或自以为已知的知识，绘出一幅幅充满神学色彩的图画。

地理学在中世纪不能列入"七艺"之中。七艺全称为"七种自由艺术"，是欧洲中世纪早期对学校中一般文化课程的称呼。不知什么原因，地理学处于既不适合列入数学课程的"四艺"（算术、音乐、几何和天文），也不适合列入逻辑与语言课程的"三艺"（文法、辩证法和修辞）的境地。千年中世纪，日常用语中找不到"地理学"一词的同义词。直到 16 世纪中叶，英语中才有了这个词。

托勒密去世后，基督教征服了罗马帝国和欧洲的大部分地区。随后，从 300 年至 1300 年，人们就看到一种学术健忘症遍及全欧洲。基督教的信仰和教义，破坏了古代地理学家经过艰苦而又谨慎的努力，逐渐描摹出来的颇有价值的世界面貌。人们再也见不到托勒密根据最可靠的天文资料设计的坐标方格，把那些海岸、河流和山脉的轮廓仔细描绘出来。取而代之的，只是一些简单的图表，地图中的地球，格式单一，

---

① 〔法〕韦尔东著，赵克非译《中世纪的旅行》，中国人民大学出版社，2007 年。

② T and O map, From Wikipedia, the free encyclopedia.

极少变化，却被武断地宣称是世界的真正形状。

这些地图具有共同的格式，世人称之为 T-O 地图。

T-O 是一种专有的架构，在这种地图中，所有陆地被分为欧洲、亚洲、非洲三大洲，当中分隔三者的河流或海洋，呈拉丁字母 T 状，而所有陆地则被一个 O 形大海所包围。

现存最早的 T-O 地图，根据塞维利亚的伊西多尔的叙述，是由 8 世纪西班牙僧侣列瓦纳的比特斯（Beatus of Liébana）绘制的。虽然原稿丢失了，但仍然存在几份保留了原貌的副本。

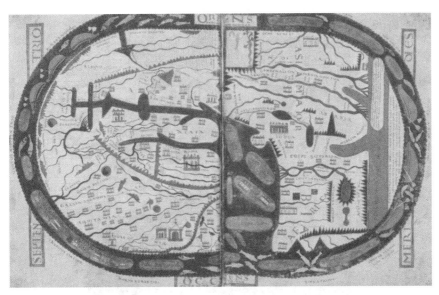

现存最早的 T-O 地图《比特斯地图》

地图出现在比特斯的第二本《启示录》序言中。地图上方朝向东边，而不是像现代制图一样通常向北。其主要目标，不是精确描述世界及其大陆，而是说明宗教使徒的原始散居者。

在《比特斯地图》上，世界被表示为由海洋包围的圆盘。地球分为三大洲：亚洲是上半圆，非洲在右下区域，欧洲在左下区域，分别属于挪亚的三个儿子：闪、含和雅弗。三个大陆欧洲、非洲、亚洲由尼罗河、博斯普鲁斯海峡和爱琴海等水流和内海分开。

基督教和犹太教的世界中心均为耶路撒冷，亚伯拉罕牺牲自己的儿子以撒、耶稣的激情和复活，都发生在那神圣的城市。

《比特斯地图》不是对已知大陆的准确描述，而是反映了中世纪的欧洲宗教信徒的世界观。

以 T-O 型为主的地图，整个可以居住的地球被描画成为一个圆盘章，即 O，被一股呈 T 形的水流划分为二。T 形之上是亚洲大陆，垂直线的左下方是欧洲大陆，右下方是非洲大陆。分隔欧、非两大陆的一条线是地中海；分隔欧、非两洲与亚洲的横线是多瑙河与尼罗河，古人以为这两条河流在一条线上。环绕这一切的是"海洋"。

伊西多尔画像

西班牙西南部古都塞维利亚的大主教伊西多尔（约 560 ～ 636），在 623 年著有《词源学》，这是一部关于人类知识的 20 卷的百科全书。1472 年，扎伊纳（Guntherus Ziner）在奥格斯堡出版了《词源学》的第一个印刷本，其中附有 T-O 型地图。地图中地球被分为三个部分——亚洲、欧洲和非洲，亚洲在地图上部的东方；在地图的左下部，越过顿河，是欧洲；非洲是从欧洲越过地中海、尼罗河以西的地方。每一个部分被分给了诺亚的三个儿子——闪、雅弗和含。

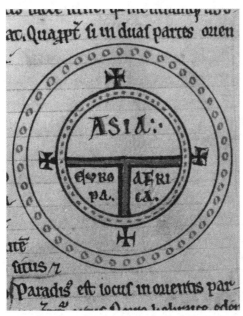

伊西多尔《语源学》印刷版中的T-O地图，此书写于623年，1472年第一次印刷。

初创于7世纪的基督教时期的这种T-O型地图，在后来的几百年中，成为被普遍接受的地图模式。尽管后来的地图有鲜艳明亮的颜色，并且画出教堂、城堡、人物和动物的形象，制作得也更详尽、更精美，然而其中传达的信息，与早期的T-O型地图一脉相承。

T-O型地图代表球形地球的一半。这类地图描绘的是北半球的温带，被认为是已知宜于居住的区域。至于地球另一半的未知土地，即南部温带气候带，被认为是无人居住的或无法踏足的，所以没有必要在世界地图上描绘它们。

中世纪还有少量延续古希腊制图传统的另外一种类型的地图，这些图保留了大地是球体的概念以及气候带的说法。

中世纪的地图，大可登堂入室，《赫里福德地图》高约1.524米；

小可盈握把玩，《诗篇地图》（Psalter World Map）只有 10 平方厘米见方的一小块。画风迥异，《盎格鲁－撒克逊地图》（Anglo-Saxon Map）绘出了"蠕动形"海岸线，《彼得伯勒地图》只有光秃秃的示意性轮廓。

中世纪英国人绘制的皇家希格登地图

中世纪晚期，开始出现了一些在地理上可识别的地图，它们小心地尝试着脱离 T-O 架构的藩篱，部分地对地点位置进行了精确的描述。这也预示着古希腊托勒密地图精神的复兴。

马代巴的马赛克

距约旦首都安曼大约 30 公里的马代巴（Madaba），是一个有 3500

多年历史的古城，先后受到罗马帝国、拜占庭帝国和阿拉伯帝国的统治。

　　1896年下半年，工人们清理古代教堂的废墟时，在铺着精美马赛克的地面上发现了一幅不同寻常的地图，这就是著名的《马代巴马赛克地图》。这幅地图描绘了公元570年以前耶路撒冷的建筑物，是由无名艺术家制作的。由拜占庭的镶嵌画师制作的这幅地图，也被称为第一幅基督教地图[①]。

马代巴圣乔治教堂内的中世纪马赛克地图

　　以地板的形式铺在马代巴圣乔治教堂后殿的《马代巴马赛克地图》，原有的面积约147平方米，现存约80平方米，是由超过二百万块的彩色碎石镶嵌而成的。

　　这幅马赛克地图描绘的区域非常广阔，从北部的黎巴嫩到南部的尼罗河三角洲，从西部的地中海到东部的沙漠，地图上出现了许多栩栩如

----

①〔美〕诺曼·思罗尔著，陈丹阳、张佳静译《地图的文明史》，商务印书馆，2016年，第52页。

生的图案，如死海上的两艘渔船、连接约旦河岸的众多桥梁、河流中的鱼群、一头正在追猎小羚羊的狮子等。

在残存的地图上，共有 150 个城镇，它们都有希腊文地名。

除了用作教堂的装饰外，地图还被用来为那些朝圣者指路。像其他中世纪的地图一样，圣城耶路撒冷被地图绘制者放在了地图正中央的突出位置，同时，圣城也是全图中最详细、最醒目的部分。城中的主要建筑物都清晰可见，如狮子门、金门、锡安门、圣墓教堂、圣母玛利亚新教堂、大卫塔和科尔多瓦编钟。

《马代巴马赛克地图》上的圣城耶路撒冷

根据图画来判断，此时的耶路撒冷正处于拜占庭帝国的统治之下。不过，在此图中找不到 570 年以后在耶路撒冷城出现的建筑物，因此，专家推断这幅地图的创作时代大约在公元 590 年。

那正是中世纪的早期——是被一些历史学家称为"黑暗时代"的时期。基督教不仅统治了漫长的中世纪，也同样笼罩了那一时期地中海和欧洲的地图。

条条大路通罗马

诞生于中世纪的《波伊廷格地图》（Tabula Peutingeriana）[1]，是一个古老的罗马路线图长卷，宽 0.34 米，长 6.75 米，地图长度是宽度的 20 倍，详尽展示了罗马帝国的路线网络布局。

收藏于奥地利国家图书馆的《波伊廷格地图》

《波伊廷格地图》的原件，绘于 13 世纪罗马时期，原图本来是连在一起的，1683 年被拆分为 11 张羊皮纸，现珍藏在维也纳的奥地利国家图书馆中。

人们现在看到的只是幸存的《波伊廷格地图》副本，它所依据的 4 世纪或 5 世纪的地图原本，被认为是公元前 27 年至公元 14 年，罗马建筑师马库斯·维皮亚尼亚斯·阿格里帕（Marcus Vipsanius Agrippa），在罗马皇帝奥古斯都统治时期测绘的地图。

① 〔美〕维森特·韦格著，金琦译《绘出世界文明的地图》，清华大学出版社，2013 年，第 29 页。

　　这一原始的罗马地图唯一的幸存副本，最后修订在 400 年初。1265 年，法国东部科尔马的一名僧侣摹绘复制了这幅羊皮纸卷轴地图，高 0.34 米，长 6.75 米。

　　《波伊廷格地图》的最初发现者是德国诗人康拉德·凯尔特斯（Konrad Celtis，1459～1508），他当时掌管奥地利的皇家图书馆。这张图是凯尔特斯晚年在德国南部的一个修道院中找到并带回的。由于他没有透露这个修道院的名字，所以具体的发现地点至今不清楚。

　　凯尔特斯去世前立下遗嘱，要把此图赠予他的一个朋友，即德国古董商康拉德·波伊廷格（Konrad Peutinger），同时要求波伊廷格将来把此图公开出版并转赠给一家公共图书馆。这幅古地图后来就被人们称作《波伊廷格地图》。

　　1598 年，《波伊廷格地图》由波伊廷格的亲戚、时任奥格斯堡的市长出版。

　　《波伊廷格地图》中缺少了北非及西欧的大西洋沿岸地区，大地最西边的部分不见了。这说明那幅古罗马地图本来应是由 12 张羊皮纸组成的，但在 12 世纪或 13 世纪初摹绘时，就已经遗失了一块羊皮纸，所以缺失了大西洋沿岸的部分。按照从左向右的阅读习惯，缺失的应是左起第一张羊皮纸。

　　《波伊廷格地图》内容简要，并不表示已经显示了整个世界或其主要部分的正确比例，它只是一个里程的图形汇编，或基本上是一个行程路线图，主要以直线划分道路，旨在给出道路网络的实际概述，而不是准确地表示地理特征。它绘出的土地面积是扭

康拉德·波伊廷格

曲的，特别是在东西方向上。地图显示了许多罗马定居点和连接它们的
道路，以及河流、山脉、森林和海洋等其他地理要素，还给出了定居点
之间的距离。

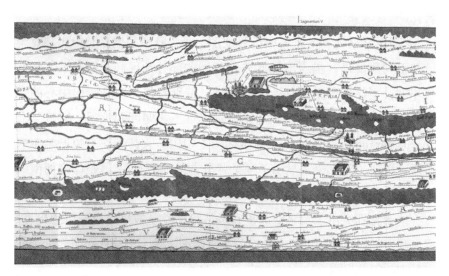

《波伊廷格地图》

《波伊廷格地图》的路线画成红色，而海洋则以绿蓝色表示。地图
不符合任何投影的规则，也不可能应用一个常数来确定从一个地方到另
一个地方的距离，对于这些里程测量，必须参考作者写的数字。

此外，该图的设计并未明显突出其军事用途，而是突出了贸易中
心、矿泉、朝圣之地、山系以及罗马、君士坦丁堡和安提阿（奥龙特斯
河的东侧的一个古老城市，遗址位于现在土耳其的安塔基亚）三个伟大
的城市。

《波伊廷格地图》以东西方的距离比南北的距离更大的比例表示，
南北向往往与东西向出现的角度略有不同。原图很可能绘在纸莎草卷
上，以便于携带，因此宽度将受到严重限制，而长度不会受到限制。图
上的距离不是按地图的尺度计算的，而是将里程的数字相加所得。

图中用不同的色彩标出了当时所知的世界交通线路，特别是罗马
帝国内的交通网。罗马城下方奥斯蒂亚港处，还有一座高高的灯塔。纵

横交错的发达交通路线，最终都汇总到地图的中心，即罗马帝国的中心罗马城。以罗马城为中心，12条大路呈放射状向外扩散，而且每一条道路的名称都被一一注出，直观形象地诠释了"条条大路通罗马"这一名言。

《波伊廷格地图》是一幅世界地图，涵盖欧洲，但没有伊比利亚半岛和不列颠群岛；描绘出了北非和亚洲的部分地区，包括中东、波斯和印度；主体部分是罗马帝国的疆域，特别是作为罗马帝国中心的意大利。除了帝国的整体，地图还显示了近东、印度和恒河、斯里兰卡（Insula Taprobane）的地区，甚至标明了中国。它甚至在马拉巴尔海岸的穆吉里斯（Muziris）显示了一个"奥古斯都神庙"，这是印度西南海岸与罗马帝国贸易的主要港口之一。

地图特别突出了罗马，教皇和圣彼得大教堂被描绘成城市的代表。意大利南部城市那不勒斯旁边有一个黑暗的土堆，可能代表了毁灭了的庞贝和赫库兰尼姆。

《波伊廷格地图》欧洲部分，还绘出了英国东南部，标有道路和港口；法国、西班牙和北非；地中海的科西嘉岛和撒丁岛；意大利与周围的岛屿和邻近海域。

在地图的地中海东部地区，绘出希腊群岛和现在的土耳其和克里特岛；展示了塞浦路斯、现今的沙特阿拉伯、耶路撒冷圣城的大型教堂，以及美索不达米亚东南部的地区。最后一个部分，以托勒密地图的名称描绘了巴比伦以及里海、印度半岛、斯托布兰岛锡兰（斯里兰卡）。

地图中出现了数量不少于555个的城市和3500个其他地名。当时罗马帝国的三个最重要的城市罗马、君士坦丁堡和安提阿，都有特殊的标志性装饰。

地图上还标出了各地之间的距离，一般用罗马的长度单位，但也有用高卢、波斯、印度等地的长度单位的。标绘在《波伊廷格地图》上的总里程，加起来总共长达10万多公里。

耶稣的圣体

在德国北部的埃布斯托夫（Ebstorf），中世纪时期这里有一个天主教本笃会的修道院，16 世纪宗教改革后，变成了新教的修道院。1830年，一位修女夏洛特·冯·拉斯佩格（Charlotte von Lasperg），在修道院一个潮湿无窗、存放宗教用具的储藏室里，发现了一幅大型彩色地图。地图由 30 张羊皮纸组成，总面积为 356 厘米 ×358 厘米，这就是现今所知的中世纪欧洲第二大世界地图《埃布斯托夫地图》。

几年后地图被运到汉诺威的一家历史博物馆中。1888 年，《埃布斯托夫地图》被运到柏林进行修复。为了便于修复与保存，此图被拆成30 块。人们还对它进行了拍照，但可惜的是都是黑白照片。

《埃布斯托夫地图》经修复后运回到汉诺威珍藏。在此过程中可能遗失了一张羊皮纸，而且这张遗失的羊皮纸上可能还写有地图作者的名字。

1943 年 10 月 8 日到 9 日夜里，《埃布斯托夫地图》在盟军对汉诺威的空袭中被毁灭。今天人们看到的《埃布斯托夫地图》，是基于 19 世纪和 20 世纪初的复制品，在第二次世界大战结束后又一次进行复制的。

在 1888 年拍摄的照片没有存世，但是 1891 年，地图在恩斯特·桑默布罗德（Ernst Sommerbrodt）的图集中出现了，尺寸为 48 厘米 ×64厘米，是原作面积的一半。1896 年，康拉德·米勒（Konrad Miller）发表了基于手绘版的彩色版和黑白版《埃布斯托夫地图》。

1930 年，奥古斯都·克罗普（Augustus Kropp）根据桑默布罗德的图集绘制了一幅彩色的地图，作品至今仍然挂在埃布斯托夫农业学校的墙上。

《埃布斯托夫地图》的绘制年代，多数人认为是在 1230 年到 1250年之间。此图的绘制地点，可能就在埃布斯托夫当地，因为地图上出现了这个地区的 11 条小河。

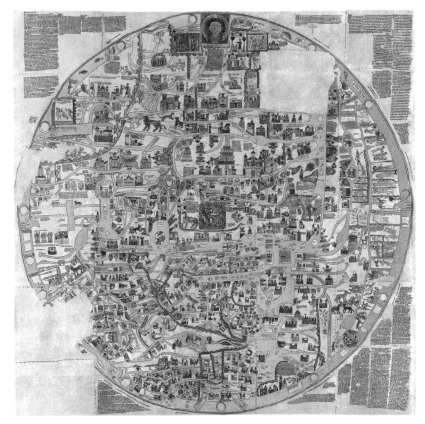

《埃布斯托夫地图》

这幅地图所引用的最晚的资料，是杰维斯（Gervase of Tilbury）所写的一部著作。杰维斯 1165 年生于英国，后来到德国教授教会法律，并且积极参与德国的政治事务，曾为德意志皇帝效过劳。1214 年，德国皇帝被法国军队打败，杰维斯也失去官职。为了安慰被打败了的德意志皇帝，杰维斯将自己的著作献给皇帝。杰维斯所写的那部书现在还可找到，他在书中曾抱怨找不到一幅好的世界地图，并说自己要绘制一幅更好的地图，但在此书中找不到地图。所以，多数人认为，杰维斯所绘的地图就是《埃布斯托夫地图》，他就是《埃布斯托夫地图》的作者。图上的文字说明主要用拉丁文写成，但也有不少地名是用当时的德文方言写成的。

《埃布斯托夫地图》是一幅 T-O 地图，被圆形大海洋包围的大地分为三大块：正上方为东方（亚洲），右下侧为非洲，欧洲在左下方。与其他欧洲中世纪的 T-O 地图一样，《埃布斯托夫地图》的首要目的也是宣扬基督教世界观。

《埃布斯托夫地图》描绘了一个被钉了十字架的基督的身体。地图说明了"已知世界"以及好奇的朝圣者的重要地标和兴趣点。耶稣的头和四肢分别位于地图的四个方向，用来表示世界的四个方位。基督的头在东方，在地图的顶部，天堂的方向；他的双手在已知世界的北部和南部极限；他的脚在直布罗陀——地中海遇见大西洋之处。地图的中心圣地耶路撒冷城，是基督教的精神中心，位于基督的肚脐处。在耶路撒冷附近，可以找到巴别塔、伯利恒（标有大卫之星）、所多玛和蛾摩拉。

这样，整个地图实际上是表示耶稣的圣体，或者说，整个世界都在耶稣的胸中。在作者看来，现实世界只不过是证明、表现了基督教学说。

尽管《埃布斯托夫地图》是一个基督身体的神圣对象，它也是中世纪叙事背景下的奇特而奇妙的地方旅游地图。地图的右上角明确地写着这样的话："此图为旅行者指明方向并标出途中赏心悦目的诸多景观，所以此图对读者来说颇有用处。"

《埃布斯托夫地图》列举了大量的地名及景观，约有 1200 条文字说明，包括历史、宗教、地理等内容。这些文字说明的来源，除了《圣经》外，还有一个主要来源是古代希腊罗马时代的著作，例如古希腊人的关于伊阿宋率领众英雄出海寻找金羊毛的故事、古罗马作家老普林尼的著作等。图上的一小部分内容则来自当时流行的作品，例如关于赴耶路撒冷朝圣的记载、关于欧洲地理的报道等。

神父的诗篇

13 世纪中叶，出现了《诗篇地图》（Psalter World Map），它非常突

出地把圣城耶路撒冷画在圆形的中心，地图成为教义信条的指引。

《诗篇地图》，牛皮纸手稿，以东方为导向。

《诗篇地图》大约绘制于 1225 ～ 1265 年，也有专家认为绘制于 1260 年，是手绘在牛皮纸上的，这幅地图设计成一个非常小的圆形，直径 8.5 厘米（3.7 英寸），挤满了文字注记，提供了不少于 145 个地名。

这可能是一个丢失了的地图的副本，从 20 世纪 30 年代中期起，此图在威斯敏斯特宫装饰国王亨利三世的卧室。现在它保存于伦敦的大英图书馆。

"一本书或诗集"，这一《诗篇地图》的标题反映了它的语调和意图。在这张地图上，耶稣基督在"上面"即东方出现，用右手祝福，两旁站立着挥舞香瓶的天使，其下是一幅非常详细的 T-O 型世界地图。

《诗篇地图》的着色，显示了绿色的海洋（当然红海是红色的），河流是蓝色的，定居点显示为赭石三角形。

圣城耶路撒冷处在地图中心，绘图者围绕着耶路撒冷周围，描绘巴勒斯坦和毗邻的地带，许多《圣经》中的地名出现在图上，如约旦、死海、河流，以及耶利哥、凯撒利亚、阿卡等。这个地区占据了此图亚洲部分的三分之一以上。

诺亚方舟在亚美尼亚的一座山上显得很清楚，一条大鱼在加利利海中游荡。靠近巴比伦和埃及的地方绘有谷仓和金字塔。

《诗篇地图》是中世纪世界的独特代表，事实上，中世纪的人们知道地球并不是平面的。尽管如此，地球还是被视为一个以东方为顶点的平面的圆圈。这个圆圈的上半部分被亚洲占领，下半部分分为欧洲和非洲。耶路撒冷在地图的中心。

在这幅地图的整体结构中，英格兰的无名绘图者也表现出了对当地地理的兴趣：可以辨别的不列颠群岛在左下方，尽管可用的空间非常有限，但还是绘出了诸如泰晤士河和塞文河等河流，伦敦则标有一个金点。

显而易见的是，中世纪地图制作者无意或者无法制作现代意义上的"准确"的地图，但这并不能忽视他们的目的：这样的地图并不是像现代地图册一样，将某人的旅行，从一个地方引导到另一个地方，而是在整体计划中显示重要的地方。

赫里福德巨制

在英国赫里福德大教堂于 1996 年建成的新图书馆中，存放着一幅

牛皮绘制的著名世界地图《赫里福德地图》，这是现存的欧洲中世纪地图中最大的一张世界地图。

赫里福德大教堂1996年建成的新图书馆，《赫里福德地图》放在一个橡木框架里。

这幅地图画在一整张小牛犊皮上，面积为159厘米×134厘米。根据专家推测，这幅地图应该绘制于1290～1300年。它描绘了420个城镇、15个《圣经》中的事件、33种动物和植物、32个人以及古典神话中的5个场景。

17世纪英国内战时，这幅地图被藏在教堂的地板下。第二次世界大战期间，为了躲避德国法西斯的轰炸，此图被转运到英国其他地方保存，先后被藏在酒窖里和煤矿中。后来，《赫里福德地图》又被运到大英博物馆进行修复，1948年被运回到赫里福德大教堂。

1987年到1988年，地图在英国皇家学会展览后，赫里福德大教堂曾宣布要将它拍卖，以筹措维修教堂所需的资金。这个消息在英国民众中引起强烈反响，人们反对拍卖这幅稀世之宝，纷纷解囊捐款。1989年，赫里福德大教堂宣布取消拍卖计划。同年，在赫里福德大教堂的一个马厩中，又发现了700年前最初用来装帧此图的木框。直到今天，这幅地图依然保存在赫里福德大教堂中。

《赫里福德地图》分成内外层。外层边框呈五边形，上部是三角形，顶端画着末日审判的场面：耶稣张开双手端坐在正中央，他的周围有天使；在地图的右上角，有 6 个罪人被绳索捆在一起，由一个天使押向地狱；地图的左上角，一群人在一个天使的引导下，从残破的坟墓中出来走向永恒。地图外层的文字，用一种古老的法语方言写成，此种方言当时流行于英国的上层社会中。

在《赫里福德地图》外层边框的左下角，记载着恺撒聘请希腊测绘师测量大地、绘制地图的故事。恺撒双手展开的诏令上写着："你们要走遍世界，然后回来向罗马元老院报告各洲的情况。为此，特加盖我的玺印。"在这份诏令的下方有一颗巨大的卵形印章，上面的文字为"恺撒大帝宝玺"。希腊测绘师尼柯道修斯、提奥多克斯、波里克利特斯面对恺撒接受使命。

《赫里福德地图》外层的 4 个圆形基点，分别写有大写字母 M、O、R、S。连起来的 MORS，是古罗马神话中死神的名字。

与大部分欧洲中世纪地图不同，《赫里福德地图》出现了作者的名字。在地图左下角写有："此图由理查德构思创作，愿所有拥有、读过、见过以及闻知此图的人，能向上苍祈祷，祈求耶稣赐福给作者，使作者在天堂里获得快乐。"

从这段文字可知，地图的作者叫理查德，籍贯是英国的林肯郡。在史料中，可以找到当时有两个名叫理查德的人，其中老理查德死于 1278 年，小理查德 1326 年去世。目前大多数专家认为是老理查德绘制了此幅地图。

从地图的内容来看，林肯郡一带的地名标注得特别详细，所以多数人认为，该地图就诞生于此。林肯郡位于英国的东部，而赫里福德位于英国的西部，这就留下了至今仍在讨论的疑问：这幅地图是怎样流入赫里福德大教堂的？

《赫里福德地图》的内层，是一个圆形的 T-O 地图，直径为 1.32 米。这个圆是用圆规画成的，地图中心还有圆规脚留下的一个小洞。大地周围是个圆框，上面除了有关于大地四周的简单描述外，还画有传说中的十二风神头像。圆框内是连成一片的海洋，将大地包围。地图上还有用拉丁文所写的约1100条图注文，用来说明城镇、历史事件、河流、山脉等。

英国赫里福德大教堂的《赫里福德地图》，约绘制于1290～1300年。

《赫里福德地图》以东方为上，图中央垂直的深蓝色海洋就是巨大的地中海，把大地分成亚洲、非洲和欧洲三大陆地。正上方是亚洲，是中世纪欧洲人心中遥不可及的神圣地区。亚洲占据了整个地图的大部分，尼罗河被认为是亚洲东边的边界。红海与阿拉伯湾、锡兰的岛屿位于右上方，很像一颗牙齿及牙根。底部的红海用醒目的红色表示，被一条曲线巧妙地截断，仿佛出埃及的以色列人，正紧随摩西的手杖渡海。

位于地图中心的圣城耶路撒冷，被画成一个圆形城市，比例被显著夸大。耶路撒冷附近，与基督教有关的重要地名及事件都被标示出来。左边则是波斯湾。最东部的圆形孤岛，就是天堂伊甸园，里面绘有亚当与夏娃，下方绘有装满动物的诺亚方舟。底格里斯河上部中心位置的巴别塔是最大的建筑，地中海上西西里岛上的埃特纳火山正在冒烟，克里特岛上有传说中的迷宫，利姆诺斯岛上有一头公牛，还有一条美人鱼在海中游动。

非洲位于地图的右下方，地中海的左侧，但上面却错误地用金色大字写着"欧洲"。同样，在欧洲大地上，却错误地写着"非洲"。这种明显的错误至今仍让人费解。尼罗河由西向东穿越非洲大陆汇入地中海。在尼罗河拐弯处有个明显的带有五顶帐篷的大型建筑物，代表亚历山大大帝发动亚洲战役之前的营地。尼罗河东部，则标注了当年以色列人离开埃及的地点，甚至绘制出了他们走出埃及的路线。

欧洲占据了地图的左下方位置，地图上几乎所有的地名，都集中在欧洲及地中海周边地区，有巴黎、罗马等大城市，也有牛津、爱丁堡等小镇。罗马城被描述成是"世界之都"，但意大利并没有被绘成半岛。英国的面积被夸大，苏格兰与英格兰被画成两个独立的岛屿。

《赫里福德地图》上，古希腊罗马时代用于指中国的名词"赛里斯"（Seres），出现在两个地方，一是绘在里海附近的城市，另一处位于一个没有标出名字的高山下，并有注文："越过沙漠最先遇到的就是赛里斯人，丝绸服装即来于此地。"

马修的思考与诠释

13世纪的英国赫特福德郡，圣奥尔本斯修道院（St. Albans Monastery）有一位本笃会修道士马修·帕里斯（Matthew Paris，1220～

1259），他是著名的历史学家、艺术家和制图师。

这幅小画被认为是马修·帕里斯的自画像

作为成功的制图师，马修·帕里斯绘制的地图，让读者首次看到整体的英国，与中世纪欧洲流行的制图传统大相径庭。他绘制的地图中保存下来的有 15 幅，包括 4 幅英国地图。[1] 那时，没有其他英国艺术家或僧侣曾经绘制过这样的地图，马修·帕里斯忽略了中世纪制图传统，构建出新的地图。他把目光缩小到了英伦的岛屿，而此地通常被中世纪地图制作者边缘化或忽视。在制图过程中，马修·帕里斯目的明确，正确地解决了各个英伦岛屿的地理位置。

在马修·帕里斯的 4 幅英国地图中，《克劳迪乌斯地图》(Claudius Map) 首次尝试描绘这个国家的实际外观，呈现了岛上最完整和完美的制图设想，被认为是在英格兰土地上绘制的第一幅不列颠地图。

这幅地图的框架，反映了中世纪手稿的通行格式，边缘小方块里的地名是注释，也就是在书写和绘制间的插入内容。地图采用中世纪地图典型的图解特征，为了特定的目的，而对地形进行某种被认为是正当的扭曲处理。

---

① 〔英〕杰里米·哈伍德、萨拉·本多尔著，孙吉虹译《改变世界的 100 幅地图》，生活·读书·新知三联书店，2010 年，第 51 页。

《克劳迪乌斯地图》，马修·帕里斯的四幅英国地图中最著名的一张。

　　地图中英格兰与苏格兰之间的边界，由哈德良长城（Hadrians Wall）和北方的安东尼长城（Antonine Wall）标示出来。英格兰北部的哈德良长城，于公元 122 年至 130 年，由罗马皇帝哈德良修建，以抵御北方的敌人。长城全长 73 公里，高约 4.6 米，底宽 3 米，顶宽约 2.1

米，上面筑有堡垒、瞭望塔等。安东尼长城位于今苏格兰境内，是罗马帝国君主安敦宁·毕尤在位时所建，始建于 142 年，建成于 154 年，西起克莱德河河口，东至福斯湾，全长 63 公里，高约 3 米，宽 5 米，将当时南部属古罗马管辖的不列颠尼亚和北部的喀里多尼亚（苏格兰在罗马时代的古名）隔开。

马修·帕里斯的英国地图中的一幅

马修·帕里斯的英国地图，主要由南北轴线两侧的河流和海岸线划定。其中列出地名的城镇、丘陵和河流达 250 多个。伦敦被绘为最大的城市，拥有围绕四周的精巧而巍峨的围墙。温莎城堡位于泰晤士河畔的上游。泰坦尼亚岛出现在南海岸，尚未通过淤泥和土地的开垦而加入大陆。在威尔士西北部，标示了斯诺登山的山峰。

马修·帕里斯借鉴了罗马人提供的不列颠群岛早期地图素材，以及旅行者收集的实际信息。

马修·帕里斯的地图，成了17世纪一位敏锐的古董商罗伯特·科顿爵士的收藏品，他的孙子在1700年将其捐献给国家。地图在辗转于斯特兰德的埃塞克斯之家后，到了威斯敏斯特的阿什伯汉宫，在1753年，被收藏在新成立的大英博物馆内，1973年被转交给大英图书馆。

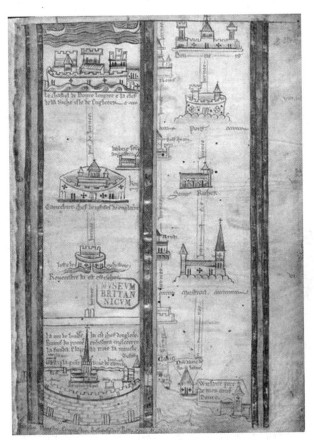

马修·帕里斯《伦敦到多佛港》（约1250）

马修·帕里斯的三卷本《世界编年史》不仅收录了四幅英国地图，还收有一个五页的条形交通图，展示了从英国到南部意大利的朝圣路线。不过，这幅条形地图，显然起不到给朝圣者提供实际可行的路线指

导的作用，它只是一幅示意图而已。

马略卡学派的杰作

加泰罗尼亚，位于现在的西班牙东北部，14 世纪统治那里的是海上的贸易大国阿拉贡王国。位于西地中海的马略卡岛，是巴利阿里群岛的最大岛屿，1344 年并入阿拉贡王国。

马略卡岛东南部的海滩

阿拉贡王国航海贸易发达，埃及、中东、欧洲各地的商人纷至沓来，其中包括许多阿拉伯人和犹太人。

航海地图当时在阿拉贡备受重视，制图业快速地发展起来。1354 年，阿拉贡国王下令该国每艘船只必须携带两幅航海图。

11 世纪至文艺复兴时期，欧洲主要的地图绘制中心集中在亚平宁半岛和伊比利亚半岛，并兴起了不同的制图学派：意大利地图学派和马略卡地图学派。

马略卡地图学派是历史学家提出的术语，指的是在 13、14 和 15 世纪，在西班牙的马略卡岛，主要由犹太制图者、宇宙志制图者和航海仪器制造商以及一些基督教教士组成的学派，这一学派直到犹太人被驱逐才消亡的。马略卡地图学派通常包括那些在加泰罗尼亚工作的制图者。

马略卡地图学派与意大利地图学派风格各异，形成对比。历史学家一致认为，马略卡人形成了他们自己独特的制图风格。

意大利中世纪的制图者大多来自热那亚和威尼斯，他们擅长绘制严格意义上的波托兰海图，主要描绘地中海、黑海和大西洋海岸，为在这一区域活动的商人和水手们提供交通地图。

随着时间的推移和知识的积累，马略卡的一些制图者，会将"正常"的波托兰海图的地理边界，延伸到更大的范围，包括许多真实和虚构的大西洋岛屿、一个延伸到南部的更长的西非海岸、北部波罗的海东部和里海。尽管如此，地图对地中海中心区域的重点描绘仍然存在，而且规模很少改变。

那些装饰精美、如同艺术品一般的波托兰海图，多数出于马略卡地图学派之手，他们吸收了阿拉伯及犹太文化，在地图上用浓烈鲜艳的色彩描绘山脉、城市、人物，绘图范围除了地中海和黑海地区外，还扩展到非洲、西班牙、法国以及英国，同时吸收犹太人与伊斯兰的船员、商人带来的亚洲、非洲的信息，可以说已经具备了世界地图的雏形。[①]

马略卡地图学派和意大利地图学派之间的区别，体现在风格上，而不是绘制的地理范围上。意大利的波托兰海图稀疏而克制，严格地集中在海岸细节上，内陆地区几乎空无一物，而地图基本上没有插图。马略卡岛的制图风格，包含更多的细节和内陆，充满了丰富多彩的插图，描绘了城市、山脉、河流和一些人物。

1375 年，马略卡岛的制图师亚伯拉罕·克里克斯绘制的《加泰罗尼亚地图集》，集中体现了几乎所有马略卡地图学派的典型特征：在加

①〔日〕宫崎正胜著，朱悦玮译《航海图的世界史·海上道路改变历史》，中信出版社，2014年，第 67 页。

泰罗尼亚的红海旁，阿特拉斯山脉被描绘成一棵棕榈树；阿尔卑斯山像一只鸡的脚；环绕托莱多弯曲的曲线，被标记为牧羊人的弯脚；多瑙河是一串接近山丘的链条；波西米亚绘成马蹄形；加那利群岛上有一个白色的十字架；罗德斯岛也用十字形的盾牌上色。阿拉贡皇冠上的条纹盾牌，尽可能多地出现，包括覆盖马略卡岛。地图上有个指南针，北极星在北方。

马略卡地图学派的宇宙志学者和制图师，尝试并开发了他们自己的制图技术。根据登斯基尔德等学者的研究，大部分制图师都绘制了正常的波托兰海图，并没有牺牲波托兰海图的基本航海功能。马略卡岛的地图，就像意大利人做的图一样详细和有用，而且还加入了许多有趣的插图。

大多数马略卡地图学派的成员都是犹太人，马略卡地图学派的主要成员包括：安基利诺·杜塞尔特（Angelino Dulcert，1339，可能是一个热那亚移民）、亚伯拉罕·克里克斯（Abraham Cresques，1375）、海姆·伊本·瑞斯（Haym Abn Risch）、吉利姆·索勒（Guillem Soler，1380）、维拉德斯特斯的麦西亚（Mecia de Viladestes，1410）、杰穆伊·贝淳（Jaume Bertran，1430）、佩雷·罗塞尔（Pere Rosell，1430）等。

在意大利，仪器制作和制图技术是不同的工种，而大多数马略卡人都是航海仪器的制造商，同时也是制图师和罗盘制造商。一些人还是业余或专业的宇宙志学者，他们精通占星术和天文学，经常在他们的地图册中插入天文日历。

杰拉尔德·克龙（Gerald Crone）教授在他关于中世纪地图的著作中说，这些制图者，他们"……抛开传统的界限，期待文艺复兴的成就。他们制作的地图被西班牙大陆和其他国家的王子和统治者所珍视。在马略卡岛制作的地图很容易辨认，因为它们色彩鲜艳的插图显示了外国统治者的地理特征和肖像。第一个已知的马略卡岛地图是1339年由安基利诺·杜塞尔特制作的。即使在这早期的工作中，马略卡人制图学派的所有特色都存在。杜尔塞特制作了精确的彩色图画，展示了所有的地形细节，包括河流、湖泊、山脉等等。"

亚伯拉罕·克里克斯（Abraham Cresques）是阿拉贡国王的宫廷御用制图学家，犹太人，出生在马略卡岛上的帕尔马城，也是地图和罗盘大师，精于绘制航海图，是马略卡地图学派中声名最为显赫的一位。他的儿子杰胡达·克里克斯（Jehuda Cresque）也子承父业，成了国王的御用制图学家。

1375 年，阿拉贡国王佩德罗四世指派亚伯拉罕·克里克斯专门绘制一套华丽的、最新且最翔实的世界地图集，即《加泰罗尼亚地图集》，作为礼物，送给提出这一要求的法国国王查理五世。

最终完成的《加泰罗尼亚地图集》独一无二，这部那个时代最精确的地图集，不仅真实地反映了当时的地理状况，还综合反映了中世纪晚期欧洲人的世界观。[①]

《加泰罗尼亚地图集》整幅地图高 69 厘米，长近 4 米。其中 4 张羊皮纸的内容，是关于天文、地理和航海方面的图表、数据资料及文字描述。另外 8 张羊皮纸，绘有世界地图：地图的第 1 张和第 2 张是加那利群岛和科西嘉岛，第 3 张和第 4 张是从意大利到黑海，第 5 张和第 6 张是从里海到印度，第 7 张和第 8 张是印度以东包括中国的区域。

《加泰罗尼亚地图集》用散点透视的方式，描绘出纵横数万公里的欧亚大陆景象，海洋、湖泊、山川、森林、草原、农田、城市、宫殿、教堂、丝绸之路、驿站等都被囊括其中。地图上还绘有人物、动物、植物，特别是生动地描绘了 13 ～ 15 世纪，带领骆驼队经"草原丝绸之路"，或驾帆船通过"海洋丝绸之路"进行商业贸易与文化交流的中国、西班牙、意大利等国的商人、使者、旅行家的形象。

《加泰罗尼亚地图集》东西方向很长，画得非常详细，南北方向较窄，只描绘了撒哈拉沙漠以北的非洲地区，欧亚大陆的最北部被省略

---

① 〔英〕杰里米·哈伍德、萨拉·本多尔著，孙吉虹译《改变世界的 100 幅地图》，生活·读书·新知三联书店，2010 年，第 48 页。

了。这可能是奉命绘图的缘故，据说阿拉贡国王非常希望得知世界东西两端的详情，而对欧亚大陆的北部及非洲南部兴趣不大。

《加泰罗尼亚地图集》（局部）

整体而言，《加泰罗尼亚地图集》传统的宗教的内容并不算多，呈现出努力摆脱旧制图观念、大量采用新知识的鲜明特点。

中世纪传统地图一般东方朝上，《加泰罗尼亚地图集》上方为北，地图运用了航海图的绘制方法，地中海的形状画得非常准确，还包括了许多遥远的未知地区。航海图中所特有的恒向线，出现在大西洋、地中海、黑海、里海、波斯湾及东方海洋上，而且还被标在大陆上。

《加泰罗尼亚地图集》采用了当时最新的地理资料充实地图，描绘世界地理。欧洲部分最为精细。海岸线被极其精确地勾勒出来。在远离海洋的地方，山脉和河流被清楚地标记，教堂的塔尖和十字架用来标记大型城市，而欧洲以外穆斯林的市中心，是用圆顶标出的。仅在西欧，就标出 620 个地名。在亚洲尤其是东亚部分，《马可·波罗游记》和《曼德维尔爵士旅行记》等故事在地图上均以图画的形式呈现出来。

《加泰罗尼亚地图集》（东方部分）

　　《加泰罗尼亚地图集》以相当准确的轮廓，绘出从西边的里海、蒙古地区向东延伸到中国的海岸，沿海出现了阿拉伯商人经常光顾的几个伟大的中世纪港口和交易中心。然而，应该指出的是，与地图集中描绘的相对较为熟悉的欧洲、北非的轮廓相比，这些亚洲的沿海带只是大概的外观。

　　《加泰罗尼亚地图集》标出有关中国的地名约 30 个。不少地名所标位置正确，例如西北沙漠附近的"甘州"（Cansio）、西南边陲的"永昌"（Vociam）和"金齿"（Zardandan）、北方的"汗八里"（北京）、南方的"行在"（杭州）和"刺桐"（泉州）等。在中国部分，还画有 6 条大江，而且它们都来源于西北地区的同一条江河。这说明地图的作者对中国境内的水系认识非常模糊。此外，在中国沿海还绘有 3 个港口，自北而南，一个在杭州附近，一个在泉州附近，一个在广州附近。从这

些情况看,《加泰罗尼亚地图集》有关中国部分的资料,主要来自《马可·波罗游记》。

《加泰罗尼亚地图集》中的马可·波罗的大篷车

　　《加泰罗尼亚地图集》夸大了中亚沙漠面积。地图上没有咸海,却有画得很大的里海。地图上正确地画出两条从西方穿越中亚到达中国的南北两条陆上丝绸之路。在中国西部,没有出现高山,说明作者不知道喜马拉雅山及其他山脉的存在。地图画有一条源自亚洲内陆的大河把中国与印度分开,显然把印度河与恒河混在一起了。图注还提到,中国周边的海洋中有 7548 个岛屿,盛产香料与珠宝。地图上没有出现日本,但图注提到了一个被称为"高丽"的岛屿,可能泛指朝鲜半岛及日本。

　　《加泰罗尼亚地图集》第一次正确地把印度画成一个半岛。虽然印度的东海岸比较模糊,而且与中南半岛混在一起,但西海岸却基本是正确的。在西亚,用红色绘出了红海。阿拉伯半岛上画有传说中的示巴女王。地图上还有伊斯兰教的圣地麦加。

《加泰罗尼亚地图集》全景式地展示了从大西洋到太平洋的欧亚大陆的广大地区，还有非洲北部地区。非洲部分参考了阿拉伯探险家伊本·白图泰的编年史。在非洲的大西洋沿海，出现了加那利群岛，欧洲人是在 1336 年发现了这个群岛的。特别是地图中还提到了 1346 年欧洲人前往"黄金之河"（指的是非洲西海岸）的航行。由此可见，《加泰罗尼亚地图集》所依据的资料是非常新的。

　　《加泰罗尼亚地图集》的出现，特别是它广泛地运用当代地理知识和雄心勃勃的绘图范围，代表了世界地图从文艺复兴时期向之后阶段发展的过渡阶段，预示着一个制图新时代的到来。

第四章
海盗的羊皮图

　　一千多年前，欧洲海面游弋着木制海盗船，船上北欧的维京人，以打了就跑的袭击方式，掠夺分布在中世纪西欧各地教堂、修道院里的财宝。同样的海盗船，载着另一些富于冒险精神的维京人，从惊涛骇浪的北海出航，寻找可以殖民的岛屿和土地。

　　Vikings 一词，意为"居住在海湾的人"，指历史上著名的北欧海盗，也译作"维京人"。

邮票《生活在维京时代》

　　北欧有关家族和英雄的传说，基本上都被收集在一部名为《萨迦》的集子中。《冰岛人的萨迦》，描述了北欧海盗时期冰岛家族及个人的历史。[①]

　　根据《冰岛人的萨迦》的讲述，大约到了930年，冰岛的大

---

① 石琴娥《萨迦选集》，商务印书馆，2014年。

部分可居住地似乎已人满为患。四十年后的一次饥荒，为北欧冰岛居民继续迁徙增加了压力。

一个名叫红发艾瑞克的惯犯，率领一批移民定居于格陵兰岛，这里成了北欧海盗的下一个最远的目的地。

1001 年的夏天，红发艾瑞克之子莱夫·埃里克松，扬起风帆，率领他聚集于木船上的团队，从荒凉的格陵兰岛起航，向着西边的广袤海洋进发。

他们艰苦地航行了几天，当一场可怕的风暴渐渐平息下来后，站在船头的莱夫，向西边的方向远眺，目力所及之处，隐约出现了一条由北而南的逶迤绵长的海岸线，眼前的这片陆地低缓平坦，到处都是茂密的森林，他看到的是一个前所未闻的新鲜的广阔陆地。

新大陆，北欧海盗来了！

海盗和他的儿子

930 年，"金发王"哈拉尔德正在进行统一挪威的征战，他所施行的"暴政"，把许多海盗小首领，从大部分可居住地赶了出去。

出生在挪威的"红发艾瑞克"，是一位著名的维京海盗，因为头发是火红色，所以这成为他最好的代号。

982 年，因为几桩谋杀案，红发艾瑞克被逐出挪威本土，他逃往冰岛西部的赫伊卡达尔定居下来。在冰岛，红发艾瑞克"脱颖而出"，成为著名的海盗。一次，一个邻居向他借铲子，后来不愿意归还，在追讨铲子的过程中，红发艾瑞克居然将其杀死。案发后，艾瑞克被放逐，移居在冰岛西海岸延伸出去的一个半岛上的布雷达湾的一个城镇，在那里，在纠纷中他又杀死一个农场主。

红发艾瑞克

连续两起恶性谋杀，激起了冰岛民众的愤怒，982 年，经过讨论，他们一致同意将红发艾瑞克流放三年。

这个惯犯带着家人和一些追随者从冰岛西海岸布雷达湾登船，向西航行 900 公里，找到了一个辽阔的次大陆，到达了北冰洋附近的世界上最辽阔的大岛——格陵兰岛（Greenland）。那里是北欧海盗当时到达的最远的目的地，这里没有人类居住过的迹象。在艾瑞克被流放的三年期间，他和他的船员为农场和住宅勘定地址。艾瑞克把这个新地方，命名为格陵兰——"绿色的土地"。

赫瓦尔西教堂，格陵兰岛诺尔斯（即挪威）定居点保存最完好的遗迹之一。

　　三年流放期满，艾瑞克回到了人满为患的冰岛，征集移民。986年，他又从冰岛出发，这次是率领载有男女乘客和家畜的 25 艘船航行的。在饱经风暴袭击的航行中，只有 14 艘船幸免于难。这几艘船把大约 450 人运到了北欧海盗在格陵兰的第一个居留地。

　　后人发掘出来的艾瑞克农场遗址，展示了一个非常宽阔和舒适的居处，这里有厚厚的泥糊石墙可御寒风大雪。如今在卡西阿苏克，艾瑞克在格陵兰岛的农场旧址，有一座他为妻子修建的木制小教堂的复制品。艾瑞克的妻子后来皈依了基督教。教堂四周的一道墙用来将牲畜拦在外面。

　　历史将红发艾瑞克纪录为发现格陵兰岛的第一人，作为北欧最出名的杀人犯和逃亡者，他同时也成为改变历史的冒险家。他在格陵兰居家繁衍，生了 4 个孩子，他的家族变得很富有，船队也逐渐扩张。

艾瑞克格陵兰农场旧址的小教堂

据说，第一个偶然看到美洲大陆的北欧海盗，名叫布亚尔尼·黑尔尤尔弗松。

986 年夏天，布亚尔尼驾自己的商船，去从未到过的格陵兰寻找父亲。他们沿格陵兰西南部峡湾的航道航行，既无航海图也无指南针，被大雾围困而迷失方向，当他们终于看到了一片"长满树林的平地"时，布亚尔尼知道这不可能是格陵兰。

他们沿着海岸航行，首先看到更多"遍布树木的平地"，再往北，他们看到是布满川流的高山。布亚尔尼不让船员们上岸，又把船头转向大海，航行四天后到达了格陵兰西南角的赫尔约夫纳。

格陵兰人的英雄冒险故事中，保留着一种记载，说布亚尔尼看到的西面的那块无人探索且不知其名的土地，后来被证明是美洲。

但是，颠覆了人们对于发现新大陆的概念的是后来买下布亚尔尼那条船的莱夫·埃里克松，他是海盗红发艾瑞克的长子。

莱夫·埃里克松，著名的北欧维京人海盗，据北欧冒险故事说，他是"魁梧高大，外表惊人、精悍而在各方面都稳健公正的人"。

早在千年以前，以莱夫·埃里克松为首的维京人，已经探索式地发现了北美洲大陆，并同当地的土著人接触、交流、冲突、争斗。他们花了将近100年时间，试图保存在那里的拓展地，但维京人当时没能守住今日的"北美天堂"，他们失败了，退出了那块丰腴之地。

莱夫·埃里克松

维京人走后，美洲土著们宁静地生活了500年，直到地理大发现来临。

比哥伦布早了500年

红发艾瑞克的孩子们，显然也遗传了父亲的冒险基因。

1001年，在格陵兰岛出生的长子莱夫·埃里克松，从布亚尔尼手中购买了一艘货船，并且聚集了35名船员，准备向986年布亚尔尼曾探险过的一个未知海域航行，开始新的一次冒险。

莱夫原本说服了父亲一起航行，但准备上船时，红发艾瑞克突然从马上摔了下来，他认为这是灾兆，于是放弃前往。莱夫·埃里克松决定自己出发。

从迪维斯海峡看格陵兰岛的思米拉克（Simiutaq）岛，这被认为是去往加拿大的合适起点。

1001 年的夏天，莱夫·埃里克松带领船队向西航行。经过几天航行，他的船队接近了北美洲东北海岸。

一场风暴渐渐平息下来，在船上的莱夫·埃里克松抬头远望，视力所及的西边，出现了一条逶迤的海岸线，眼前的这片陆地平坦低缓，到处都是茂密的森林，他看到的是一个前所未闻的新地方！

莱夫·埃里克松看到的这个大岛，其实就是今天加拿大东部海岸的纽芬兰岛（Newfoundland）。这个激动人心的历史性的时刻，比哥伦布发现北美大陆，提前了整整 500 年。

《莱夫·埃里克松发现美洲》，克里斯蒂安·克罗格（Christian Krogh）1893 年绘画。

随后，莱夫·埃里克松开始在北美洲大陆沿海探索。所到之处，他还用自己看到的地理形态为当地命名。从纽芬兰起航，莱夫和他的船员向西航行，首次弄清了布亚尔尼和他的一伙人上次见到的那块土地。于是他将其命名为赫卢兰（Helluland），即"布满大石块之地"，那应该就是今天的加拿大哈德逊湾拉布拉多半岛以北包括巴芬岛（Baffin Island）一带在内的地方。

巴芬岛

随后他们向南航行，抵达了另一个较平缓而且遍布茂密树林和白沙滩的岛屿，莱夫·埃里克松将其命名为马克兰（Markland），意指树岛，也就是今天在北美哈德逊湾与大西洋之间的拉布拉多半岛。

继续向南，莱夫·埃里克松和他的船员又来到了下一个岛，他们发现，这是一个诱人的避寒之地。森林里生长着"野葡萄"，可能是指极北地带至今盛产的野红加仑子、醋栗、山酸果等酿酒浆果。

莱夫一伙人发现这片土地出乎意料地引人入胜，他们循河而上，驶入河源头的那个湖。岛上的河中、湖里，有相当多的鲑鱼，这些鱼比他们以前见到的更大。土质是那么优良，以致他们似乎无须为牲畜准备过冬的饲料。气候温和，到了冬天，草也不枯，还是绿色的，只结一点

霜，没有冰天雪地。昼夜长短相等，较格陵兰或冰岛更为明显。在白昼最短的冬季，下午和早餐时都能见到太阳。

他们抛下锚，决定在这个岛上过冬。他们把北欧人发明的皮睡袋搬下船，并建造了一所大房子。他们的营址，现已在纽芬兰东北角的一个叫草地湾的地方被挖掘出土。

这个生长葡萄的丰腴的岛屿，莱夫·埃里克松将它命名为文兰（Vinland），那应该就是今天圣劳伦斯河河口（St.Lawrence River）一带的兰塞奥兹牧草地。文兰即"美酒之地"，后来成为所有维京人对今天的加拿大的称呼。

兰塞奥兹牧草地遗址

莱夫·埃里克松率领的维京人，在纽芬兰遇到了当地土著，并开展了交易。起初，交易是和平进行的，他们用布匹向土著交换灰松鼠皮、貂皮等珍贵皮毛。

但是，情况逐渐开始变化，小规模的冲突不断发生，继而冲突规模越来越大。一旦土著意识到，维京人不仅是前来做生意，而且准备大规模定居，霸占他们的土地，他们就彻底改变了态度。维京人在土著面前没有太多战斗优势，尽管凶猛善战，但是他们的武器相对落后。

逐渐地，在与土著的冲突中，死去的人越来越多。作为整个定居点的领导人，莱夫·埃里克松的信心开始动摇。在他看来，虽然"美酒之地"是一片广阔的土地，但是要坚持在这里定居，付出的代价要比设想中的大得多。

莱夫·埃里克松和他的伙伴们，只在文兰住了一个冬天。那个冬天，红发艾瑞克死在格陵兰岛家里。第二年夏天，莱夫他们就返回了格陵兰岛。

1960 年，挪威知名探险家和作家海尔格·英斯塔（Helge Ingstad）偕妻子来到了纽芬兰。当地人领他们来到兰塞奥兹牧草地附近，说有人曾看到过巨大的建筑遗址，经过一年的挖掘，他们终于挖出了当年维京人建筑的住所，还有当年维京人使用过的生活工具，"美酒之地"文兰的具体地点，这时才水落石出。

在加拿大纽芬兰和拉布拉多的国家历史遗址上重建的北欧木房

1969 年，在丹麦的一个海盗墓中，又发现了一枚石制的箭头，后经测试，证实确为美洲的产物，海盗们确实到过北美洲。

虽然哥伦布仍然被许多人认为是新大陆的发现者，但是美国却正式

承认了莱夫·埃里克松获得这一称号的权利。

1964 年，美国总统林登·约翰逊在国会的一致支持下，宣布 10 月 9 日为"莱夫·埃里克松日"，以纪念这位踏上北美领土的第一个欧洲人。

直到今天，兰塞奥兹牧草地还有 8 个修复后的维京人住所、一个重建的维京长屋（Viking Longhouse），作为欧洲人在北美洲的第一个定居点，兰塞奥兹牧草地被列为世界文化遗产。

在纽芬兰的 4 次探险

历史学家们严肃的研究表明，在莱夫·埃里克松首次涉足北美大陆之后，接下来的 10 年中，红发艾瑞克的家族成员们从格陵兰岛出发，数次前往纽芬兰，分别进行了 4 次探险，其中不乏充满阴谋与血腥的探险。

第一次探险，是在莱夫·埃里克松返回格陵兰不久，他将自己的船，租给他同父异母的弟弟索瓦尔德（Thorvald）。因为索瓦尔德要去看看莱夫高度赞扬的文兰。

索瓦尔德和他带领的 30 名船员，毫不费力地航行到莱夫·埃里克松上一次的扎营之地。这年夏天，索瓦尔德和船员沿着海岸从兰塞奥兹牧草地出发，从多个方向探索纽芬兰周围的海域。直到冬天，他们才回到莱夫修的小屋过冬。

他们原本认为这片新找到的大陆尚没有人居住，但是逐渐发现并非如此。在西边的一个地方，索瓦尔德发现了一个人工制作的木框架，看上去像晒干草的架子。

第二年，在朝东北方向探索的时候，索瓦尔德和他的手下又发现，河边有三艘兽皮制成的小船，船上各睡了一个人。在没有将这些人吵醒的情况下，他们杀死了其中两个人，但是没有想到，那个活着的人跑回去通风报信。很快，大批土著因纽特人乘着皮船结队前来报复，在冲突中索瓦尔德中箭受伤后丧命。

第二次探险，是在又过了一年之后，莱夫·埃里克松的另一个弟弟索斯特恩（Thorsten）带队出发，希望找到哥哥索瓦尔德的尸体，并将其带回格陵兰岛上的一个墓地安葬。但是，他们运气太差，遇到了海上的大风暴，无法靠岸的船队，在海上坚持了三天三夜后，全体遇难。

1003 年的秋天，一个名叫索芬恩·卡尔思夫尼（Thorfinn）的冰岛商人，来到了格陵兰，他娶了索斯特恩漂亮的寡妻格里德。

1004 年，索芬恩组织了由 3 艘船、250 个人组成的远征队去文兰。这就是第三次探险。

他们顺利到达了文兰，并在那里过了冬。期间，格里德为索芬恩生下了一个儿子，取名斯洛尔里，他是第一个诞生在美洲的北欧人。

第二年春天，船队向南行驶，来到了一个海湾。森林里有数不尽的野生动物，他们猎取这些动物作为食物，每天都享受着鲜美的野味，生活得愉快舒服。

格里德雕像，在肩上的是她与索芬恩的儿子斯洛尔里（Snorri），他是第一个诞生在美洲的北欧人。

有一天，他们突然看到河面驶来许多又狭又长的独木舟，独木舟上全是面貌奇特、黑皮肤、黑头发、大眼睛、宽面庞的土著。这些土著看到金头发、蓝眼睛的北欧人也大吃一惊。双方对峙观察了一会儿，然后土著就划着独木舟走了。

第二年春天，这些自称斯克雷林人的土著又来了。他们带来了一些野兽的皮毛，想与北欧人交换闪闪发光的刀剑和长矛，但索芬恩拒绝了。接着土著看上了北欧人带去的红布，他们想用红布缠在头上使自己变得英武勇猛。

交易开始时公正无欺，后来北欧人变得贪心了，他们把原本较宽的红布条，剪成一指宽，但诚实的土著人依旧用等量的毛皮交换。

有一次，双方正在交易，索芬恩饲养的几头牛突然大吼起来，吓得土著魂不附体，立刻跑回了独木舟。

3个星期后，土著在一片呐喊声中杀了过来，接着就发生了土著和北欧人之间的一场血战。索芬恩和他手下的人边打边撤，最后到了背临悬崖、无路可退的境地。

这时，红发艾瑞克的女儿弗雷迪斯扯开自己的上衣，披散着头发，一边用剑在自己的胸脯上猛拍，一边尖声嘶吼。看到这一景象，已经胜利在望的斯克雷林人一下子愣住了，以为遇到了正在施展妖法的魔女，拔腿就逃，一会儿就跑得无影无踪了。

从这以后，索芬恩不断遭受到斯克雷林人的骚扰。他们在美洲大陆勉强地过了两年后，实在无法再住下去，最后终于驾船离开了新大陆。

第四次探险充满阴谋与血腥。1010年，红发艾瑞克的女儿弗雷迪斯，说服了两个还在冰岛的哥哥黑奇和芬宝奇，带领各自的船队，一同准备再次前往纽芬兰。弗雷迪斯保证3人将平分这次探险获得的所有财富，同时也约定3支船队上携带的男人的数量均为30人。但她却在自己的船上多藏了5个强壮的男人。

到达纽芬兰后，弗雷迪斯拒绝哥哥们进驻莱夫·埃里克松在那里搭建的住所。倒霉的黑奇和芬宝奇，只能自己另外找地儿搭建过冬的住所。

冬天未过，纷争又起。弗雷迪斯向芬宝奇提出，自己的船不够大，要借用他的船回格陵兰岛。慑于妹妹的威严，芬宝奇同意了。

然而，弗雷迪斯转头就对丈夫说，芬宝奇侮辱自己，要求报复捍卫清白。那"妻管严"的丈夫，立即召集手下，杀到芬宝奇的住所，杀死了所有男人。弗雷迪斯自己则动手解决了来自冰岛的 5 个女人。

初春，弗雷迪斯坐着芬宝奇的船，满载着物资回到了格陵兰岛，船上装载的主要是木材和动物皮毛，这些木材在格陵兰岛成为上好的建筑材料。

在维京人探索北美的传奇里，这一次探险绝对是最具戏剧性的。不过一些研究专家指出，其中的虚构成分并不少。

羊皮纸上的《文兰地图》

以"文兰"命名的这张羊皮地图，是地图史上最引人瞩目和引起的争议最多的地图之一。

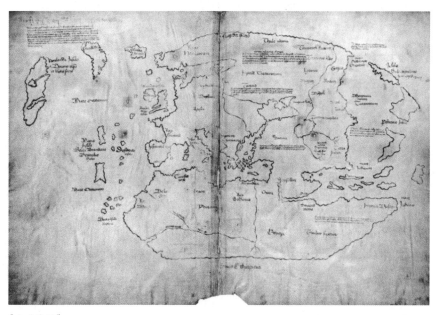

《文兰地图》

《文兰地图》（Vinland Map）被认为是一张绘制于1440年的世界地图，图中描绘了北美洲大西洋沿岸的海岸线。有趣的是，在格陵兰岛西部，绘出一个大岛，即维京人探索北美时的文兰，文兰有两个大的入口，北部的似乎代表哈德逊湾，而南部的似乎代表圣劳伦斯湾。

英国记者西蒙·加菲尔德在他2012年出版的《地图之上》一书中，专门设置了"文兰的神秘传说"一章，详细介绍了围绕《文兰地图》发生的传奇故事。①

1957年9月，在瑞士日内瓦，美国纽黑文的古书商维腾（L.Witten），以3500美元的价格，从生活在西班牙的意大利籍书商恩佐·费拉乔里（Enzo Ferrajoli）手里，购得一部中世纪羊皮纸手稿地图。当年10月，维腾将该手稿交给了耶鲁大学图书馆的专家马斯顿（T.Marston）和维陀（A.Vietor）。

这部手稿由两部分装订在一起。首先是一张对折的羊皮纸，外面右上方写着这样的题记："这是对《镜子》第一、第二、第三册的图解。"打开这张羊皮纸，里面是一幅尺寸为27.8厘米×41厘米的地图。地图的左上方画着一个大岛，并标明是"文兰岛"（Vinlanda Insula）。这幅地图因此而被学者们称为《文兰地图》。

《鞑靼记述》首页

手稿的第二部分是一部题为《鞑靼记述》（Historia Tartarorum）的抄本，由12张羊皮纸加上4张纸组成，其中最后5张是空白的。

马斯顿与维腾经过研究认为，《文兰地图》与《鞑靼记述》当出自同一人之手，其年代应为15世纪。由于年代久远，《文兰地图》《鞑靼记述》上

① 〔英〕西蒙·加菲尔德著，段铁铮、吴涛、刘振宇译《地图之上：追溯世界的原貌》，电子工业出版社，2017年。

面都有一些被蛀虫咬出的小孔，但《文兰地图》最后一页上面的蛀虫孔，与《鞑靼记述》第一页上面的蛀虫孔是不吻合的，也就是说，它们原本不是装订在一起的。《文兰地图》的背面写道："这是对《镜子》第一、第二、第三部分的图解"，而在这部手稿中，根本没有《镜子》一书。

1958年4月，马斯顿收到一份由伦敦古书商寄来的旧书目录，他无意中发现目录上有《历史之镜》（Speculum Storiale）抄本残卷，作者是中世纪时法国博韦的文森特（Incent of Beauvais，约1190～1264）。

尽管马斯顿认为这个残卷的文献价值不是太大，但由于它开价不高，只有75英镑，所以还是订购了该残卷。大约3个星期后，马斯顿收到了从伦敦寄来的《历史之镜》残卷，并把维腾请到办公室一起鉴赏。他还允许维腾将它们带回家中。

当晚10点左右，维腾激动地打电话给马斯顿，告诉了他一个惊人的发现：马斯顿新购的《历史之镜》，与维腾以前所购的《文兰地图》及《鞑靼记述》出自同一人之手。而且，《历史之镜》第一页上的蛀虫孔，与《文兰地图》最后一页上的蛀虫孔相吻合；《历史之镜》最后一页的蛀虫孔，与《鞑靼记述》第一页的蛀虫孔相吻合。

《鞑靼记述》记载的是1245年意大利方济各会修士柏朗·嘉宾受教皇派遣出使蒙古的事件。

《历史之镜》从上帝创造人类开始，一直讲到1254年左右为止。此书在中世纪广为传抄。在此过程中，有个抄写者将《鞑靼记述》附在《历史之镜》之后。

《文兰地图》是一幅世界地图。此图北方朝上，右边是东方，左侧为西方；亚洲、非洲和欧洲被一片相连的海洋所围绕，海洋中有许多岛屿。地图上共有62个地名，还有7条用拉丁文撰写的文字说明。

在欧洲大陆上，有12个地名，多为国家名，只有一个城市名，即罗马。地名最多的是亚洲部分，共有23个地名，还有4条长注文。有一条长长的河流从北方大洋一直通到里海，这是从古希腊时代流传下来的一个错误观念，直到1254年鲁布鲁克出使蒙古后，才明确了里海是个内陆海。里海向东，不远处就是海洋，《文兰地图》称其为"鞑靼大洋"（Magnum mare Tartarorum），这说明地图的作者对广阔的东亚大地所知甚少。在东亚陆地上，标有"蒙古鞑靼"（Tartaria Mogalica）等地名。在里海的正上方，有Kytanis这一地名，它实际上源自"契丹"之读音，中世纪欧洲人以此词泛指中国北方。不过，在《文兰地图》上，Kytanis被置于亚洲内陆，而且太偏北方了，其纬度比英国还要高，这说明作者对中国的认识相当模糊。

《文兰地图》绘有大西洋西北角的三个大岛屿：冰岛、格陵兰、文兰岛。文兰岛的东岸有两个深入进去的大海湾，从而呈现出三个半岛的形状。文兰岛旁边有这样的文字："文兰岛，由布亚尔尼与莱夫共同发现。"

在此文字上方，还有一段更加详细的说明，不仅讲述了布亚尔尼和莱夫发现文兰岛的过程，而且还提到了"教廷的使节、格陵兰及周边地区的主教埃立克（Henricus）"大约在1118年也曾到过文兰岛。

虽然人们早就知道北欧人在哥伦布之前即已到过北美洲，但是，《文兰地图》却是欧洲中世纪唯一反映北欧人到过美洲的地图，也是唯一出现了美洲的欧洲中世纪地图。

1959年，一个不愿透露姓名的人，以100万美元的价格买下《文兰地图》，并承诺会将它捐献给耶鲁大学。耶鲁大学邀请大英博物馆和耶鲁图书馆的三位地图和手稿专家，在对外界保密的状态下，对地图进行了"像侦探那样"长达7年的研究验证。

1965年10月11日，耶鲁大学出版社对外公布了《文兰地图》，并推出《文兰地图与鞑靼记述》（*The Vinland Map and the Tartar Relation*）一书，此举在欧美引起了巨大反响。那位出资购买者也兑现了诺言，将这张地图捐赠给美国耶鲁大学图书馆。

真伪之争

《文兰地图》从发现至今已 60 年了，一直真伪难辨。国外学者对这张具有传奇色彩的地图进行的争论持续多年。

1966 年 11 月，在美国华盛顿召开了专题研讨会，与会学者向购得此图的维腾询问《文兰地图》来自哪里？维腾说是从欧洲的一个私人图书馆中购来的，但拒绝透露该图书馆的名称。这引起了人们的怀疑，有个著名的古地图专家甚至做了这样的推测：此图是假造的。

在西班牙，当局指控恩佐·费拉乔里是从西班牙的一个图书馆中盗走了《文兰地图》的，并将他关入监狱。恩佐·费拉乔里出狱后不久便自杀身亡。

1967 年，《文兰地图》在伦敦展出期间，大英博物馆对此地图做了简单的科学鉴定，发现地图上的墨水存在着不少疑点。

1972 年，耶鲁大学委托芝加哥的独立研究机构迈克隆小组（McCrone Associates）对《文兰地图》进行鉴定，迈克隆小组认为《历史之镜》与《鞑靼记述》是真的，而《文兰地图》则是假的。迈克隆小组说，《历史之镜》与《鞑靼记述》的墨水，都是中世纪的鞣酸亚镓铁墨水，而《文兰地图》的墨水则不含此种成分。

1987 年，美国加州大学卡希尔（T.A.Cahill）等人，用多种仪器对《文兰地图》做了研究，他们的结论是：绘制《文兰地图》的羊皮纸是中世纪的;《历史之镜》与《鞑靼记述》的墨水中不含锐钛矿晶体，只有《文兰地图》的墨水中才有锐钛矿晶体，但不是像迈克隆小组所说的那样多。同时发现，在 12 ～ 15 世纪的其他羊皮纸上也有锐钛矿晶体。卡希尔发现，所有的黑色笔迹，都没有超出黄色线条的范围，因此不存在用不同墨水画两遍的问题。《文兰地图》的作者仅仅用一种墨水画了一次线条，只不过随着时间的推移，墨水中的黄色成分渗透到羊皮纸中去了，而黑色成分浮在上面并且大量脱落。

对卡希尔报告最兴奋的无疑是耶鲁大学了，他们以 2500 万美元的价值将《文兰地图》重新投保。

1995 年或稍早，人们终于知道了是谁将《文兰地图》买下并赠给耶鲁大学的，他就是耶鲁大学的毕业生梅隆（P.Mellon）。1999 去世、享年 91 岁的梅隆，是"20 世纪最伟大的藏书家"，也是耶鲁大学最为慷慨的捐赠者。

2002 年 8 月，美国科学家唐纳秀（D.J.Donahue）公布了《文兰地图》羊皮纸的碳 14 年代测定结果，认为其年代为公元 1434±11 年，这样来看，这幅地图应是中世纪的真品。

同时，英国科学家布朗（K.L.Brown）等人也公布报告，他们用拉曼微探针显微镜对《文兰地图》进行了研究，结论是：《文兰地图》上的笔迹可以分为两层，底下一层是黄色（含有锐钛矿晶体），上面一层是黑色（主要成分是碳）；由于锐钛矿晶体仅仅出现在黄色墨水中，在地图的其他地方没有，所以，锐钛矿晶体不可能是现代人在保存该地图的过程中污染上去的；《鞑靼记述》黑色墨水中碳的成分很少，不同于《文兰地图》的黑色墨水，因此，《鞑靼记述》与《文兰地图》并非出自同一个人之手，《文兰地图》是 20 世纪的伪作。

文兰，考古发掘的维京人北美定居点。

2003 年，华盛顿史密森学会的奥琳（J.S.Olin）在《分析化学》期刊中发表论文称：《文兰地图》的墨水中含有锐钛矿晶体有两种可能，一是这种墨水是现代造假者所使用的，另一种可能是中世纪生产的墨水中本来就含有锐钛矿晶体。奥琳在实验室里以中世纪的方法生产墨水，结果发现墨水中就含有锐钛矿晶体。所以奥琳认为，在中世纪鞣酸亚镓铁墨水的制作过程中，本来就是要加入碳作为着色剂，所以墨水中碳的出现不足为奇。

《文兰地图》的起源的问题，至今仍然是一个不易解答的谜。《文兰地图》的出现与争论，似乎提供了证据，改变了人们对世界历史的看法，对公众证明了早在地理大发现之前的 500 年，维京人有可能已经踏足北美大陆。

无论被证明是真或假，这张地图实际和持久的价值，超出其真实性或欺诈性。其实，它的价值在于叙述了一段值得研究、探索的历史典故。

《文兰地图》也再次证明，地图足以激起人们兴奋、激动、愤怒的感情，地图足以影响历史的活动轨迹，地图足以无声地引导人类曾经到过哪里、又将走向何处去的精彩史实。

第五章
伊斯兰形胜

公元 7 世纪，麦加人穆罕默德在阿拉伯半岛上首先兴起伊斯兰教。到了公元 8 世纪后的哈里发统治时期，通过发动大规模战争，横跨亚、欧、非三大洲的阿拉伯帝国建立了，庞大的帝国要求重视地理方面的发展。

巴格达一个阿巴斯图书馆的伊斯兰学者们

公元830年，阿拔斯王朝哈里发马蒙（813～833在位）在巴格达建立全国性的综合学术机构——智慧馆（Baytal-Hikmah），由翻译局、科学院和图书馆等机构组成。著名的基督教医学家和翻译家叶海亚·伊本·马赛维（777～857）被马蒙任命为第一任馆长，景教徒的翻译家和学者侯奈因·伊本·易司哈格（809～873）被任命为翻译局局长，誉为"翻译家的长老"。著名的穆斯林数学家和天文学家、地理学家花剌子密（780～约850）也担任过图书馆的馆长和天文台长。

智慧馆从各地搜集了数百种古希腊哲学和科学著作的原本和手抄本，并加以整理、校勘和收藏，其中翻译了托勒密的《天文学大成》，并保存了托勒密绘制的一张世界地图。

伊斯兰舆地学深受希腊及波斯、印度地理学的影响，尤其是把古希腊对世界、宇宙的认识引入伊斯兰世界。希腊的影响，主要来自黎巴嫩南部提尔城（推罗）地理学家马里诺斯（Marinos，约70～103）和希腊地理学家托勒密，他们各自写出了一部《地理志》，并绘有"世界地图"。

到了公元8世纪，受到希腊文化的影响，阿拉伯人盛行学术旅行之风，这些因素，使得舆地之学在8世纪中叶的阿拉伯世界开始发展起来，9～11世纪发展到鼎盛时期，开辟了伊斯兰地理学的新时代。

丰富与缺乏

伊斯兰舆地学者具有恢宏的视野，上溯远古，下至当代，涉及的地域包括除北极之外的整个欧洲、除西伯利亚之外的亚洲、南到撒哈拉沙漠以南的非洲，天文、地理、海洋、陆地无所不及。9～14世纪，涌现出大批著名的伊斯兰旅行家和地理学家。

美国学者诺曼·思罗尔认为，两个显著的进步从根本上影响了伊斯兰地图学的进程，[①] 一是对地球表面地点经纬度的确定，这是对天文学越来越重视的表现之一；二是由于军事征服、行政管理以及贸易活动而造成的疆域扩张和海上旅行，导致描述地理学的兴起。第二个进步显然比第一个进步立竿见影。

9世纪初，阿拉伯学者伊本·萨吉尔、花剌子密等受哈里发马蒙的委派，于814年和827年分别在幼发拉底河北面的新查尔沙漠和叙利亚的巴尔米拉平原，两次测量子午线的一度之长，并据此算出地球周长，换算成公制为44000公里，只比实际周长大了10%。

伊斯兰文化中存在丰富的地图学，从早期开始就绘制了多种类型的地图，有类似于中世纪欧洲的宗教地志图；有世界地图，典型的此类地图为圆形，往往是程式化的并绘有大洋环流，出生于9世纪的科学家穆罕默德·伊本·穆萨·花剌子密，就根据托勒密的地理指南，编纂了《地形》一书，里面附有一幅与其他六十九位学者共同绘制的世界地图；有区域地图，如尼罗河流域的一部分和较小的区域；有包括作战计划的军事地图；有城市地图，包括平面图和鸟瞰图两种模式；还有旅行路线图等。

伊斯兰地图学深受托勒密地理学观点的影响。中世纪之初，伊斯兰地理学者得到的材料零星、简单、虚泛，难以独立成图，不得不借鉴前

---

① 〔美〕诺曼·思罗尔著，陈丹阳、张佳静译《地图的文明史》，商务印书馆，2016年，第60页。

人的地图，特别是托勒密的地图。著名的地理学家花剌子密编撰的《地形》中，附有一张地形图，这是他和别的 69 位学者在哈里发马蒙的鼓励下，共同制成的一张地图，也是伊斯兰教创立以来关于天地的第一张地图，此图就是依据借托勒密绘图理论绘制的。

伊斯兰地理学在 9 ～ 10 世纪发展到鼎盛时期，根据这一时期的地理学文献的特征，可分为"伊拉克派"和"巴里希派"两个派别。

云集于伊拉克巴格达等地的"伊拉克派"，以整个世界尤其是阿拔斯帝国为论述的对象，力图把所有世俗知识都记载下来，因此又被称作"当代世俗地理文献"。该派袭用波斯地理学划分区域（气候）带的体裁，分区域或按通向东西南北四方的道路安排材料、铺叙事实。该派的代表人物有伊本·胡尔达兹比赫，撰有《道里邦国志》，还有雅古比、古达玛、伊本·鲁斯塔、伊本·法齐赫·哈马丹尼等。

以阿拉伯地理学大家阿布·宰德·巴里希（约 849 ～ 934，著有《诸域图绘》）的名字命名的"巴里希派"，代表人物有伊斯塔赫里（著有《道里邦国志》）、伊本·豪卡勒（纳西比人，于 977 年写成《诸地形胜》）、巴托尔德云、穆卡达西（著有《诸国知识的最佳分类》）。该派赋予阿拉伯古典地理学以正统的伊斯兰色彩。伊斯塔赫里、伊本·豪卡勒和穆卡达西还第一次把国家概念作为地理学术用语提了出来，并划定了世界上几个主要王国的边界。

巴里希学派比较重视地图。巴里希本人撰写过一部名为《诸域图绘》的地理学著作，主要就是讨论地图的，此书还附有一幅世界地图。大约在 930 年左右，斯塔赫里对巴里希的著作与地图进行了增订，包括重新绘制著作中所附的地图。

从 12 世纪一直延续到 19 世纪，巴里希学派的近 50 部手稿抄本中，大多附有一组地图，一般由 21 幅地图组成，包括 1 幅世界地图，3 幅海洋图（地中海、印度洋、里海），还有伊斯兰世界的 17 个"行省地图"，例如埃及、叙利亚、伊拉克、阿拉伯等，反映了公元 10 世纪阿拔斯王朝最强盛时的疆域。地图上没有投影，每幅地图所采用的比例尺也不相同，所以，各幅地图之间无法拼接。这组地图在地图学史上被通称为"伊斯兰舆地图"，至今在伊斯坦布尔、开罗以及欧洲的一些图书馆中仍然可以找到。这组"伊斯兰舆地图"的来源，综合了阿拉伯、印度、波斯等几种不同的文化营养。

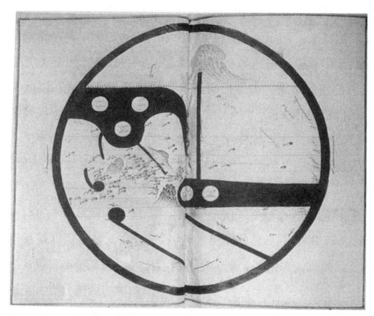

《巴里希世界地图》（原作绘制于约 930 年），35.5 厘米 ×48 厘米，直径 32.9 厘米，图上带气候边界，画有网格，以南方为中心。这张地图是 1413 年帖木儿王国时期的复制品。

进入 10 世纪，一部分伊斯兰学者尝试把托勒密地图与巴里希学派的地图加以综合。980 年，巴里希学派的伊本·豪卡勒（Ibn Hawqal），绘制了引入托勒密观念的椭圆形世界地图，此图除了椭圆形，尼罗河水系画法也仿效托勒密，同时具有伊斯兰地图特征，南方朝上，印度洋有一个狭长的通道通往环绕大地的海洋。

伊斯兰地理学家比鲁尼，发明了利用三角测量法来测量大地与地面物体之间距离的技术，改进了精确测量经纬度的具体方法。他的代表作《城市方位坐标的确定》，确定了穆斯林礼拜的朝向和城市方位的坐标。他还撰写了 15 部关于大地测量学的著作，奠定了当时"定量加描述性"

地理学的基础。

被现代学者称为"所有地理学科的开创者"穆卡达西，是世界上第一个使用自然色彩绘制地图的地理学家。公元 891 年，他完成了《国家》一书，该书详细介绍了各地区城镇与国家的名称、城镇之间的距离、地形地貌、水资源以及统治者和税赋的情况。

摩洛哥旅行家伊本·白图泰，21 岁开始长达 30 年的旅行，足迹遍及北非、西亚、非洲的东部、中国、印度、马尔代夫、孟加拉国等，他的《伊本·白图泰游记》，以丰富翔实的资料介绍了中世纪各国的地理、民俗、历史宗教、民族等情况。

马斯欧迪的足迹遍布了西亚、南亚、南欧和东非等地，他的《黄金草原与珠玑宝藏》，集地理、历史与天体于一体。

地理学家雅古特，13 世纪生于小亚细亚，从小对地理学尤为感兴趣，青年时代他经营商业，走南闯北，抄写名著，晚年时编写了多卷本的《地名辞典》。这本书是按照阿文字母的顺序编写的，收集了从新几内亚到大西洋的山川、各城市的历史、地理资料。

伊本·克达比是《交通与行省》的作者，这本书详尽地绘制了阿拉伯世界所有的贸易线路图，并做出了生动的文字说明。同时，还介绍了远至东亚的朝鲜、中国和日本，南亚的雅鲁藏布江、马亚与爪哇等国家的贸易路线。

12 世纪阿拉伯地理学家伊德里西是一位伟大的制图家，他曾绘制过一幅精美的盘子形世界地图，纠正了许多河流的流程和几条主要山脉的地理位置，正确绘制出了以前地图所未画出的里海的位置，同时也对中国的万里长城进行了正确的绘制。

阿拉伯人在中世纪积累了丰富的海洋地理学知识，阐述了潮汐形成的原因，熟悉各个不同的航行海域，认识了台风的威力并掌握了季风的规律。他们在古希腊地理和天文成就的基础上，进一步确定了地球是圆的，为后来欧洲的远洋环球航行和地理大发现提供了强大的技术基础和理论基础。

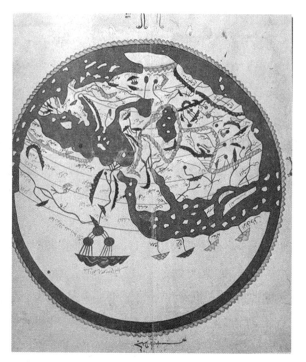

伊德里西绘制的世界地图

应该指出的一个现象是，虽然伊斯兰的天文学、数学地理学、描述地理学、大地测量学等方面的成果丰富，却很少被应用于制图学中。在公元 14 世纪之前的伊斯兰地图中，除了极少数沿用托勒密的投影理论标出经纬线外，大部分地图没有经纬线，往往比例失真，内容简单。许多伊斯兰地图作为文字著作的附属品，只是具备简单的图示功能，缺乏基于数学的精确描绘。

花剌子密

阿布·阿卜杜拉·穆罕默德·伊本·穆萨·花剌子密（Abū ʿAbdallāh Muḥammad ibn Mūsā al-Khwārizmī，约 780～约 850），一般

认为他生于阿姆河下游的花剌子模
（今乌兹别克境内的希瓦城附近），
故以花剌子密为姓。另一种说法是
他生于巴格达附近的库特鲁伯利，
祖先是花剌子模人。

　　花剌子密是拜火教徒的后裔，
他本人是穆斯林，早年在家乡接受
初等教育，后到中亚细亚古城默夫
继续深造，并到过阿富汗、印度等
地游学。

　　公元 813 年，马蒙（al-Ma mūn，
公元 786～833）成为阿拔斯王朝
的哈里发后，聘请花剌子密到首都
巴格达工作。公元 830 年，马蒙在

1983 年 9 月 6 日在苏联发行的纪念花剌子
密 1200 岁生日的邮票

巴格达创办了著名的"智慧馆"（Bayt al-Hikmah），这是自公元前 3 世
纪亚历山大博物馆之后最重要的学术机关，花剌子密是智慧馆学术工作
的主要领导人之一。马蒙去世后，花剌子密在后继的哈里发统治下，仍
留在巴格达工作，直至去世。

　　花剌子密在天文学、地理学和历史学等方面均有重要贡献。由于
军事和商业贸易的需要，中世纪阿拉伯国家对地理科学十分重视。在当
时，这方面的首要任务就是绘制世界地图。地图的制作，需要复杂的数
学和天文学知识，因此地理学著作是与数学和天文学紧密联系在一起
的。科学家们把古希腊罗马时期的数学、地理学原理，作为研究地理学
的主要依据。

　　花剌子密修正了托勒密对加那利群岛到地中海东岸长度的高估。
他又将太平洋及印度洋描述为海洋，而不是托勒密所述的内陆海。花
剌子密将旧大陆的本初子午线定位在地中海东岸，在亚历山大城以东
10°～13°、巴格达以西 70°。大部分中世纪的穆斯林地理学家都采用花

刺子密所设的本初子午线。

哈里发马蒙组织学者们在西摩苏尔平原上，测量出地球的弧度并绘制了世界地图，花刺子密参与了测量地球圆周的计划，又监督了 70 位地理学家制作世界地图。

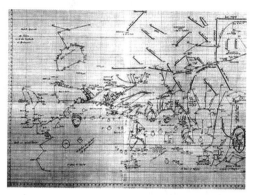

花刺子密世界地图中的印度洋部分

花刺子密于 833 年完成的重要地理著作《地球的地貌》(*Kitab surat al-ard*)，是中世纪伊斯兰世界第一部地理学专著。花刺子密在书中给出许多全新的资料，详述了当时所知的地球上的居民区，含有 2402 座城市的坐标及对一些地貌的描述，并画出包括重要居民点（标明坐标）、山、海、岛、河流等的地图。

《地球的地貌》在阿拉伯语摹本及拉丁语译本里，原地图已佚。但休伯特·达恩尼特却根据坐标来重整缺少的地图，他在手稿里得知沿海地点的经纬度，以此推断它们的位置。他在坐标纸上画出这些沿海地点，并以直线连接各点，勾画出近似的海岸线。其后，他又以同样的方法推断河流及城镇的地点。重绘的地图有四幅，第一幅图是亚洲东部的"珍宝岛"（3.35 厘米 ×20.5 厘米），赤道从右下角穿过，可能是指托勒密所说的塔普罗巴纳岛，即现在的斯里兰卡。第二幅图是世界海洋图（30.5 厘米 ×20.5 厘米），可能是指托勒密所说的印度洋，图上的有些词汇来源于波斯语。第三幅图是尼罗河图，其上游的地名月亮山来自托勒密的著作，但也有一些词汇是花刺子密时代所使用的。最后一幅是亚速海地图，主要依据的也是托勒密的著作。这四幅 11 世纪前期的地图，也是现存最早的伊斯兰地图，而其最初绘制的时间则更早，原图甚至有可能就是花剌子密本人画的。

比鲁尼

比鲁尼（Biruni，973～1050）是具有波斯血统的著名地理学家。他出生于花剌子模的希瓦，逝世于加兹尼。他属什叶派，通阿拉伯语、突厥语、梵文、希伯来语和古叙利亚文。比鲁尼的著作都是用阿拉伯语写的，美国东方学家希提在《阿拉伯通史》中称赞"他是伊斯兰教在自然科学的领域中所产生的最富于创造性而且学识最渊博的学者"①。

比鲁尼像

比鲁尼早年生活艰难，辗转奔波于各地。一些科学史学家说他的重复不断的旅行，为他提供了良好的机会，使他能够见到很多地理学、历史学和其他科学中的思想大家，从而使他在这些科学中都有所建树。

比鲁尼参加了征服印度的战争，这使他有机会学习梵文，因此他能够在《印度》一书中准确完整地描述印度的宗教和传统习惯，比鲁尼在这本书中记录了当时地理学、数学和天文学等其他科学研究和发展的状况。

① 〔美〕希提著，马坚译《阿拉伯通史》（上册），商务印书馆，1995 年，第 348 页。

　　比鲁尼学识渊博，通晓与地理学有着密切联系的所有科学。他以科学而又精确的研究方法做出的清晰判断，表述地球地貌和环境。他还利用先进的数学方法来确定穆斯林礼拜时的正向方位。

　　比鲁尼很早就开始了科学研究工作，并得到著名的花刺子模天文学家艾布纳苏（Abiu Nasr Man Sr）的指导。17 岁时，他就利用一个一边有刻度的圆环，测量了凯斯地区的太阳中天高度，相当于当地的纬度。4 年以后的 995 年，他制订了系统的纬度测量计划并制作了一些测量工具，在夏至日又进行了一次观测。期间，当地发生了战乱，比鲁尼不得不逃离故土。他很可能到了德黑兰附近的拉伊（Rayy），当时天文学家胡坚迪（al-Khujandi）在拉伊的山上建造了一个巨大的墙仪，用它在公元 994 年测量了当地的纬度。比鲁尼写过一篇文章，描述了这一仪器及这次测量活动，并记录了观测资料。1003 ～ 1004 年间，比鲁尼回到花刺子模，在当政者马穆恩的支持下，进入朱坚尼亚进行系统的天文研究工作。马穆恩后来被反叛的部众杀死，在附近崛起的伽色尼王朝的马默德苏丹乘乱于 1017 年攻占了花刺子模。比鲁尼被遣送到伽色尼王朝的内地，1018 年他住在喀布尔附近的一个小村庄里，处境十分艰难，但他仍坚持科学研究。

　　伽色尼王朝于 1010 年征服了印度河流域，1022 年占据了恒河河谷的一些地区，1026 年几乎控制了由伽色尼通往印度洋的所有通道。于是，比鲁尼有机会在印度各地旅行和居住，他测算了印度一些城市的纬度，并利用南达奈附近的一座山，测算过地球的周长，并且写下《印度》这一巨著。

　　1030 年比鲁尼再返故土，他在《书目》一书中说自己在 50 岁时身患重病，61 岁时有所好转，1040 年后他还写出两部书。过了 80 岁生日，他的视力和听力都已丧失，但仍在一名助手的帮助下努力写作。

　　比鲁尼毕生从事科学研究和写作，他一共写了大约 146 部著作，留传至今的只有 22 部，内容涉及天文学、历史学、地理学、数学、力学、医学、药物学、气象学等，较有名的是《星占学原理入门》《古代诸国年表》《印度史》《测定地界以验证居民点间距》等。

比鲁尼的《麦斯欧迪原理》，是关于天文学、星象学和地理学的著作，他在书中提出了地球自转的观点，并正确地计算出了中东地区各主要城市的经度和纬度。比鲁尼是地球学说的坚定支持者，并进一步提出了地球绕地轴自转和绕太阳公转的观点。他写道："如果大地不是圆球形的，那么白昼和黑夜在冬季和夏季就没有差别，任何一颗行星的能见度及其运动将完全是另一种情况，而不是它实际上的这样。"这表明，比鲁尼知道昼夜长短的变化是因地球倾斜、绕太阳公转所致。这一认识比哥白尼的"日心说"早了五百年。

比鲁尼是 11 世纪伊斯兰地理学的代表人物，精通希腊、印度和伊朗地理学，对各地地理学及其对阿拉伯地理学的影响，做了比较研究，并对发展到他那个时期的地理学知识，进行了总体上的、简明扼要的批评。作为一个天文学家，比鲁尼不但计算了几座城镇的地理方位，而且测量了纬度一度的长度，这是阿拉伯天文学史上三次重要的大地测量之一。他还在地理学上取得一些显著的理论上的进展。他非常清楚地解释了许多概念，描绘了他那个时代所知地球上居住地区的四至，利用了以往地理学家不可能利用的 11 世纪的材料。通过详细描述印度，他还对区域地理学做出了创造性的贡献。

比鲁尼为地球科学和地理学做出了重要贡献，被认为是"大地测量之父"。

1018 年，比鲁尼在里海南岸、伊朗北部边境城市戈尔甘（Gurgin）进行了一次很有科学意义的大地测算，后来在旅居印度期间，他又再次进行测算。比鲁尼在测算中使用了他的同胞胡贾杰于 10 世纪发明的测角六分仪，发明了通过测量两条方向线的夹角和观测点的高度来测算地球大小的新方法。

比鲁尼还论述了 7 种投影方法，人们可以用这些方法把天球绘制成平面上的图形。其中 4 种投影方法来自托勒密等人，另外 3 种是比鲁尼自己首创的。其中一种，与今天所用的等距方位投影十分相似，另一种

则类似于球形投影。

大约在 1036 年，比鲁尼完成了伟大的著作《星占学入门原理》，其中除了天文学理论，还包括遍及世界重要地方的超过 600 个的地理坐标。

1238 年的《星占学入门原理》的一个抄本中，附有一幅世界地图《土地和海洋分布图》，此图为椭圆形，直径 9.5 厘米，以南为顶端，现藏于大英图书馆。

比鲁尼的这幅世界地图，显示了像一个薄煎饼似的庞大的海洋，环绕着单一的世界大陆，图中世界上海洋与陆地面积的比例，完全不同于托勒密的地图。

比鲁尼绘制的世界地图《土地和海洋分布图》

这幅世界地图南方朝上，大地的四周是环绕的海洋，地图的上方几乎完全被印度洋所覆盖，而不是像托勒密所说的那样是一块庞大的陆地。大地的南方，有四个半岛几乎平行地伸入印度洋中，自东而西，这四个半岛分别是东亚（包括中国）、印度、阿拉伯半岛、非洲。与印度洋相连的三大海湾，把这四个半岛分开。非洲大陆的南端，不仅没有向东伸展，而且向南也延伸得不多，而是基本上与阿拉伯半岛平行。但是，比鲁尼走向另一个极端，严重地缩小了非洲大陆的面积。

在这幅地图的右下方有一个海湾，这便是地中海。在地图左下方也有一个海湾，这是自古希腊时代流传下来的观念，实际上是误认为里海与其他海洋相通。位于这个海湾与地中海之间的欧洲，显然被缩小了。

比鲁尼创新地提出了关于非洲大陆形状的观点。他认为，非洲大陆并非像托勒密等人所说的那样大，并没有向东伸展，世界海洋的面积，大于托勒密所说的，陆地面积也并不像托勒密所说的那么巨大。

比鲁尼不仅认为大地四周被海洋所包围，他还进一步推测，在非洲南端，有一片海域，把印度洋与大西洋连接起来。

可惜的是，阿拉伯人并没有按照这种理论，有组织地绕过非洲南端，前往大西洋航行。否则，环球航海历史，说不定真要改写呢。

伊本·豪卡勒

伊本·豪卡勒（Ibn Hawkal），10 世纪穆斯林阿拉伯作家、地理学家和编年史家。他出生在美索不达米亚的尼西比斯（Nisibis），即现在土耳其的努赛宾。

从 943 年 5 月 15 日开始，一直到 973 年，在他一生的最后 30 年里，伊本·豪卡勒游历了大部分当时非洲的伊斯兰地区、波斯的大片地区和突厥斯坦，身影最后出现在西西里岛。

他对于南部非洲的描述，在当时被认为是准确的，对旅行者非常有

帮助。他甚至踏足赤道20°以南的非洲海岸，那片地方，曾经被古希腊的地理学家描述为不适宜居住的地区。

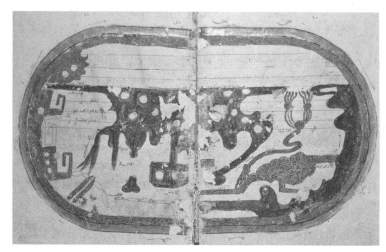

伊本·豪卡勒的世界地图（49厘米×27厘米），14世纪，藏于萨拉伊博物馆。

伊本·豪卡勒对穆斯林时期的西班牙，还有西西里地区，有着详细的描述。他还提到了穆斯林世界和拜占庭人用来描述拜占庭帝国的"罗马人的土地"这个词。

伊本·豪卡勒约于977年写成了《诸地形胜》（*Kitab surat ai-ard*），此书从10世纪中期到晚期出现了三个版本，书中附有他绘制的世界地图，是保存在《伊斯兰制图文集》中最早的一套地图。

伊本·豪卡勒的世界地图上北下南，以麦加为中心，焦点是巴格达的哈里发及其统治的庞大帝国，可居住的世界被描绘成一个四面环山和海的圆形。

在印度河流域旅行时，伊本·豪卡勒遇到了另一位地理学家伊斯塔赫里，他们同属伊朗巴里希学派，在一起讨论共同重视的地理和地图问题。

伊斯塔赫里评论地图说："我们的计划是描述地图上的各种海洋……粘贴每个名称，以便它可以在地图中被知晓。"伊斯塔赫里对于制图法的评述，深刻地影响了豪卡勒。作为一位素质很高的专业绘图者，豪卡勒把西班牙、北非和西西里视为地图上三个不同的部分，对叙利亚和埃及详加描绘。

伊本·豪卡勒是伊斯兰地图集的已知作者之一，他的地图文本，来自大约 961 年、967 年和 988 年的三份传抄手稿。

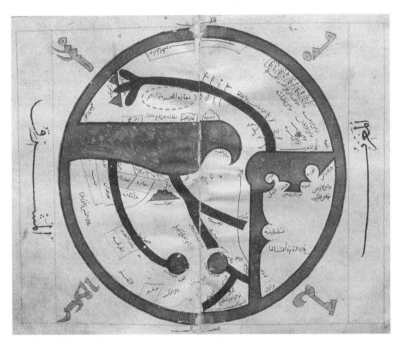

伊本·豪卡勒的世界地图，以南为上。

伊本·豪卡勒撰写了丰富有趣的与地图配套的文章，形成了独具一格的特色。豪卡勒还在地图上特别的区域，插入简要的图注。所有这些，显示了伊斯兰地图的独特性与托勒密制图学影响的衰减。

在伊本·豪卡勒的另一张世界地图上，以非常程式化的几何图形，描述了一个圆盘状的被海洋包围的地球。东部是波斯湾、红海和阿拉伯海，西部是地中海。图上还包括一个几乎被陆地锁定的印度洋、一条推测出来的西非海岸线、扭曲的欧洲以及较为突出的意大利。

马哈茂德·喀什噶里

马哈茂德·喀什噶里（Mehmud Qeshqiri），生于 1008 年，卒于 1105 年，11 世纪中国维吾尔族著名的语言学家、突厥语学家、哲学家。

马哈茂德·喀什噶里的诞生之地，在今新疆喀什市西南 48 公里处的乌帕尔（Upal）阿孜克村，当年，那里是喀喇汗王朝王族的行宫别墅。

马哈茂德·喀什噶里曾在喀喇汗王朝都城喀什噶尔，求学于"麦德莱赛·哈米底耶"学校和"麦德莱赛·沙吉耶"学院，受过系统的教育。1058 年，马哈茂德·喀什噶里的父亲在宫廷事变中遇难，他被迫外出流浪。在流亡之前，马哈茂德·喀什噶里曾在伊犁河谷与中亚的七河地区、锡尔河流域做过详细的考察。流亡之后，他又在中亚的布哈拉、撒马尔罕、谋尔夫、内沙布尔等文化名城向造诣高深的名家学者虚心求教。

11 世纪 60 年代末，马哈茂德·喀什噶里来到当时伊斯兰文化的中心巴格达（今伊拉克首都），在 1072～1074 年间，用阿拉伯文编纂出全世界第一部《突厥语大词典》，通过丰富的语言材料，广泛地介绍了喀喇汗王朝维吾尔及突厥语系各民族的政治、经济、宗教、文化、历史、哲学及风土人情。

马哈茂德·喀什噶里在《突厥语大词典》的地理山川部类，标明了喀喇汗王朝的疆域，记述了相邻突厥语系各部落以及邻国的地理名称，详细记载了较大的城市、村镇、交通枢纽、山川河流，以及突厥语部落和周边国家的地理名称，很多是和某一重要事件相结合进行介绍的。不仅如此，作者还详尽地标出了当时尚未信奉伊斯兰教的东部维吾尔族的城郭、重要村镇以及交通枢纽和山川的名称。

在《突厥语大词典》中，附有世界上第一张《喀喇汗王朝疆域与中亚地理图》。这张作者自己绘制的圆形地图，也是目前所知最早且最完整的中亚舆图。地图为圆形，大地四周被海洋包围，山川河流用线条及几何图形来表示。地图的基本形状、图案的表示方法，深受巴里希学派的影响。但是，这幅地图也具有鲜明的特色，其中最主要的是突出了突厥人在世界中的位置。

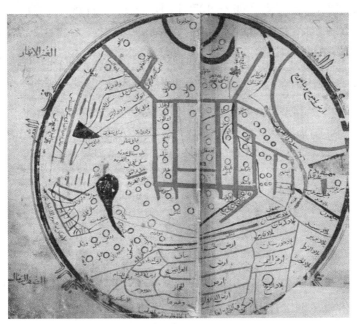

马哈茂德·喀什噶里绘制的《喀喇汗王朝疆域与中亚地理图》，是第一张突厥人居住地区的地图，现收藏在伊斯坦布尔的国家图书馆。

　　马哈茂德·喀什噶里把突厥各族所居住的中亚地区置于地图的中间，而且占据了很大的面积。地图的中心是喀喇汗王朝的一个都城八剌沙衮。地图是东方朝上，而不是像巴里希学派的地图那样南方朝上。此外，印度洋与地中海也没有被画成是两个大海湾。马哈茂德·喀什噶里自己说，他的地图主要是根据突厥人的资料绘成的，其中有些资料还是他亲自调查得来的。所以，地图上中亚及新疆的地名特别多，并且标明了突厥各主要部族的分布情况，这幅地图反映了当时突厥人对世界的看法，为研究当时的历史提供了直观而可靠的依据。

　　在马哈茂德·喀什噶里绘制的地图上，最东边有个岛屿，并标明是Jabarqa，即日本，它与中国隔海相望。地图最西边的是西班牙，不过，

作者对欧洲了解得并不多。马哈茂德·喀什噶里在地图上把中国称为
"摩秦"（Masin），这是古代中亚与印度对中国的一个常见称呼。"秦"
是指中国，"摩"意为大。当时中国正处于分裂之中，除了新疆地区的喀
喇汗王朝外，还有宋（960～1279）、辽（907～1125）、西夏（1038～
1227）等。马哈茂德·喀什噶里地图上的"摩秦"，指的是北宋。但是，
他在《突厥语大词典》中明确写到，秦（中国）是一个统一的整体，它
分为上秦、中秦与下秦三大部分：上秦在东边，即宋朝统治下的区域；
中秦为契丹人（辽朝）统治下的中国北方地区；下秦是喀喇汗王朝统治
下的中国新疆地区。这种中国为一个统一整体的观念，是非常可贵的。

伊德里西

伊德里西（Al Idrisi，1100～1166），全名艾布·阿卜杜拉·穆罕
默德·伊德里西，12世纪阿拉伯著名的地理学家。他生于塞卜泰（今
摩洛哥休达），其父母为迁居西班牙的阿拉伯贵族。伊德里西的主要贡
献，体现在地图的绘制上。

伊德里西出生在直布罗陀海峡附近摩洛哥的休达，其祖先曾是西班
牙南部马拉加地区的统治者。他曾在西班牙科尔多瓦大学学习，博学多
才，通晓伊斯兰和希腊文化，除精通地理学、历史学外，对医学、阿拉
伯文学和语言学颇有研究。早年游历过葡萄牙、法国、英国、埃及、北
非、希腊、罗马等地，还到过小亚细亚。

11世纪，西西里诺曼王国首任国王罗杰二世的势力一度扩张到意
大利南部与非洲北部，他鼓励学术研究，广邀学者。约于1138年（一
说为1145年），伊德里西应邀来到巴勒莫，任宫廷地理学家，从事学术
研究，度过了他的后半生。

对地理学尤其感兴趣的罗杰二世，实施了大规模的世界地理调查计

划。他选派了一批"智者"和画师到外国去进行实地考察。还利用巴勒莫港广泛搜集各国的地理信息。罗杰二世庞大的世界地理调查活动历时15年，在此过程中，获得了日益丰富的实地考察资料和各类人员的口述报告，甚至包括航海图。罗杰二世把这些最新、最全的世界地理资料交给伊德里西，让他绘制最完整的世界地图。

伊德里西塑像

依据这些珍贵的地理资料，伊德里西绘成一幅世界地图，并将它雕刻在一块用白银制成的大版子上，以便永久保存。此银版的大小约为315厘米×158厘米，总重量约134公斤。在此银版地图上，刻有世界各国的山川河流、港口海岸、疆界区划等。遗憾的是，约在1160年，西西里国家发生内乱，这个银版被毁。也有学者认为，伊德里西并不是把地图绘在一块平面的银版上，而是用白银制作了一个地球仪。

银版世界地图绘就后，罗杰二世又要求伊德里西撰写一部地理著作，用来说明这幅世界地图。1154年初，就在罗杰二世去世的前几个星期，伊德里西完成了这部世界地理著作。罗杰二世将此书命名为《云游者的娱乐》（*Nuzhat al-mushtaq fi khtiraq al-afaq*），伊德里西则称此

书为《罗杰之书》。伊德里西绘制在银版上的那幅世界地图，则被称为
《罗杰地图》。

集古希腊、罗马和阿拉伯地理学之大成的巨著《云游者的娱乐》是
一部内容丰富的世界地理志，这本书吸收和总结了托勒密和阿布·哈
桑·阿里·麦斯欧迪等人著作中的主要研究成果，并依据罗杰二世派往
各地实测者提供的大量第一手的材料，结合作者到各地游历的见闻编纂
而成。书中记述了世界区域划分、气候区及各国的地理位置、岛屿城
市、山川河流、物产、交通要道及政治、经济、宗教民俗等，其中对中
国和印度的情况亦有记载。

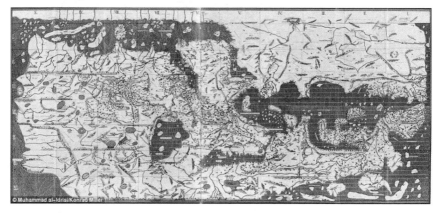

伊德里西《罗杰地图》

伊德里西在书的开头部分阐述了世界为球体的观念：我们生活的世
界，是一个球体，位于宇宙的中央，停止不动，"就像蛋黄位于鸡蛋当
中一样，而旋转的则是天体"。

伊德里西接着说，大地的周围是海洋，有 7 个海湾深入到大地中；
大地的最北面十分寒冷，人类无法居住，最南面由于太热，再加上缺
水，人类也无法居住，人类生活的世界，就位于赤道以北、北极以南的
地带；自南而北，按照纬度位置，可以分为 7 个气候带；每个气候带自
西而东，又可以根据经度分为 10 个区域，这样，人类生活的世界就可
以分为 70 个区域，其中第一个气候带的第一个区域就是阿拉伯人所说

的"暗海"，即大西洋西南部（非洲沿海），第一至第七个气候带的第十个区域，则是大地的最东部，即包括中国在内的东亚地区。

《罗杰之书》给世界每一个区域配绘了彩色地图，总共有 70 幅区域地图。每幅区域图为长方形，大小约为 32 厘米 ×48 厘米。地图上江河湖海用蓝色或绿色来表示，城镇被画成金色的梅花形，其中心添绘红色。山脉写实，中间的图案类似于横写的 S 字母。

如果把这 70 幅区域地图拼接起来，就组成了一幅完整的世界地图。《罗杰地图》不像传统伊斯兰地图那样呈圆形，而是长方形，类似于托勒密的世界地图。这幅地图的朝向是伊斯兰式的南方朝上。地图的最西部是大西洋，即所谓的福岛。而世界的最东部，则是 Sila 岛，即"新罗"的音译，指朝鲜半岛。从最西部的福岛到最东部的新罗，计 180°。人类生活的世界，最北的地方是北纬 64°，至于世界最南面的界限，伊德里西没有说明，但他把尼罗河的河源置于赤道以南地区。

在《罗杰地图》中，地中海地区、西欧、阿拉伯半岛、红海与波斯湾等地与实际地理非常接近，里海被正确地画成是个封闭的内陆湖，北欧的地形也很逼真，但对于东南亚和东亚地区则错误较多，东亚的海岸线基本上是垂直的。非洲南部的大陆一直向东延伸到世界的尽头，非洲大陆南部与东亚之间，被印度洋隔开。

除了 70 幅世界区域图外，《罗杰之书》中还附有一幅彩色圆形世界地图。在一份 16 世纪的副本中，我们看到此图也是南方朝上的，四个方向被标示在地图的边框外围，依据《古兰经》经文的启示，边框上画有火焰般的金色光环。整个地球都被包围在海洋之中，地中海和北非地区体现得较为充分，尼罗河发源地的月亮山，被画在赤道以南的非洲大陆上，埃及、印度和中国都用阿拉伯语标示，图上还有里海、摩洛哥、西班牙、意大利甚至英格兰，但是对南部非洲、东南亚与东亚的理解，依然有不少模糊以至错误之处。[①]

---

① 〔英〕杰里·布罗顿著，林盛译《十二幅地图中的世界史》，浙江人民出版社，2016 年，第 36 页。

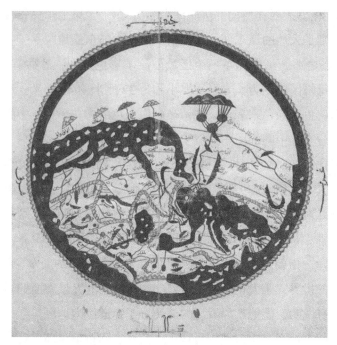

伊德里西《罗杰之书》的一份16世纪副本中的彩色圆形世界地图
（1154），汇集了拉丁语和阿拉伯语的地理知识。

　　《罗杰之书》反映了12世纪阿拉伯世界的地理知识，这本书在欧
洲文艺复兴时期被翻译成拉丁文，此后的数百年里，被认为是权威的地
理学著作，被欧洲许多大学选用为地理教科书，广泛应用于教学和地理
考察中，影响深远。

第六章
宝船与海图

郑和，明洪武四年（1371）至宣德八年（1433），原姓马，小字三宝，出生于云南昆阳（今昆明市晋宁县）。

郑和像，选自明朝万历罗懋登《三宝太监西洋记通俗演义》插图。

据学者考证，郑和原姓马，是赡思丁六世孙。元初功臣赡思丁，全名叫赛典赤·赡思丁，具有阿拉伯血统。赡思丁的第五子叫马速忽，袭父职为云南诸路行中书省平章政事，家居云南昆

阳，其后辈遂以马为姓。马速忽之子马拜颜乃郑和的曾祖。郑和是明军攻入云南后被掳去当太监、后被赐姓郑的。

明初，12 岁的郑和入宫当宦官。永乐二年（1404）明成祖朱棣赐姓郑，宣德六年（1431）获钦封为三宝太监。

明袁忠彻《古今识鉴》卷 8 载："内侍郑和……身长九尺，腰大十围，四岳峻而鼻小，法及此者极贵。眉目分明，耳白过面，齿如编贝，行如虎步，声音洪亮。后以靖难功授内官太监。永乐欲通东南夷，上问：'以三保领兵何如？'忠彻对曰：'三保姿貌才智，内侍中无与比者，臣察其气色，诚可任。'遂令统督以往，所至畏服焉。"

《郑和家谱·述和之出使条》载："公次子和，才负经纬，文通孔孟，特选于皇廷，敕谕于诸番国并海外公干教化。诸番王等无不祗顺，共皆仰体皇仁，恪遵敕谕，摅诚来朝，又乃称和公之德而扬和公之行，可谓使于四方，不辱君命者矣。"

清傅维麟《明书》卷 156《郑和传》也说郑和"丰躯伟貌，博辩机敏"。

《古今图书集成》卷 132 引《明外史》亦载："和有智略，知兵习战，帝甚倚信之。"

史书明确记载，郑和曾担任中官、内官、南京守备、正使、中贵、钦差总兵等。

明初刻本《优婆塞戒经》卷 7 卷末载郑和题记：

"大明国奉佛信官内官太监郑和，法名速南吒释，即福吉祥。

切念生逢盛世，幸遇明时。谢天地覆载，日月照临；感皇上厚德，父母生成。累蒙圣恩，前往西洋等处公干，率领官军宝船，经由海洋，托赖佛天护持，往回有庆，经置无虞。常怀报答之心，于是施财，陆续印造大藏尊经，舍入名山，流通诵读。"①

---

① 邓之诚《骨董琐记全编·骨董三记》卷六"郑和印造大藏经"，中华书局，2008 年。

三宝太监

郑和名号中的"三宝"，有多种解释。近年来有学者考证，"三宝"是官名"三宝信官"的称谓，"三保"则为"三宝"的同音借代。[1]

2002 年 9 月，浙江平湖市人民政府维修当地报本塔，在塔刹宝瓶的塔心木内，发现了总长 4030 厘米的经卷，云南省图书馆还藏有郑和印刻的《沙弥尼离戒文》，此外郑和还印刻有《优婆塞戒经》7 卷存世。这 3 部先后刊行的经书，郑和刊载于其中的身份，都是大明国奉佛信官内官监太监。

"内官监"，是明代掌管皇宫、王府、陵墓的修建和采办宫廷所需婚丧礼仪所用珍宝等一切器物的专设衙门。"奉佛信官"，即执掌"佛"印信的官员，也就是主管"佛"事务的官员之意。

佛教中将佛、法、僧尊称为"三宝"，佛教寺院中心的大雄宝殿又称"三宝殿"，佛家弟子也常自诩为"三宝弟子"。"三宝"在一定意义上是"佛教"或"佛"的代称。故"三宝信官"又可称为"佛"信官。

1405 年至 1433 年（永乐三年至宣德八年），明朝政府前后七次遣使下西洋。尽管每次出使西洋的目的不完全一致，但是值得注意的是，每次出使西洋，都带有两项明确的使命，一是招抚来朝贡的诸国，二是采购营建北京所需的各类营运物料和统治阶层所需的高档奢侈品。

"三宝太监"隶属内官监，内官监是掌管皇宫、王府、陵墓的修建和采办宫廷所需婚丧礼仪所用珍宝等一切器用的专设衙门。永乐时，迁都和兴建北京的活动如火如荼，北京建都，宫殿建筑的所需器材、染料、香料以及奇珍异宝部分来自西洋，各地藩王王府、王陵的建造也有"下西洋"的器物。

据专家考证，郑和下西洋的活动中，贸易活动的角色似乎更重要。郑和、王景弘等内官监官员，屡次以监造官身份奉敕南京宫殿修葺工

---

[1] 唐宏杰《"三宝"太监郑和研究新得》,《中国港口博物馆馆刊》2016 年增刊第 1 期。

作，并奉敕修建各地佛教、道教、伊斯兰教寺院。南京、太仓、泉州等地的一些古建筑的修建碑，都镌刻有他们的名字。

梁庄王墓中出土的金锭，正面铸有"永乐十七年四月□日西洋等处买到八成色金一锭五十两重"铭文。

2001 年 4 月，湖北省钟祥梁庄王朱瞻垍墓被保护性发掘，这是一座王与妃的合葬墓，墓内随葬各类器物共计 5340 余件，其中金、银、玉器有 1400 余件，所使用的金的重量就达 16 公斤，用银量达 13 公斤，用玉量达 14 公斤，珠饰宝石则多达 3400 余件。

其中一块金锭的正面铸有"永乐十七年四月□日西洋等处买到八成色金一锭五十两重"的铭文，铭文中的西洋，泛指当时中国明朝南海以西的海洋，包括印度洋及其沿海地区，铭文中的永乐十七年，即公元 1419 年，是郑和第五次下西洋（其时间是 1417 年 5 月至 1419 年 8 月）归来之时。

专家认为，这枚金锭是郑和第五次下西洋时用宝船上所买回的一批黄金，在返回途中制作的。由于明朝亲王婚礼有朝廷赏赐定亲礼物——金锭 50 两的制度，因此这件由郑和带回存于内库的金锭，就可能赏赐给了梁庄王。这枚金锭，是目前中国考古发现中，有铭文记载与郑和下西洋有关的唯一一件文物，如今收藏在湖北省博物馆。

郑和墓

梁庄王朱瞻垍墓出土各种镶嵌的宝石有 800 余颗，可以辨认的有红宝石、蓝宝石、祖母绿、金绿宝石、猫眼宝石等，一件金镶宝石帽顶上镶嵌的一颗约 200 克拉的橄榄形无色蓝宝石，是目前发现的最大的蓝宝石。这些宝石产地，均不在国内，经过对墓志铭的解读，专家确认宝石均来自东南亚，是郑和下西洋时带回的珠宝。

梁庄王朱瞻垍，是明成祖朱棣的孙子、洪熙皇帝朱高炽的第九子、宣德皇帝朱瞻基的同父异母的弟弟。梁庄王死于明朝中期的正统六年（1441），此时下西洋活动早已停止。考古发现，这一时期湖北、江西等地的亲王墓葬中，出土了众多的金镶玉、宝镶玉等高档舶来品。

梁庄王墓随葬品的出土，说明郑和下西洋的活动，一个重要的目的是满足统治阶层对各种外来高档奢侈品的需求，而这种需求，又促使郑和十余年来虽然花费甚巨，但仍然马不停蹄地奔波于北京和西洋之间。

七下西洋

郑和下西洋是明朝初年开展的伟大航海活动。马欢的《瀛涯胜览》、

费信的《星槎胜览》、巩珍的《西洋番国志》，是集中、全面、系统地记载了郑和七下西洋的重要史籍。

明朝初期，以婆罗（加里曼丹岛）、文莱为界，以东称为东洋，以西称为西洋，故过去所称南海、西南海之处，明朝称为东洋、西洋。

17世纪早期的中国版画《郑和下西洋》

从1405年至1433年，郑和先后率领庞大船队七下西洋，经东南亚、印度洋、亚洲、非洲等地区，最远到达红海和非洲东海岸，航海足迹遍及亚、非30多个国家和地区。

1405年7月11日（永乐三年六月十五，乙酉），34岁的郑和奉明成祖命，第一次下西洋。郑和从南京龙江港起航，经太仓出海，偕王景弘率27800人。于1407年10月2日（永乐五年九月初二）回国。

第一次下西洋的船队顺风南下，到达爪哇岛上的麻喏八歇国。爪哇古名阇婆，今印度尼西亚爪哇岛，为南洋要冲，人口稠密，物产丰富，商业发达。当时，这个国家的东王、西王正在内战。东王战败，其属地被西王的军队占领。郑和船队的人员上岸到集市上做生意，因被占领军误认为是来援助东王的，所以被西王麻喏八歇王误杀 170 人。郑和部下的军官纷纷请战报仇。

"爪哇事件"发生后，西王十分惧怕，派使者谢罪，要赔偿六万两黄金以赎罪。鉴于西王诚惶诚恐、请罪受罚的态度，郑和禀明皇朝，化干戈为玉帛，和平处理了这一事件。最后明王朝决定放弃对麻喏八歇国的赔偿要求，西王知道这件事后，十分感动，两国从此和睦相处。

船队随后到达三佛齐旧港，时旧港广东侨领施进卿来报，海盗陈祖义凶横。郑和船队在回航时抵达陈祖义的驻地。陈祖义认定郑和庞大的船队中"有宝物"，率众海盗来袭，郑和早有准备，采取"火攻战"烧毁海盗船，船只燃起大火，海盗鬼哭狼嚎，郑和兴兵剿灭贼党 5000 多人，烧贼船 10 艘，获贼船 5 艘，生擒海盗陈祖义等 3 位贼首，囚禁船中，押解回京后处斩。

1407 年 10 月 13 日（永乐五年九月十三，丁亥），郑和与王景弘、侯显等率船队第二次下西洋。

这次出访主要是送外国使节回国。所到国家有占城（今越南中南部）、渤尼（今文莱）、暹罗（今泰国）、真腊（今柬埔寨）、爪哇、满刺加、锡兰、柯枝、古里等。到锡兰时郑和船队向有关佛寺布施了金、银、丝绢、香油等。永乐七年二月初一（1409 年 2 月 15 日），郑和、王景弘立《布施锡兰山佛寺碑》，记述了所施之物。此碑现存于科伦坡博物馆。郑和船队于永乐七年（1409）夏回国。第二次下西洋的人数据载有 27000 多人。

1409 年 9 月（永乐七年，己丑），郑和第三次下西洋。

是年 38 岁的正使太监郑和和副使王景弘、侯显率领官兵 27000 余人，驾驶海船 48 艘，从太仓刘家港起航，所到国家有占城、宾童龙、真腊、暹罗、假里马丁、交阑山、爪哇、重迦罗、吉里闷地、古里、满刺加、彭亨、东西竺、龙牙迦邈、淡洋、苏门答刺（即今苏门答腊）、

花面、龙涎屿、翠兰屿、阿鲁、锡兰、小葛兰、柯枝、榜葛剌、卜剌哇、竹步、木骨都束、苏禄等国。费信、马欢等人会同前往。

满剌加当时是暹罗属国，正使郑和奉帝命招敕，赐双台银印、冠带袍服，建碑封域为满剌加国，暹罗不敢扰。满剌加九洲山盛产沉香、黄熟香，郑和等差官兵入山采香，得直径八九尺、长八九丈的标本 6 株。

永乐七年，朱棣命正使太监郑和等带着诏敕、金银供器等到锡兰山寺布施时，郑和觉察锡兰山国王亚烈苦奈儿"负固不恭，谋害舟师"，便离开锡兰山前往他国。回程时再次访问锡兰山国时，亚烈苦奈儿诱骗郑和到国中，发兵 5 万围攻郑和船队，又伐木阻断郑和的归路。郑和趁贼兵倾巢而出，国中空虚，带领随从两千官兵，取小道出其不意突袭亚烈苦奈儿王城，破城而入，生擒亚烈苦奈儿及家属。

1413 年 11 月（永乐十一年，癸巳），郑和率船队第四次下西洋。

这次，42 岁的正使太监郑和、副使王景弘等奉命统军 27000 余人，驾海船 40 艘出使满剌加、爪哇、占城、苏门答剌、柯枝、古里、南渤里、彭亨、吉兰丹、加异勒、勿鲁谟斯、比剌、溜山、孙剌等国。

郑和使团中包括官员 868 人、士兵 26800 人、指挥使 93 人、都指挥使 2 人、书手 140 人、百户 430 人、户部郎中 1 人、阴阳官 1 人、教谕 1 人、舍人 2 人、医官医士 180 人、正使太监 7 人、监丞 5 人、少监 10 人、内官内使 53 人，其中包括翻译官马欢，陕西西安羊市大街清真寺掌教哈三，指挥使唐敬、王衡、林子宣、胡俊、哈同等。郑和到占城时，奉帝命赐占城王冠带。

郑和船队到苏门答剌，当时伪王苏干剌窃国，郑和奉帝命统率官兵追剿，生擒苏干剌送京伏诛。

郑和舰队在三宝垄停留一个月休整，郑和、费信常在当地华人回教堂祈祷。郑和命哈芝黄达京掌管占婆华人回教徒。后首次绕过阿拉伯半岛，航行至东非麻林迪（肯尼亚），于 1415 年 8 月 12 日（永乐十三年七月初八）回国。同年 11 月，榜葛剌特使来中国进献"麒麟"（即长颈鹿）。

1417 年 6 月（永乐十五年，丁酉），郑和率船队第五次下西洋。

46 岁的总兵太监郑和，在泉州回教先贤墓行香后，往西洋忽鲁谟斯等国公干，于永乐十五年五月（1417 年 6 月）出发，护送古里、爪哇、满剌加、占城、锡兰山、木骨都束、溜山、喃渤里、卜剌哇、苏门答剌、麻林、剌撒、忽鲁谟斯、柯枝、南巫里、沙里湾泥、彭亨各国使者及旧港宣慰使归国。随行有僧人慧信，将领朱真、唐敬等。郑和奉命在柯枝诏赐国王印诰，封国中大山为镇国山，并立碑铭文。忽鲁谟斯进贡狮子、金钱豹、西马；阿丹国进贡麒麟；祖法尔进贡长角马；木骨都束进贡花福鹿、狮子；卜剌哇进贡千里骆驼、鸵鸡；爪哇、古里进贡麛里羔兽。最后于 1419 年 8 月 8 日（永乐十七年七月十七）回国。

《天妃经》卷首图

《天妃经》卷首图，刻于永乐十八年（1420），全称《太上说天妃救苦灵应经》，是参加第五次下西洋的僧人胜慧在临终时，命弟子用他所遗留的资财发愿刻印的。其插图描绘了郑和船队在海上航行、海神天妃护佑的情形。画中的郑和船队图像共计五列，每列五艘，船型、尺度基本相同，与《龙江船厂志》上所附该厂曾建造的早期四桅海船形制基本相合。这也是现在复制二千料海船的一个重要依据。

1421 年 3 月（永乐十九年，辛丑），郑和率船队第六次下西洋。

这次，50 岁的郑和奉命送 16 国使臣回国。为赶东北季风，郑和率船队很快出发，到达的国家及地区有占城、暹罗、忽鲁谟斯、阿丹、祖法儿、剌撒、不剌哇、木骨都束、竹步（今索马里朱巴河）、麻林、古里、柯枝、加异勒、锡兰山、溜山、南巫里、苏门答剌、阿鲁、满剌加、甘巴里、幔八萨（今肯尼亚的蒙巴萨）。永乐二十年八月十八日（1422 年 9 月 3 日），郑和船队回国，随船来访的有暹罗、苏门答剌和阿丹等国使节。

1424 年（永乐二十二年），明成祖朱棣去世，仁宗朱高炽即位后，调整了其父的扩张政策，对内采取措施减轻民困，对外进行战略收缩。当时，营建北京、连年北征致使军民疲敝、财政紧张，夏元吉劝说让停止下西洋，仁宗赞同。

1431 年（宣德六年，辛亥），郑和 60 岁，他率船队 27550 人第七次下西洋。

宣德五年（1430）安南复立，标志着明朝在陆路上的战略退却，中南半岛诸国不再臣服。明朝在南海地区军事存在的消失，直接导致西洋朝贡体系的松散与瓦解。明宣宗朱瞻基弃交趾布政司，引发地缘地震，这是朱瞻基没有料到的。为了保住面子，他命郑和往西洋忽鲁谟斯等国公干，随行有太监王景弘、李兴、朱良、杨真，右少保洪保等人。

第七次下西洋的人数，根据明代祝允明《前闻记下西洋》记载，有官校、旗军、火长、舵工、班碇手、通事、办事、书弄手、医士、铁锚搭材等匠、水手、民梢等共 27550 人。

1433 年（宣德八年，癸丑），郑和于归国途中，积劳成疾，在古里（今印度卡利卡特）病逝，享年 62 岁。七月，船队回国，宣宗赐葬郑和于南京牛首山南麓。

据《明史·郑和传》记载，郑和航海仅"宝船"就有 63 艘，最大的长四十四丈四尺（151.18 米）、宽十八丈（61.6 米），是当时世界上最大的海船。船有 4 层，船上 9 桅，可挂 12 张帆，锚重几千斤，要动用 200 人才能起航。《明史·兵志》记："宝船高大如楼，底尖上阔，可容千人。"郑和每次下西洋的队伍，人数在27000人以上，主要是来自沿海卫所。据《武职簿》，明朝军队每个卫有5000～5500人，郑和率领着约5个卫的人马。

郑和庞大的舰队，有船200多艘，2.7万多名水手，远航西太平洋和印度洋，先后经过了30多个国家和地区。郑和航海，使用的是海道针经，结合过洋牵星术即天文导航，在当时是最先进的航海导航技术。

郑和下西洋，有一种说法是说为了宣扬大明威德。《明史·郑和传》中记载："且欲耀兵异域，示中国富强"；还有一种说法是寻找建文帝，《明史·郑和传》中记载："成祖疑惠帝亡海外，欲觅踪迹"；另有包抄帖木儿帝国、扫荡张士诚旧部、解决军事复员问题等说法。

实际上，明成祖夺得皇位时，明朝发展海外交通和海外贸易已经是十分迫切的事。另一方面，明成祖朱棣也想利用对外的活动，展示声威，因此，"耀武扬威"作为郑和下西洋的主要目的之一，是被大多数研究者所接受的。

航海图本

15世纪中期诞生的《郑和航海图》，是中国第一部航海图集。据学界考证，约成于明代洪熙元年（1425）至宣德五年（1430）间，也是全世界现存最早的航海图集。

随同郑和远航的巩珍在《西洋番国志》自序中说："始则预行福建广浙，选取驾船民梢中有经惯下海者称为火长，用作船师。乃以针经图式付与领执，专一料理……"由此可见，郑和船队远航过程中，有人专职保管

茅元仪《武备志》（日本宽政大阪书坊刻本）

和使用航海图。

《郑和航海图》本名《自宝船厂开船从龙江关出水直抵外国诸番图》，绘制于第六次下西洋之后的全体下西洋的官兵、水手守备南京期间，是为满足第七次下西洋的需要编制而成的。

人们现在看到的《郑和航海图》，收入《武备志》卷二百四十。《武备志》，明代茅元仪辑，是中国古代字数最多的一部综合性兵书。

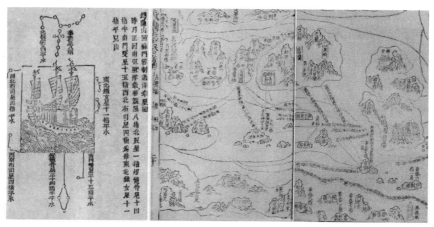

明代《郑和航海图》。记载郑和1431年最后一次下西洋的航海图。本图载于茅元仪《武备志》卷二百四十。

茅元仪在《武备志》卷二百四十即最后一卷《航海》序中说到郑和下西洋：

> 故文皇帝航海之使不知其几十万里，天宝启之，不可强也。当是时，臣为内监郑和，亦不辱命焉，其图列道里国土，详而不诬，载以昭来世，志武功也。①

《郑和航海图》记述了郑和在宣德五年（1430）最后一次远航的主要航线，以宝船厂（今江苏南京）为起点，出长江口沿海岸向南，绕过中南半岛、马来半岛，通过今马六甲海峡到印度洋的溜山国（今马尔代夫），从溜山国开始航线分为两支：一支是横跨大洋到非洲东岸的木骨

---

① ［明］茅元仪《武备志》卷二百四十《航海》，天启元年（1621）刻本，华世出版社，1984年。

都束（今索马里的摩加迪沙），自此北上可至忽鲁谟斯（位于今霍尔木兹海峡北）；另一支是穿过阿拉伯海直达忽鲁谟斯。整个航线以忽鲁谟斯为终点。图上同时标示有从忽鲁谟斯返回江苏太仓港的航线。这条航线最远至非洲东岸的慢八撒（今肯尼亚蒙巴萨）。

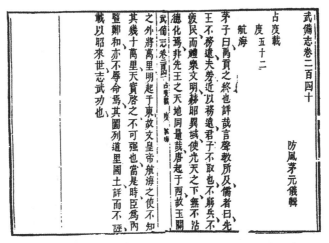

《武备志·郑和航海图茅元仪序》，取自明天启元年（1621）刻本，北京大学图书馆藏。

《郑和航海图》的山岳、岛屿、桥梁、寺院、城市等，采用中国传统的山水画立体写景形式绘制。对主要国家和州、县、卫、所、巡司等，则用方框标出。图上共绘记了 530 多个地名，包括了亚非海岸和 30 多个国家和地区。往返航线各 50 多条，图上注出了航线的针位（航向、方位）和更数（航程、距离），标示了所经海区的主要港口、河口、岛屿、礁石、浅滩，以及沿岸陆地上的山形，可作航海目标的桥梁、宝塔、旗杆等。过洋牵星图则是用星辰测向、定位的专用图。

《郑和航海图》从中国沿海到东南亚的海图，是以中国传统绘画形式描绘的。而印度洋部分，是参考伊斯兰天文航海法描绘的。

葛剑雄先生说："日本地图史家海野一隆早已指出，收藏于日本龙谷大学的《混一疆理历代国都之图》和《大明混一图》等的出现，是世界地图由阿拉伯传入中国的证据。该两图均继承了元朝李泽民《声教广

被图》（约 1230 年，已佚）的谱系。就连《郑和航海图》上用'指'来
表示纬度值，也是受伊斯兰制图技术的影响。值得注意的是，《大明混
一图》绘制于 1402 年，比郑和首航早了三年，显然不可能受到郑和航
海成果的影响。"①

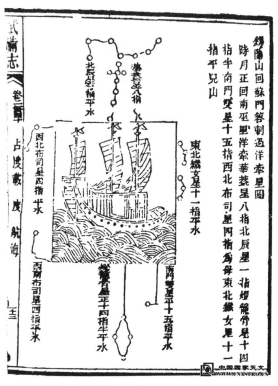

《郑和航海图》之《过洋牵星图》

日本学者宫崎正胜认为，《郑和航海图》"其中将使用指南针的中国
传统航海法的海域和使用伊斯兰世界天文航海法的海域采用完全不同的
绘图方法进行绘制，并且将两者完美地结合在了一起，这也是其非常优
秀的一个地方"②。

---

① 葛剑雄《和平之旅　人类之光·郑和航海的两大重要特点》，《文汇报》2007 年 8 月 26 日
第 8 版。

② 〔日〕宫崎正胜著，朱悦玮译《航海图的世界史·海上道路改变历史》，中信出版社，2014
年，第 55 页。

《郑和航海图·十一幅》(1405～1421)

　　《郑和航海图·十一幅》是专门绘制南海诸岛部分的海图，图中所绘石星石塘、万生石塘屿、石塘等岛屿，描绘了南海诸岛岛群名称和相对位置。向达教授认为，这张地图下方，标绘的石星石塘，即今东沙群岛；万生石塘屿，即今西沙群岛；石塘，即今西沙群岛。[1] 吴凤斌教授认为，万生石塘屿指今南沙群岛。[2]

船队最远到了哪里？

　　郑和统率庞大船队抵达非洲的时间，比后来葡萄牙人达伽马带领三

---

[1]　向达整理《郑和航海图》，《地名索引》，中华书局，1982年。
[2]　林金枝、吴凤斌《祖国的南疆——南海诸岛》，上海人民出版社，1988年。

艘帆船登陆东非早 80 年。然而，在宣德年间最后一次航行不久，随着明朝海洋政策突然转为"海禁"，郑和的船队也偃旗息鼓了。

明朝何以突然"自废海上武功"？明初，皇帝朱棣开始海上扩张，后因财政困顿，难以支撑耗资巨大的海上远航。明仁宗继位后颁发的第一道圣旨就是"下西洋诸番国宝船，悉皆停止"，并解除了郑和宝船船队总兵的职务。仁宗上台不足一年驾崩，宣宗即位，在他统治下郑和受命进行了最后一次远航，之后这支大明帝国的庞大舰队彻底告别了海洋。

郑和船队最远到了哪里？

各种文献记载，郑和船队曾到达过爪哇、苏门答剌、苏禄、彭享、真蜡、古里、暹罗、阿丹、天方、左法尔、忽鲁谟斯、木骨都束等三十多个国家，最远曾达非洲东岸以及红海、麦加。

2002 年，前英国海军军官加文·孟席斯出版了《1421 年：中国发现世界》一书，提出郑和船队的分队曾经实现过环球航行，并早在西方大航海时代之前便已发现美洲和大洋洲。孟席斯之说一时间成为坊间的热议话题，但缺少文献与考古材料的实证支撑。

第七次下西洋前，郑和在起锚地江苏太仓刘家港，亲自撰文、立碑，名为《娄东刘家港天妃宫石刻通番事迹记》。郑和亲撰的这篇碑文称："和等自永乐初，奉使诸番，今经七次。每统领官兵数万人，海船百余艘，自太仓开洋，由占城国、暹罗国、爪哇国、柯枝国、古里国，抵于西域忽鲁谟斯等三十余国，涉沧溟十万余里。"这里，无涉"美洲""大洋洲"一字。

重立的《娄东刘家港天妃宫石刻通番事迹记》碑

2010 年 6 月，在南京市江宁区祖堂山社会福利院考古发掘出郑和第七次下西洋时的副使洪保墓，出土有《大明都知监太监洪公寿藏铭》，是墓主生前于明宣德九年（1434）65 岁那年所刻立的碑铭，详述了1430 年下西洋的具体航线，是由占城（今越南境内）至爪哇（今属印尼），过满剌加（今马来西亚境内）、苏门答剌、锡兰山（今斯里兰卡）及柯枝（今印度西南）、古里（今印度西南），直抵西域之忽鲁谟斯（今伊朗境内）、阿丹（今亚丁湾西北岸一带）等国。船队抵达古里后，听说有个国家叫天方，此前从没有中国人去过，洪保便率马欢等 7 人搭乘天方国（今麦加）船只前往该国。洪保同样没有提到任何关于美洲、大洋洲的情况。

迄今为止，所有已出土的文物和古文献，都不能说明郑和船队发现了美洲、大洋洲，反而都说明郑和船队未能也没有可能去发现美洲、大洋洲。

第七章
新大陆图缘

　　地理大发现的时代，是冒险探索的时代，也是大航海的时代。

　　欧洲的船队，出现在地球各片已知和未知的海洋上，寻找着新的掘金之地，开辟着新的贸易路线。

　　15世纪至17世纪，欧洲人大规模地海上远航、探险跋涉，发现、初步了解了当时的文明民族前所未知的大片陆地和水域，开辟了若干重要的新航路和通道，把地球上除南极洲之外的大洲、大洋，通过航路、道路连通起来，极大地填补和充实了反映地球表面基本地理概貌的世界地图册。[①]

哥伦布的航海三艘船的复制品，1912年为世界博览会复制。

① 张箭《地理大发现新论》，《江苏行政学院学报》2006年第2期。

1453 年，奥斯曼帝国灭掉拜占庭，大举向欧洲东南隅巴尔干半岛扩张，遮拦了东西方的传统商路和联系。1460 年，葡萄牙致力于开辟去东方印度的新航路，升起地理大发现的风帆。1492 年，哥伦布率西班牙船队横渡大西洋，发现了美洲大陆。此后，地理大发现如火如荼，高潮迭起，一直持续至 17 世纪末。

欧洲人陆续发现了许多他们当时一无所知的陆地与地区，哥伦布、达伽马、卡布拉尔、迪亚士、德莱昂、麦哲伦、德雷克、叶尔马克、迭日涅夫、哈德逊、巴伦支、塔斯曼等英雄辈出，领一时之风骚！

天赐良机。航海成为欧洲人首要之实务，受打通商贸和殖民新通道的刺激所驱使，他们必须发现四通八达的海路。

中世纪基督教的地图证实了《圣经》内容，然而这类地图，对于一个想把一船橄榄油从那不勒斯运到亚历山大城的船长来说，却毫无用处。从 4 世纪到 14 世纪之间，欧洲没有一本航海图留传下来。

大约从 1300 年起，人们看到了详细介绍古代航海指南的地中海航海图，按照地图绘制史学家的说法，这些地中海沿岸的航海图才是"第一批真正的地图"。这些海图是经过认真仔细、持续不断的科学观察绘制而成的，首次绘下了地球表面的重要部分。迟至 1595 年，当时世界上的主要航海商人荷兰海员，仍然依靠两百多年前老航海图提供的海岸概况、提示与注意事项作为航行指南。海图不靠文献而靠实际经验来检验。马可·波罗从东方返抵威尼斯后，小心谨慎的海员们以观察所得而绘制的沿海航图，正在被人们纳入较大的地图和地图集中，并为后世所用。

海洋孕育了科学、精确而有实用价值的地图。航海者的实际需要，把地理学家和地图绘制者的注意力，从大规模的海域图转向特定区域的地图。海员们以航海经验证实地球的轮廓，科学、翔实的现代地图，首先在海上得到发展。

进入现代世界的序幕揭开了，托勒密的地理学说复活了，实验精神再次觉醒，测定经纬度的几何学应运而兴。

思想上的开放必先于海洋的敞开。在 15 世纪中，人们发现大洋是通向各地的，大西洋被列为地球上的"海"，海洋敞开成为可能。人们在能够乘船前往印度之前，心中已有了这条航线，并把它标在他们的地图上。

欧洲人扬帆东行，寻找通往印度群岛的航路。君主们与其他投资于长途航海计划的人，不得不放弃神学家的教条而采纳海员们的意见。

在通往印度诸岛的航线被发现之前，在人们想到之前，美洲在地球上被发现了。做过地图商的哥伦布，怀揣一卷依据托勒密学说绘制的航海图，误打误撞地踏上了新大陆。

哥伦布的勇气，在于他循着一条直接的海道，按照一个已知的方向，驶向"已知的"地方，但并不明确知道这条航程究竟有多长。哥伦布所追随的，是古代以及中世纪托勒密地理学说所设想过的一条航线，这是他航行的年代中所能获得的最佳资料，他试图以航行的轨迹确证这些资料的可靠性。对他来说，只有一望无际的大海是未知的。

大航海时代伊始，托勒密的老地图仍被奉为典范，这是可以理解的。而从哥伦布开始，旅行家、冒险家、航海家的轨迹与足迹犹如画笔，真实可信地不断绘制出最新的地图。

卖地图的哥伦布

1856 年，画家何塞·玛丽亚·奥布雷贡（José María Obregón）画了一幅油画《克里斯托弗·哥伦布的灵感》。画面上，探险家哥伦布坐在海岛临海的一块礁石上，铺开一幅地图，托腮远望，凭海沉思。

克里斯托弗·哥伦布（Cristoforo Colombo，1451 ～ 1506），意大利探险家、航海家、殖民者和热那亚共和国公民，西班牙海军上将。

鲜为人知的是，哥伦布还曾经是一位地图商。哥伦布的灵感、哥伦布的传奇、哥伦布的一生，与地图有着不解之缘。

地理学家和制图师亨里克斯·马提勒斯（Henricus Martellus），来自德国东南部的城市纽伦堡，1480 年至 1496 年在佛罗伦萨生活和工作。大约在 1489 年至 1491 年之间，他绘制了一幅 201 厘米 ×122 厘米的世界地图，这张图，与埃尔达普费尔的马丁·贝希姆在 1492 年左右生产的地球仪非常相似。两者都显示了在非洲南部开辟的一条通道，以及在马来西亚东部发现了的巨大新半岛。

而且，地图和地球仪，都可能来自巴托罗缪·哥伦布 1485 年在里斯本创建的地图制作及销售馆，而巴托罗缪·哥伦布其人，是大名鼎鼎的探险家克里斯托弗·哥伦布的弟弟。

差不多 500 年后，即 1962 年，马提勒斯绘制的这幅地图，由一位匿名者捐赠给美国耶鲁大学，现存于耶鲁大学的贝尼克图书馆。由于地图原件褪色严重，图上很多信息已经无法辨识。

《克里斯托弗·哥伦布的灵感》，何塞·玛丽亚·奥布雷贡，1856 年。

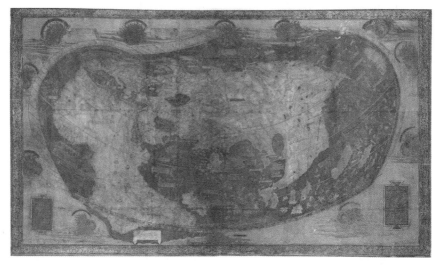

《马提勒斯世界地图》

2014 年 8 月，地图历史学家切特·凡·杜泽（Chet van Duzer）带领一个研究小组，对《马提勒斯世界地图》进行辨析和解读。他们借助多光谱成像技术，运用了从紫外线到红外线的 12 种光频，通过使用成像工具和分层技术发现了地图上几百个地点的名称，还有 60 多段用各种颜料写下的文字，目前已辨识出图上文字的八成左右。

《马提勒斯世界地图》的制作时间，大概可追溯至 1491 年，图上标明了亚洲、非洲和欧洲的位置，但并没有标出美洲。这张地图用拉丁文详细描绘了不同地区及当地居住人群的情况。

《马提勒斯世界地图》制作时借用了古希腊地理学家托勒密在《地理学指南》中对世界的诸多描述，也反映了对于 15 世纪来说比较新的一些地理发现。关于东亚部分的描述，引用了《马可·波罗游记》里的一些细节，以及葡萄牙人 1488 年经过好望角的地点。

历史文献材料显示，哥伦布船队的很多航行目标，与《马提勒斯世界地图》上的标识相吻合。专家们发现，在地图上的一条航线上，人们标注为日本的位置，实际上是巴哈马群岛。所以，当哥伦布在巴哈马登陆时，他以为自己抵达的是日本。这个错误在同期的其他世界地图中没有出现。杜泽认为，这说明哥伦布在 1492 年发现美洲启程之前，可能曾参考过这幅地图，而且航海行程受到地图上信息的影响。

托斯卡内利世界地图

1451 年，克里斯托弗·哥伦布生于意大利热那亚，其父多米尼克·哥伦布开了一家只有一两台呢绒织机的小作坊，还经营过一家酒店。哥伦布从小就在家帮助父母清洗、梳理羊毛。他青年时期没有受过什么正规的教育。

克里斯托弗·哥伦布肖像，塞巴斯蒂安·皮翁博（Sebastiano del Piombo）绘于 1519 年，当时哥伦布已逝世。

在哥伦布的青年时代，热那亚是造船业和航海业兴旺发达的中心，威尼斯人马可·波罗是在热那亚监狱中口述他的游记的。哥伦布家离港口码头很近，那里的见闻引起了他对航海的浓厚兴趣。从 15 岁

托斯卡内利

到 23 岁，哥伦布都是在他父亲的纺织作坊中工作，但他也经常有机会在贸易活动十分频繁的地中海沿岸航行，采购羊毛和酒类。20 岁之后，他参加了去马赛、突尼斯的远航。

热那亚的地图绘制者，控制着中世纪西地中海航海图的市场。甚至航海家亨利王子的葡萄牙弟子们一发现非洲海岸部分地区，就会马上绘制那里的地图。哥伦布很可能就是在热那亚开始学会制图术的。

哥伦布多年来提议，通过新的西向航行线去东印度群岛，取得与亚洲香料贸易的机会。经过坚持不懈的努力，这一提议最终得到了西班牙国王的支持。

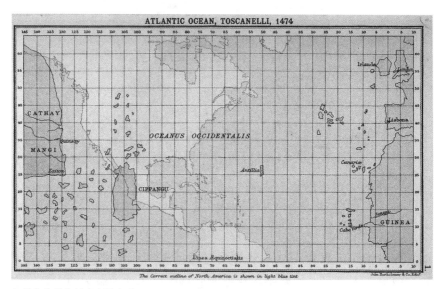

托斯卡内利绘制的世界地图

1384 年，葡萄牙国王阿方索五世似乎已经在考虑向西航行到印度群岛的通道。他征求了一位佛罗伦萨著名的天文学家兼地理学家、著名的地图绘制者保罗·达尔波佐·托斯卡内利（1397 ～ 1482）的意见。

1474 年 6 月，托斯卡内利致信葡萄牙宫廷牧师马丁·费迪南，这封信被密藏在一间叫作"地图室"的屋子里，哥伦布利用他妻子的亲戚在宫廷中的关系，看到了这封信。那封信写道：

> 我知道，这条道路的存在是基于已被证实的学说，即地球是圆形的。尽管如此，为了便于完成这个事业，我寄给国王陛下一幅我亲手绘制的地图。在这幅地图上标明了我们的海岸和岛屿。从这些海岸和岛屿出发，你们应当不停顿地向西航行。那地图同时也标明了你们要抵达的地区。你们必须在远离极地和赤道的地方停下来。那地图还表明为到达盛产香料和宝石的国家你们要行驶的路程。您不必感到惊奇，我把生产香料的国家称作西方，而人们通常把这些国家称作东方，因为人们一直向西航行，向大洋的彼岸和地球的另一半的西方就可以到达东方的国家。可是，如果您沿陆路行进，经过我们这一半地球，那么"香料之国"将在东方……

托斯卡内利在信中还说，从里斯本起西行共有 26 个等分，每个等分相当于 250 海里，总计为 6500 海里。从安蒂利亚岛到西潘古共有 10 个等分，即 2500 海里。他的地图标明了西航的出发岛屿和一定会到达的地方，也标明了航行时在北极和赤道之间应当偏移的程度。

在 1481 年末或 1482 年初，当哥伦布获悉托斯卡内利信件的内容时，他怀着极为兴奋的心情写信给托斯卡内利，要求得到更多资料。

哥伦布收到了一封令他鼓舞的复信，还附来一幅新绘制的世界地图。地图上，亚洲东部海岸被画在非洲和欧洲西部海岸的前面，两个海岸之间只有很小的一块海洋。

哥伦布坚信，只要依照托斯卡内利的地图，沿着北纬 28°的航线一直向西航行，就可到达马可·波罗所说的"大汗"版图内的"蛮子省"和西潘古岛屿那些富庶之地。

里斯本的地图商

1476 年，25 岁的哥伦布参加了热那亚的一支武装护卫舰队，护送一批珍贵的货物去北欧。8 月 13 日，在拉古什海域突然遭到一支葡法联合舰队的攻击，战斗持续了一整天，三只热那亚船和四只敌舰均被击沉。哥伦布驾驶的"贝查拉号"船中弹起火，他负伤落水，幸好抓住了漂浮在海面上的一条船桨，在漂流 6 英里（约 10 公里）之后才在拉古什附近的海边爬上了岸。

哥伦布从拉古什流落到里斯本，被一位热那亚同乡收留，然后和已经在那里经营书店并绘制地图的弟弟巴托罗缪会合。

当时，葡萄牙是欧洲航海事业最繁荣的国度。被称为"航海王子"的亨利亲王（1394 ~ 1460），1418 年在萨格雷斯创建了世界上第一所航海学院，吸引了大批地中海沿岸的探险家、航海家和天文学家，还有为数众多的地理学家、绘图家、建筑家、翻译家。

航海的成果到处可见。哥伦布的弟弟巴托罗缪的特长似乎不在船上，他对绘制地图十分着迷。当他了解到葡萄牙的里斯本聚集着世界各地的绘图能手以后，他就赶往那里干他喜欢的海图编制。

哥伦布与弟弟会合后，兄弟俩在里斯本从事新兴的绘制和销售地图，特别是航海图的事业，以一种类似于海事新闻工作者的敏感，敏锐地了解每个月的海岸新情况。他们办起了一家地图制作及销售馆，制作、出售地图、海图，经济效益颇佳。他们与许多船长和海员的频繁接触，便于他们打听和请教各种疑难问题，获取第一手航海资料，把葡萄牙探险船带回来的最新的资料描绘到地图中去，对旧的海图加以改造，借以绘制、修正和校订海路图乃至世界各国的地图。

1481 年，在航海术、地理学、制图学方面有很高造诣的马丁·贝汉姆，从德国来到里斯本，被约翰国王任命为一个专门委员会的顾问。他改进了造船术和航海仪器，编制的海路图比以往的更为精确。哥伦布会见了贝汉姆，从中受益良多，此后不久，他就把向西航行的梦想，逐渐变成具体实施的计划。

为了他的理想，哥伦布先后向西班牙、葡萄牙、英国、法国等国的国王寻求协助，以实现出海西行至中国和印度的计划，他到处游说了十几年，一直得不到帮助。

1485 年初，哥伦布来到西班牙。1486 年 5 月 1 日，哥伦布在科尔瓦多阿尔卡萨宫，见到了国王费迪南和王后伊莎贝拉，在谈话过程中，哥伦布在桌子上展开了一幅随身带来的地图，详细说明了他将要航行的路线。

1486 年 5 月上旬，西班牙国王和王后下令成立了一个"专家委员会"，审议哥伦布的计划。专家委员会设在萨拉曼卡，是当时西班牙最高学府的所在地，也是学术活动的中心。那里专家云集，资料和地图齐备。在专家委员会答辩过程中，哥伦布充分运用了他多年搜集和制作的各种地图、图表。

不知何种原因，委员会对哥伦布的计划一直未置可否。哥伦布不得不从 1486 年等到 1490 年。在此期间，哥伦布在西班牙塞维利亚设立过一个"制图家兼书商哥伦布兄弟事务所"，经营制图和售书业务。其间，他也得到过迭戈·德·戴萨修士的资助。

在西班牙南部安达卢西亚地区港口城市帕洛斯，在离城大约两英里（约 3 公里）的山坡上，耸立着圣玛丽亚修道院。1491 年夏天，哥伦布及其儿子在这里邂逅结识了修道院院长胡安·佩雷斯·德·马奇纳神父，由此他们之间展开了一段地图情缘。

哥伦布向佩雷斯神父介绍自己是海员兼地图制作人，修道院院长说："既然你是一位地图制作人，你可能会对我们的图书馆感兴趣。"

哥伦布发现挂在图书馆墙上、铺在桌上的都是各式各样的大幅地图，还有表示地球和天空位置的球形仪以及各式航海图书和工具。哥伦布还看到一幅修道院院长亲自绘制的地图，图上画有欧洲和非洲的西部海岸，还有大西洋中已知的许多岛屿。

克里斯托弗·哥伦布和他的儿子在圣玛丽亚修道院门口邂逅
佩雷斯神父

　　本来打算只在拉比达修道院过一夜的哥伦布，在那里居留了好几
个月。胡安·佩雷斯神父在帕洛斯有许多航海界的朋友，其中一位马
丁·阿隆索·德·平松，是帕洛斯最有钱的船主，他和哥伦布经常在一
起比较研究各种地图，开列设备清单，构想未来可用的船只。

　　佩雷斯院长担任过王后伊莎贝拉的忏悔神父，他决定利用自己的影
响力，尽一切力量促成哥伦布的航行计划。

　　经过两年的不停游说和协商，经历了数不清的困顿周折，1492年
费迪南德国王和伊莎贝拉王后终于接受了哥伦布的请求，答应资助他的
计划。

伟大的航行

1492 年 5 月 13 日，星期六，哥伦布离开格拉纳达，到了帕洛斯镇的一个海港。在那里，他筹备了 3 艘能够承担这次航行的轻帆船，在船上装满足够的物资并带上船员。

哥伦布船队拥有 3 艘桅帆船，旗舰是"圣玛丽亚号"，排水量约223 吨，载重约 120 吨，乘员 40 人。"尼尼亚号"和"平塔号"，都是载重约 60 吨。所有水手加在一起总人数正好是 90 名。为了这次航行，西班牙王室共投资了大约 200 万马拉维迪（西班牙旧货币单位）。

1492 年 8 月 3 日，哥伦布率领他的船队从西班牙巴罗斯港出发。第一次航行就这样开始了。

哥伦布的伟大航行

哥伦布每天亲自写下航海日志，在《哥伦布航海日志》的序言中，他写道：

尊敬的国王陛下，我除了在白天将夜间航行的一切记录下来，

在晚上将白天经历的一切记录下来，还要专门绘制一张新的航海图，将沿途发现的那些海域和岛屿以及海洋中的所有陆地，都标出准确的位置和方向，我还要编写一本丰富的书籍，将各地赤道的纬度和距离西方的经度都标出来。而对我来说最重要的是把整个身心都奉献在航海上，虽然这是一件非常艰难、需要付出艰辛的事情，但是为了事业的需要，我必须这样做。[①]

1492 年 10 月 11 日，根据哥伦布精确推算的数值，他的船队应该到达亚洲最东面的一些岛屿了。当然，实际上哥伦布的数据是错误的。

海风西吹，顺风顺水。船队紧张而亢奋，他们觉得马可·波罗描述过的金屋顶的日本可能就在前面不远处了。

在距离加那利群岛 700 里格的那个夜晚，哥伦布下令夜航，同时下令重赏第一个看见陆地的水手。

1492 年 10 月 12 日凌晨 2 点，船上醒着的人都在向西瞭望。终于，"平塔号"前甲板上的瞭望员罗·德·特里亚纳，首先发现水天之间出现了一道道白色沙滩、悬崖一类的物体，接着，一条黑色的线条把它们连接了起来。

"陆地！陆地！"特里亚纳大声喊了起来。于是，人类历史上一项最伟大的地理发现完成了。特里亚纳也因此从哥伦布那里领到了 5000 马拉维迪的赏金。

哥伦布的舰队所到达的这片陆地，是位于今天美国佛罗里达州里达半岛东南，加勒比海上的巴哈马群岛的瓜那哈尼岛，哥伦布将其命名为"圣萨尔瓦多"。这是一个珊瑚岛，位于西经 74° 30′，北纬 24°，岛周围暗礁密布。

哥伦布下令绕岛航行，同时小心地测量着水深。最后他们找到了一个小海湾，放下小艇，成功登陆。

在岛上，他们碰到了一群裸体的土著，他们是岛上的卢卡约人。哥

伦布确信他已经到达印度，大家喜极而泣，举行了庄严的仪式，正式宣布以信奉天主教的西班牙君主名义占有该岛。

1492年10月12日，哥伦布在新世界岸上第一次登陆"圣萨尔瓦多岛"，油画作于1862年。

1492年10月28日，哥伦布在古巴岛登陆，他误以为这就是亚洲大陆。随后，哥伦布来到西印度群岛中的伊斯帕尼奥拉岛（今海地岛），在岛的北岸进行了考察。

1493年3月15日，哥伦布返回西班牙。

第二次航行始于1493年9月25日，哥伦布船队有17艘船，参加航海的达1500人，其中有擅长绘制海图的胡安·德拉科萨。他们从西班牙加的斯港出发，目的是要到亚洲大陆印度建立永久性殖民统治。

1494年2月，由于粮食短缺等原因，大部分船只和人员返回西班牙。哥伦布率船3艘在古巴岛和伊斯帕尼奥拉岛以南水域，继续进行探索"印度大陆"的航行。在这次航行中，他的船队先后到达了多米尼加岛、背风群岛的安提瓜岛和维尔京群岛，以及波多黎各岛。1496年6月11日，哥伦布回到西班牙。

　　第三次航行是在 1498 年 5 月 30 日开始的。哥伦布率船 6 艘、船员约 200 人，由西班牙塞维利亚出发。航行的目的是要证实在前两次航行中发现的诸岛之南有一块大陆（即南美洲大陆）的传说。

　　7 月 31 日，船队到达南美洲北部的特立尼达岛以及委内瑞拉的帕里亚湾。这是欧洲人首次发现南美洲。此后，哥伦布由于被控告，于 1500 年 10 月被国王派去的使者逮捕后解送回西班牙。因各方反对，哥伦布不久获释。

　　第四次航行始于 1502 年 5 月 11 日，哥伦布率船 4 艘、船员 150 人，从加的斯港出发。哥伦布到达伊斯帕尼奥拉岛后，穿过古巴岛和牙买加岛之间的海域驶向加勒比海西部，然后向南折向东沿洪都拉斯、尼加拉瓜、哥斯达黎加和巴拿马海岸，航行了约 1500 公里，寻找两大洋之间的通道。由于 1 艘船在同印第安人的冲突中被毁，另外 3 艘也先后损坏，哥伦布于 1503 年 6 月在牙买加弃船登岸，于 1504 年 11 月 7 日返回西班牙。

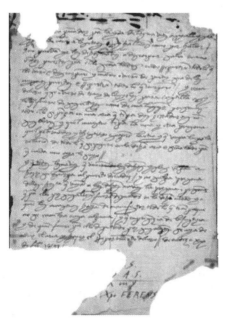

哥伦布手稿

　　1506 年 5 月 20 日，哥伦布在西班牙北部的巴利亚多利德的一个普通的旅店里逝世，享年 54 岁，他的兄弟们和儿子迭戈将他安葬在巴利亚多利德圣方济各会的一所修道院的墓地内。

　　在哥伦布的四次航行中，测量与地图起到重要作用。

　　15 世纪末期，葡萄牙人首创天文航海技术，在此以前，人们普遍采用航位推算法。哥伦布通过测量航向和从一已知地点（比如一个港口）出发航行的距离确定位置并在海图上加以标明，到一个新的位置以后，再用一根针插在图上标明新的位置。每天标明的位置，就是第二天测量航向距离的出发点。哥伦布船队的海员们使用罗盘仪测定航向，用航行的时间乘以船速（里程／小时）得出航行距离。

哥伦布的航船每小时都要测量航行速度和距离，值班水手记录每小时航行的速度和航向，用一块木质的可旋转的带孔刻度板，这些小孔沿罗盘仪的每一个点从中心向外做辐射状分布。每 4 小时的航行距离，都用里格纪录。每天航行结束，当天总的航行距离和航向，经过换算后被记录到航海图上。

绘制第一张美洲地图的人

很多人都知道，克里斯托弗·哥伦布"发现"了美洲新大陆。

很少人知道，是谁绘制了第一张包含美洲的地图。

胡安·德拉科萨（Juan de la Cosa，1460 ～ 1510），西班牙制图家、航海家和探险家。他是第一张真正新大陆地图的绘制者。

胡安·德拉科萨

作为克里斯托弗·哥伦布首航探美洲大陆旗舰"圣玛丽亚号"的船长，德拉科萨3次与哥伦布同行远航。

没人确切地知道，德拉科萨在哪里出生，根据一些历史学家的研究，他可能1460年出生于斯塔。鉴于有文献显示他和妻子玛丽亚·德尔波多、女儿住在坎塔布里亚，通常人们也认为他就是那个城市的居民。

德拉科萨从小就喜欢航海，参加过在比斯开湾周围的航行，去过加那利群岛和西非海岸探险。

1488年，胡安·德拉科萨随西班牙导航员巴特罗缪·迪亚士（Bartolomeu Dias）的船队，通过好望角抵达里斯本。

1500年，德拉科萨运用最新的制图技术，制作了欧洲现存最早的著名的世界地图，其中画入了在15世纪发现的美洲地域。

胡安·德拉科萨在地图上建立起一个更加广阔的世界，从此大西洋两岸的人们连为一体。

7次踏上美洲大地

胡安·德拉科萨一生中7次远航美洲。

1492年8月3日，担任导航员的德拉科萨，跟随哥伦布船队，从西班牙帕罗斯港起航，第一次远航美洲。他也是"圣玛丽亚号"船的所有者和船长，这艘船是哥伦布1492年第一次航行美洲的旗舰。1492年10月12日，他们在巴哈马的一个岛屿登陆，发现了美洲新大陆。从那里，他们又探索了古巴的东北海岸和西班牙的北部海岸，然后返回西班牙。不幸的是，"圣玛丽亚号"12月24日在海地海岸遇难沉没。

1493年至1496年，胡安·德拉科萨参加了哥伦布的第二次航行。1493年11月3日，他们在西印度群岛看到多米尼克岛。舰队横渡加勒比海时，发现了许多岛屿，哥伦布将其命名为"Las Mil Virgenes"
（一千处女），他们还探索了古巴南部。

1498 年至 1500 年，哥伦布第三次航行美洲，德拉科萨这次担任
"拉尼娜号"的船长。1498 年 7 月 31 日，他们抵达南美洲海岸，成为
最先看到南美洲大陆的欧洲人。他们沿着圭亚那海岸，经过委内瑞拉和
特立尼达之间的帕里亚海湾，到达玛格丽塔岛，并且发现了整个奥里诺
科河三角洲的北部海岸。

1499 年，胡安·德拉科萨随阿隆索·德·奥赫达船队第四次航行
美洲，他担任首席领航员，另一位杰出的成员是亚美利哥·维斯普奇。
在帕里亚湾，他们第一次踏上南美洲大陆探险，探索了从奥里诺科河
（Essequibo）河口及其附近地区到卡布·德·维拉（Cabo de Vela）的海
岸。德拉科萨详细勘察了探索区域的海岸，得到了将用于绘制他那著名
的地图的地理信息。

1500 年 10 月，西班牙探险家罗德里戈·德·巴斯蒂达斯（Rodrigo
de Bastidas）指挥两艘帆船到新发现的大陆探险，他聘请了胡安·德拉
科萨做领航员，这是他第五次航行到新大陆。这一年，当德拉科萨回到
西班牙，他绘制了一张地图，第一次完整地勾画出了委内瑞拉海岸的
轮廓。

1506 年，德拉科萨第六次航行到新大陆，这是他的第一次独立航
行。他被任命为远征珍珠岛和乌拉巴湾海域寻找定居点的指挥官。与此
同时，他访问了牙买加和海地。

1508 年，胡安·德拉科萨开始了他的第七次新大陆航行。这一次，
他陪同阿隆索·德·奥赫达，来到哥伦比亚海岸的殖民地火菲尔梅。

1509 年，胡安·德拉科萨开始了他最后一次远征，再次与奥赫达
一起登陆哥伦比亚的海岸。这一年西班牙政府批准建立巴拿马和哥伦比
亚两个殖民地，前往巴拿马的那一路出师不利，殖民者在不到一年的时
间里损失了十分之九，只好暂停前进。哥伦比亚的那一路进展更困难，
奥赫达的一队人马，来到哥伦比亚北部的卡塔赫纳一带，刚刚登陆之后

不久，就遭到了当地印第安人的猛烈攻击，这是整个南北美洲极少数掌握了弓箭技术、战斗力比较强的土著部落之一。在这场激烈冲突中，胡安·德拉科萨被印第安人的毒箭射中，喋血身亡。

一幅1887年的插图，描绘了胡安·德拉科萨的死亡。

1500年世界地图

胡安·德拉科萨制作了一系列地图作品，其中唯一流传下来的，就是他1500年制作的著名的世界地图。这是已知的最早显示了新的美洲大陆的地图，收入了15世纪欧洲人探险新大陆的地理成果。

1832年，荷兰驻法国大使巴伦在巴黎的一家商店里发现并收购了这幅地图。地图用墨水画在羊皮纸上，尺寸为96厘米×183厘米。

1833年，德国著名地理学家亚历山大·冯·洪堡，在他的《新西班牙王国地理图集》里收入了这张珍贵的地图。

1853 年，沃尔科（Walckenaer）男爵去世后，西班牙女王买下了这幅地图。尽管地图上有几个大洞，但还是被妥当收藏在西班牙马德里的海军博物馆，这幅地图也是该馆的镇馆之宝之一。

胡安·德拉科萨制作的世界地图高 93 厘米，宽 183 厘米，绘在一张羊皮纸上。地图上的一行文字注明，它是由坎塔布连（Cantabrian）的制图师和航海家胡安·德拉科萨 1500 年在安达卢西亚的圣玛丽亚港（Puerto de Santa María）制作的。地图上丰富的、具有皇家风格的装饰暗示，这是一张奉当时的卡斯蒂利亚国王和阿拉贡女王之命令制作的地图。

德拉科萨地图中，位于东方的新大陆采用的比例尺更大一些，与旧大陆比例尺不同，这种情况说明了采用一种有规则的地图投影，而不是采用无投影的波尔托兰海图系统来表现如此广阔的地区的必要性。[①]

这张地图是最早显示美洲的无可争议的地图代表，它涵盖了当时已发现的中美洲地区，包含圣克里斯托弗。地图中的古巴被视为一个岛屿，这与哥伦布认为古

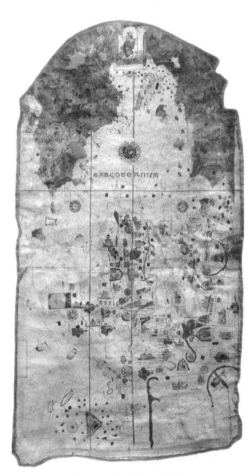

胡安·德拉科萨 1500 年制作的世界地图

①〔美〕诺曼·思罗尔著，陈丹阳、张佳静译《地图的文明史》，商务印书馆，2016 年，第 86 页。

巴是亚洲的一个半岛的观点相矛盾。它呈现出中世纪波尔托兰海图的风格，描绘了大部分的欧洲。

　　除了展示哥伦布的发现，胡安·德拉科萨地图还表现了英国航海家约翰·卡波特1497年顺着亚洲北角或纽芬兰的航行。在地图中，在位于哥伦布与卡波特地理发现的之间的部分，是一个背负耶稣的圣徒克里斯托弗的插图，圣徒克里斯托弗是旅行者的守护神，他的名字尤其被水手和旅行者推崇。一些人猜测这个形象是以哥伦布为原型的，如果真是这样，那么这将是现存的唯一一幅认识哥伦布的画家留下的画作。

第八章
美洲出生证

欧洲人是在无意中碰到美洲新大陆的，所以"亚美利加"这个名字，也是偶然被用来命名美洲的。

克里斯托弗·哥伦布在整个美洲大名鼎鼎，他的生日甚至被定为节日。而亚美利哥·维斯普奇，在民间的名气远不如哥伦布。

AMERIC VESPVCE.

"美洲出生证"（右）上清晰地标明了亚美利哥（左）"AMERICA"的名字

美国作家拉尔夫·沃尔多·爱默生轻蔑地说："真奇怪……广大的亚美利加竟要记住一个小偷儿的名字，亚美利哥·维斯普奇这个塞维利亚的泡菜小贩……他最高的航海职位不过是一次没

有出航成功的远航队的水手长助手，却想在这欺诈的世界里替代哥伦布，并以其本人的不诚实的名字给半个地球命名。"

一位著名的拉丁美洲历史学家报怨道："在这整个半球，从阿拉斯加到火地岛，没有为他建立过一座塑像。"

正如美国历史学家丹尼尔·J.布尔斯廷所说，亚美利哥·维斯普奇这位航海时代的先驱，应该作为现代才智的启发者而享有声誉，却受到爱国狂、学究、无知而热情的文人交相责难。[①]

18世纪初，佛罗伦萨的市民在维斯普奇的故居刻下铭文："一位高尚的佛罗伦萨人，以发现美洲而使他自己和国家的名字光荣显赫，他是世界的开拓者。"

尽管勇敢的探险家亚美利哥·维斯普奇是否有资格被誉为新世界的真正发现者存在争议，尽管新世界的新奇以及想象不到的机会并没有立刻使欧洲震惊，尽管出版商和地图绘制者仍以既得利益为首要标准衡量木版和印刷版上的项目；然而，还是有一些新锐人士，为维斯普奇的几次航海所鼓舞，为有一片意想不到的土地感到振奋，他们的新世界，不全由君主举行仪式命名，也不是由学者举行隆重集会来命名，而是随意和非正式地在一个维斯普奇本人从未到过而且也许从未听到过的地方命名的。

亚美利加一名的起源地，乃是法国东北部洛林公国孚日山中的一个隐蔽之地，在那里，一位默默无闻的修士马丁·瓦尔德泽米勒，把亚美利加作为美洲的名字，印在他本人绘制的一张出色的世界地图上。

从此，最有威信的地图、地球仪和平面球体图上，全都绘上第四大洲——亚美利加。从此，"亚美利加"便永久印在世界地图上面，成为美洲的正式名字，成为全球读者在感情上和知识上接收新世界信息的媒介，成为公认的美洲的出生证。

[①]〔美〕丹尼尔·J.布尔斯廷《发现者·人类探索世界和自我的历史》，上海译文出版社，1995年，第356页。

1512 年，亚美利哥在西班牙的塞维亚去世。尽管对他究竟有几次新大陆探险存在争议，但他对南美洲的探险本身确实存在，而且正是由于他的有关通信，欧洲人才第一次知道存在一个美洲新大陆。

1497 年和 1498 年，欧洲的航海家两次航行至洪都拉斯和墨西哥湾。

1513 年，航海家雷翁又到达佛罗里达海峡和墨西哥湾探险。

这些航行结果都表明，南美和北美是连在一起的。随着时间的推移和航海事业的进一步发展，逐渐就把北部美洲大陆也称之为"亚美利加"了。

17 世纪，意大利人、葡萄牙人称新大陆为亚美利加，18 世纪，西班牙人也称美洲为亚美利加。

"亚美利加"一词最早传入中国是在明朝。1583 年 9 月，意大利传教士利玛窦与罗明坚进入中国广东肇庆，建立了第一个传教驻地，在利玛窦带到肇庆来的西洋物品中，有一张佛兰德斯地图学家奥特柳斯于 1570 年绘制印行的世界地图，这张图上绘有美洲。利玛窦据此刻印了《山海舆地全图》，图中给美洲起了个中文名"亚墨利加洲"。

在奥赫达探险船队

亚美利哥·维斯普奇

"亚美利加洲"，以意大利航海家亚美利哥·维斯普奇（Vespucius，Americus）的名字命名。

亚美利哥·维斯普奇，1451年5月9日生于意大利佛罗伦萨一个名门之家。亚美利哥没有进过正式学校，他从叔父、天主教神父豪尔赫·安东尼奥那里学到天文、地理、数学等科学知识，他热衷于地理志和天文学，收集图书和地图，还学过拉丁文。

1492年8月14日，美第奇家族设在西班牙塞维利亚的子公司中的一名职员被解雇，忠实可靠的职员亚美利哥便被派去西班牙补缺。亚美利哥负责船只的装配工作，经常与船长、航海者及造船人打交道，他逐渐对航海产生了兴趣，开始钻研航海技术，掌握航海知识，懂得了测量地球经度的新方法，并且能绘制地图。

1495年，商行经理贝拉尔迪去世，临终前指定亚美利哥为他的遗嘱执行人并负责商行的业务。

1499年，亚美利哥进入航海冒险行业，将商业和地理的兴趣结合在一起。

1497年至1504年间，亚美利哥参加了奥赫达探险船队去大西洋西岸的航行。具有敏锐的洞察力的亚美利哥，通过登陆实地观察后断言，这块向远方延伸的新陆地不是亚洲，而是一块前人从不知道的新大陆，这块新大陆和亚洲之间，一定还有一个大洋。

亚美利哥的发现具有革命性的意义，这一概念真正标志了同古代世界的决裂，打破了所有传统的观念。

亚美利哥的 4 次航行

1497 年，亚美利哥作为导航员第一次参加远航。船员分乘 4 条大船，于 5 月 10 日从加的斯港出发，驶向加那利群岛，在加足了淡水和食品之后，继续向西航行，经过 37 天之后到达一块陆地，可能是今天的中美洲洪都拉斯一带。亚美利哥在此停留了几个月，对当地居民进行了考察，了解他们的风俗习惯，并做了客观的记述。

亚美利哥写道，当地居民使用吊床："这些大网是由棉线织成的，人们把它悬在空中……看起来好像睡在上面并不舒适。"

《唤醒美洲》（约 1638 年的作品）

到达盖亚那沿海后，亚美利哥与奥赫达分道扬镳了。亚美利哥的船队继续向东南方向航行，他们发现了亚马孙河河口，船队一直驶到南纬6°，然后转回，发现了特立尼达岛和奥里诺科河，最终经由现在的多米尼加，转回西班牙加的斯港，受到那里的市民的热烈欢迎，第一次远航宣告结束。

1499年5月16日，阿隆索·奥赫达得到西班牙国王的允许后，指挥三条大船出海远航，亚美利哥作为他的部下开始了第二次航行。船队仍从加的斯港出发，然后驶向佛得角，经过加那利群岛，6月27日他们来到一个陆地，属于热带地区，当时以为是巴西海岸，后来人们认为是发现了亚马孙河口。亚美利哥在这里进行了详细考察，并对这次航行做了详细记述。最后于1500年9月8日回到西班牙。

1501年，葡萄牙国王曼努埃尔派人去西班牙，邀请小有名气的亚美利哥为葡萄牙效劳，亚美利哥毫不犹豫地答应了。1501年5月10日，亚美利哥开始了第三次远航，任务是绕过卡布拉尔发现的岛屿，去寻找香料岛。他的船队分乘3艘轻帆船离开里斯本，驶向加那利群岛，然后沿非洲海岸南行，后来又折向西南方向。亚美利哥沿着南美洲海岸航行约2400英里（约3862公里），总是朝西南偏西方向，这使他一直驶进了巴塔哥尼亚，靠近现在的圣胡利安，在火地岛南端以北仅约400英里（约644公里）。

1503年5月10日，受葡萄牙国王的委托，亚美利哥又进行了第四次航行。在葡萄牙船长的指挥下，亚美利哥等人分乘6艘大船，从里斯本出发，驶向佛得角，在那里休整13天之后，向西南方向驶去，最后终于来到巴西沿海的费尔南多·诺罗岛。他们于1504年6月18日回到里斯本。

结束这次航行回到里斯本一个月后，亚美利哥又改换旗帜，回到塞维利亚。西班牙君主对亚美利哥表示欢迎，并立刻委派他装备三艘轻帆船出航探险，任务是"在赤道以北向西航行，寻找哥伦布没有找到的海峡"。

1508 年，卡斯提尔女王乔安娜，委任亚美利哥出任新设立的"西班牙航海长"。航海长的任务，是建立一所领航员学校，并有专权考核和颁发许可证给西班牙王国的所有领航员，让他们以后航行到印度群岛已发现的或尚未发现的土地。而归航的领航员，奉命把他们的一切发现向亚美利哥报告，使西班牙一直拥有最新的地图。

由于他在最后一次航海时染上疟疾，而当时还没有医治的方法，亚美利哥于 1512 年逝世。

此名乃美洲之名

1503 年 3 月，亚美利哥结束第三次新大陆航行后，给佛罗伦萨的老东家、赞助人罗伦佐·皮约略·美第奇写了一封信，只有几页纸的信里，亚美利哥得出令人震撼的结论：

应当把这些地区称为新世界……鉴于我们所看到的这个陆地，没有一个先辈知道。他们更不知道这个大陆上有什么东西。多数先辈以为赤道以南没有陆地，而只有一个无垠的海洋，即他们所说的大西洋，然而也有人认为赤道以南可能有陆地，但种种理由说明无人居住。我航行到那里，证实前人的看法是错误的，并与事实相悖，因为我在赤道以南发现了一个陆地。在这个陆地上的村庄居住的人和动物比我们欧洲、亚洲和非洲还多。此外，那里气

亚美利哥肖像："巴西土地的发现者和征服者"。

候宜人，比我们已知的其他各洲更温和。

亚美利哥的论点新颖，一改过去哥伦布的说法，指出由大西洋向西航行到达的陆地不是印度，也不是中国，而是一个新陆地，对哥伦布的发现进行了科学的解释。

1504 年春，亚美利哥的这批信件，从意大利文译成拉丁文后，以《新世界》为书名出版。同年，威尼斯人阿尔贝尔蒂诺·贝尔塞列塞将大批航海文章汇编，出版了有关航海的小册子，其中也收集了亚美利哥的航海信件，名为《亚美利哥在 4 次航行中从新发现的岛屿寄出的信件》。

命名者

马丁·瓦尔德泽米勒（19 世纪绘画）

16 世纪初，法国东北部洛林公国孚日山旁的圣迪耶小镇，有一座圣德奥达图斯在 7 世纪建立的修道院。

马丁·瓦尔德泽米勒（德语 Martin Waldseemüller），1470 年出生于德国巴登 - 符腾堡布赖施高县沃尔夫韦勒，后与父母移居至布赖施高地区的弗里堡。1490 年，他进入弗里堡大学学习神学，很早就开始致力于地理和制图研究，学习过木版刻印技术。

1505 年，瓦尔德泽米勒成为孚日高级学术机构的成员。

马丁·瓦尔德泽米勒与合作伙伴马蒂亚斯·林曼（Matthias Ringman）等人，准备从事一项雄心勃勃的计划——记录并更新 15 世纪末和 16 世纪初葡萄牙和西班牙的各次探险所获取的地理新知识，编纂新的世界地图。

1507 年 4 月 25 日，瓦尔德泽米勒和伙伴们在圣迪耶出版了《宇宙志导论》（Cosmographiaie Introductio），在《宇宙学导论》第一部分的第七章，瓦尔德泽米勒的好友和助手——一位同样希望将新大陆命名为亚美利加的诗人马蒂亚斯·林曼解释道："自探险家亚美利哥起……就好像是亚美利哥的土地了，因此叫亚美利加。"

在《宇宙志导论》第九章，瓦尔德泽米勒貌似随意地写道：

> 现在地球的这些部分（欧洲、非洲、亚洲）已被更广泛地进行探索，亚美利哥·维斯普奇已发现第四大洲（下文将会述及）。既然欧洲和亚洲都得名于女人，我认为没有理由反对把这一个大洲命名为 Amenrge（源自希腊语"ge"，意即"……的土地"，即亚美利哥之地、或作亚美利加），以它的发现者、富有才能的亚美利哥来命名。[①]

America 是亚美利哥（Ainerigo）名字的拉丁文写法的阴性变格。瓦尔德泽米勒在此书的另外两处，又强调了这个建议。

作为《宇宙志导论》的第三部分，瓦尔德泽米勒把在斯特拉斯堡制作的 12 幅木版图，补充了有关美洲的内容后，合印成一幅令人瞩目的大地图。每张小图宽 18 英寸（约 46 厘米），长 24 英寸半（约 62 厘米），把它们粘在一起时，全图约有 36 平方英尺（约 3.3 平方米）。

在这幅惊人的地图巨制上，印有"亚美利加"的南美洲大陆，外形和它的实际形状非常相似。插页地图上的两个亚美利加洲，实际上是连在一起的。而更向西边，画有一整片比大西洋更广阔的新海洋，把新世界与亚洲隔开。

1507 年 4 月，圣迪耶出版所首版印制的大地图非常畅销，因而在

---

① 〔美〕丹尼尔·J. 布尔斯廷《发现者·人类探索世界和自我的历史》，上海译文出版社，1995 年，第 368 页。

8月间再版。1508年，瓦尔德泽米勒向伙伴们夸耀说，他们的地图已在全世界出名并受到赞扬。不久他又宣布，他们的地图已售出1000份，在16世纪，这是一个可观的数字。

瓦尔德泽米勒只是把"亚美利加"用于南美洲大陆，然而这个名字的确动人，所以当格拉尔迪斯·墨卡托在1538年出版他的世界大地图时，他加倍地利用了这个名字。墨卡托的地图上标有"北亚美利加"和"南亚美利加"。

梦幻般的地图杰作

瓦尔德泽米勒1507年制作的世界地图一共有两幅，一大一小，采用木版印刷出版。这两幅图，在当年至少也印刷了1000份。

大图是一张挂图，是那个时代最大和最详细的一幅世界地图，由12块木版雕刻印出的12张方形小图拼接而成，长90英寸（228厘米），宽52英寸（125厘米）。

1507年瓦尔德泽米勒制作的世界地图

在地图上方，瓦尔德泽米勒采用了两幅醒目的肖像：一幅是面向东方的克劳迪厄斯·托勒密，另一幅是面向西方的亚美利哥·维斯普奇。

　　地图中首次绘入美洲部分，地形精确，一些精细的地质构造和500年后人们的认知程度吻合，甚至详细勾勒了南美洲西海岸的太平洋。地图上有很多装饰图案，如非洲的大象、巴西的鹦鹉、非洲海岸上葡萄牙的旗帜等。地图上的地名和注解，将古代世界和新世界的知识清楚地显示出来，呈现出古希腊学者托勒密的世界观。图中对于中国的描述，来自马可·波罗的游记。

　　这幅诞生于500多年前的、梦幻般的世界地图，被称为"美洲的出生证"。它确定了美洲并非人们曾经误认为的"亚洲的东部"，而是一个完全不同的大陆，清楚地描绘了西半球为独立半球、太平洋为独立大洋，是第一张提到"美洲"名称的地图，也是第一张以一个探险家的名字命名新大陆的地图。

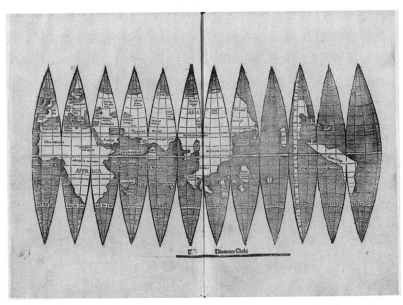

1507年瓦尔德泽米勒绘制的12个瓣形小图，可以拼成一个地球仪形状的世界地图。

　　瓦尔德泽米勒在这幅地图上以"亚美利加"（America）一词表示美洲，他把这个词标在南美洲的一个空白处，差不多是巴拉圭所在的位

置。而在地图左侧，从南极到北极的那片幽灵般的地形蜿蜒开来，"美洲"这个词所指示的区域并不十分明确。

小图由 12 个长 7 英寸（约 18 厘米）、宽 14 英寸（约 36 厘米）的瓣形长条图组成，是用来制作地球仪的，如果将它们贴在大小相当的地球仪上，刚好覆盖整个球体，成为一个直径 4.5 英寸（约 11 厘米）的小地球仪。当然，在这幅地图上，同样以"亚美利加"的地名绘制出了美洲大陆。

"亚美利加"这个新大洲的新名称诞生了。制图家瓦尔德泽米勒，是探险家和地理学家亚美利哥·维斯普奇的忠实支持者，他认为维斯普奇才是这片新世界的发现者，用发现者的名字命名这片土地是恰如其分的。

这幅地图，使用了 1501 ～ 1502 年间亚美利哥·维斯普奇前往新世界航行所收集到的数据，地图在欧洲广泛传播，引起了很大的轰动，同时也引起了很大的争论。

在瓦尔德泽米勒的一生中，他把大部分时间和精力用于制图事业。在完成了 1507 年的伟大地图后，瓦尔德泽米勒的地图绘制工作，得到了洛林公爵的帮助，地图雕版和印刷得到了必要的费用支持。

1511 年，瓦尔德泽米勒致力于绘制他的第一张欧洲全图，并继续得到了洛林公爵儿子和继承人安东尼的支持。

1513 年，瓦尔德泽米勒和他的朋友马蒂亚斯·林曼，完成了托勒密《地理学》的新拉丁文版本。林曼通过从意大利借来的手稿，修改了在罗马和乌尔姆发布的托勒密版本的文本，瓦尔德泽米勒翻译了附图，并补充增加了 20 幅现代的地图，这本图集被认为是"世界上第一个现代地图集"。

世纪购图

2003 年 5 月下旬，美国国会图书馆结束了近一个世纪的努力，终于将瓦尔德泽米勒的 1507 年世界地图购买到手。

瓦尔德泽米勒的 1507 年地图印刷了 1000 份，这在当年属于很高的印数。然而，这张大幅地图，只有唯一的副本留存。幸存的地图，被保存在德国一家地图制造商肖恩（Schöner）投资公司（1477 ~ 1547）。

德国沃尔夫埃格的城堡

瓦尔德堡 - 沃尔夫埃格（Waldburg-Wolfegg）王子家族稍后收购了肖恩的地图系列，并保存在德国巴登 - 符腾堡州的城堡中。直到 20 世纪初，1507 年的非凡的地图又被发现，学者们这才知道了这些地图。

瓦尔德泽米勒的 1507 年地图唯一一份副本得以留存，要归功于一个名叫约翰内斯·舍纳的人，他曾是牧师，后来成为一名数学家。此人购买了这幅地图，并将它一直保存到他逝世的 1547 年。地图被舍纳装在一个皮面装订的文件夹中，封存在德国南部的沃尔夫埃格城堡中。

1901 年，城堡档案保管员赫尔曼·哈夫纳听说，有一位住在离德奥边境不远的奥地利中学教师约瑟夫·费舍尔，对历史文献颇感兴趣，于是就将城堡图书馆交予这名教师管理。

1901 年，德国贵族沃尔夫埃格家族首次公开了瓦尔德泽米勒绘制

的世界地图，引起了世人的瞩目。

1903 年，美国国会图书馆地理和地图部获得了 1507 年和 1516 年瓦尔德泽米勒两种地图的照片。在整个 20 世纪，美国国会图书馆连续表示，如果 1507 年《瓦尔德泽米勒地图》可以出售，他们有兴趣和愿望获得。

1992 年，1507 年《瓦尔德泽米勒地图》的所有者约翰内斯·沃尔德贝格－沃尔夫格王子，在华盛顿会见美国国会图书馆馆长詹姆斯·比林顿以及地图部主任拉尔夫·艾伦伯格，表示愿意谈判该地图的出售事宜。

1999 年，沃尔德贝格－沃尔夫格王子通知国会图书馆，德国国家政府和巴登－符腾堡州政府已经批准颁发出口许可证，允许这张德国国宝级的地图来到国会图书馆。

2001 年 6 月底，沃尔德贝格－沃尔夫格王子和美国国会图书馆，以 1000 万美元的价格达成了关于出售 1507 年地图的最后协议。

2003 年 5 月下旬，为筹集必要的资金购买瓦尔德泽米勒 1507 年世界地图，美国国会拨出 500 万美元，其余的 500 万美元，由发现通信公司、杰瑞·莱恩佛斯特和戴维·科赫提供了大量捐款，乔治·托博斯基和弗吉尼亚·格雷提供了匹配资金。

2003 年，美国国会图书馆与德方最终签署购买协议。自那以后地图就暂存在德国一家博物馆。因为地图已经被列入德国国家文化保护名单，需要政府批准才能成行，直到 2007 年，德国政府才批准了这项协议。

2005 年 6 月 8 日，在伦敦著名的佳士得拍卖行，一幅小小的瓣状世界地图，以 54.56 万英镑（约合 102 万美元）的成交价格，成为地图拍卖史上最昂贵的单张印刷地图。这就是瓦尔德泽米勒 1507 年用来制作地球仪的那幅小的世界地图。据报道，这幅世界地图是由一个欧洲书籍和手稿收藏家珍藏的，他回忆说，2003 年 2 月的一个早晨，他边喝咖啡边看报，当读到一篇介绍瓦尔德泽米勒的文章时，那幅特别的瓣状地图的模样，突然使他想起自己的收藏品中有这样一幅地图。于是，他把他的藏品送到当地的佳士得拍卖行，然后又送到伦敦，专家证实了这正是瓦尔德泽米勒 1507 年的作品。

2007 年 12 月 3 日，《瓦尔德泽米勒地图》在美国国会图书馆公开展出。

　　2007 年 4 月 30 日，德国总理默克尔和德国国会众议院多数党领袖斯坦尼·霍耶尔，在华盛顿出席了向美国国会图书馆交接《瓦尔德泽米勒地图》的仪式，这一年，正是《瓦尔德泽米勒地图》诞生 500 周年，这份被称为"美洲出生证"的重要珍宝到达美国，受到热烈欢迎。

　　2007 年 12 月 13 日，根据美德双方的约定，瓦尔德泽米勒 1507 年地图在华盛顿国会山的美国国会图书馆向公众展出。为了防止地图被氧化，展览时地图被放置在一个充满惰性气体的封闭环境中。

第九章
拥抱地球的人

用热血的生命和顽强的帆船，拥抱地球！

用大西洋、太平洋上漫长的史诗般的远航，拥抱地球！

地理大发现，使得文艺复兴后振作起来的欧洲人，在短短的几十年间，大大改变了对于世界的概念。

航海家麦哲伦

长期占主要地位的"地球之岛论"认为，地球由表面七分之六的连片陆地组成。现在这种传统说法，被"地球之海论"取代。新观点认为，地球表面由三分之二的大片海水组成。

在人类审视世界的经验中，从未发生过这样的剧变；而地球的可探测性，也前所未有地提高了。①

据西方学者的估算，欧洲知识界对地球表面的了解情况为：1500 年为 22%（25% 陆地，20.9% 水域）；1600 年为 49%（40% 陆地，52.5% 水域）；1700 年为 60.7%（50.6% 陆地，64.7% 水域）。②

从 15 世纪中后叶到 16 世纪初中叶，西班牙人发现了美洲，横渡了大西洋、太平洋、印度洋，进行了环球航行，证实了地球的形状、大小和海陆分布。葡萄牙人发现了非洲西南部和南部，绕过非洲横渡印度洋到了印度，并进一步向东进入太平洋，和中国、日本等国发生了接触。

从 16 世纪中叶到 17 世纪末叶，荷兰人发现了澳洲、新西兰。俄国人发现了整个亚洲北部、北冰洋，初步开辟了北方新航路。英国人、法国人和其他欧洲人发现了北美的许多地区和其他一些地区，最后一块有人居住的大陆澳洲也被纳入了文明世界。③

正如马克思在《资本论》中指出的："在 16 世纪和 17 世纪，由于地理上的发现，而在商业上发生的并迅速促进了商业资本主义发展的大革命是促使封建生产方式向资本主义生产方式过渡的一个主要因素。"④

1492 年，伊莎贝拉女王资助了克里斯托弗·哥伦布的探险活动，希望他找到向西航往印度洋的路线。哥伦布终究没有抵达亚洲，但他却意外地发现了一片新大陆——美洲大陆。

1492 年哥伦布的船队到达美洲新大陆后，通往新大陆航路

---

① 〔美〕丹尼尔·J.布尔斯廷《发现者·人类探索世界和自我的历史》，上海译文出版社，1995 年，第 372 页。

② 〔德〕维尔纳·施泰因著，龚荷花等译《人类文明编年纪事：科学和技术分册》，中国对外翻译出版公司，1992 年，第 63 ～ 64 页。

③ 张箭《地理大发现新论》，《江苏行政学院学报》2006 年第 2 期。

④《马克思恩格斯全集》第 25 卷，人民出版社，1974 年，第 371 ～ 372 页。

的发现，让当时的两大海洋强国西班牙和葡萄牙，为海外殖民地、市场和掠夺财富，划分势力范围，再起纠葛，长期争斗。

香料群岛位于印度尼西亚群岛中，东西分别为新几内亚与苏拉威西岛，南临澳大利亚大陆。这一片群岛，成为当时欧洲探险家们竞相追逐的目标。

很早以前，出生于葡萄牙的航海家费迪南德·麦哲伦便相信存在一条向西穿越"大南海"通往香料群岛的海峡。

过去，曾经有探险家寻找过这条海峡，但都无功而返。一次又一次的探索，都被看似无穷无尽的岩石所阻碍。由此，很大一部分制图师，都设想美洲大陆的土地会一直延伸到地球的南极。然而，麦哲伦坚信，两大海洋间必有通道相连，并希望得到一支舰队来证明自己的观点。地理学家和地图学家法莱罗支持了麦哲伦的行动。

1517 年 10 月 20 日，麦哲伦前往西班牙南部的大港塞维利亚，寻求为西班牙王室效劳的机会。他将自己的计划呈交给了当地的商局，并在 1518 年 3 月 22 日与西班牙国王卡洛斯一世签订协议，翻开了大航海时代中耀眼夺目的一页。

夺取了马六甲控制权的葡萄牙，也计划征服其最后的目标香料群岛。得知这件事的葡萄牙国王曼努埃尔一世，从一开始便打算去破坏麦哲伦的航行。

在当时，葡萄牙、西班牙的君王都十分注意自己出现的场合，因为葡萄牙的曼努埃尔一世即将迎娶西班牙国王的姐姐埃莱奥诺。然而，两国间私下的竞争仍然十分激烈，葡萄牙曾派出大使阿尔瓦罗·德科斯塔试图行刺麦哲伦，而卡洛斯一世则希望夺取葡萄牙在香料贸易上的优势地位。

为缓和两国日益尖锐的矛盾，教皇亚历山大六世（1492～1503 年在位）出面调解，并于 1493 年 5 月 4 日做出仲裁：在大西洋中部亚速尔群岛和佛得角群岛以西 100 里格（league，1 里格合 3 海里，约为 5.5 公里）的地方，从北极到南极划一条分界线，史称"教皇子午线"。

《托德西利亚斯条约》首页

分界线以西属于西班牙人的势力范围，分界线以东则属于葡萄牙人的势力范围。根据这条分界线，大体上美洲及太平洋各岛属西半部，归西班牙；而亚洲、非洲则属东半部，归葡萄牙。

葡萄牙国王若昂二世（1481 ～ 1495 年在位）对此表示不满，要求重划。经过谈判，1494 年 6 月 7 日，西班牙、葡萄牙两国签订了《托德西利亚斯条约》，将分界线再向西移了 270 里格。这条分界线，开了近代殖民列强瓜分世界、划分势力范围之先河。

1529 年双方又签订了《萨拉戈萨条约》，在摩鹿加群岛以东

17°处再画出一条线，作为两国在东半球的分界线，线西和线东分别为葡萄牙和西班牙的势力范围。西、葡两国首次瓜分了地球，疯狂地进行殖民掠夺。

《托德西利亚斯条约》只划分了半个地球。当麦哲伦的船队航抵摩鹿加群岛（今马鲁古群岛）以后，西、葡两国对该群岛的归属问题又发生了争执。

在当时权势遍及全球的教皇出面作保后，《托德西利亚斯条约》规定了亚速尔群岛和韦尔德角群岛以西三百七十里格处为分界线，并在西经46°确定新世界的边界，横越南美洲的凸出高地。这条特殊的线延伸过南北二极，绕到地球的另一面。因此，同一条线也用以分开西班牙和葡萄牙在亚洲那个半球上的领土。东经134°成为这两个大国势力的分界线。

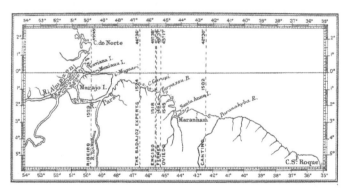

南美洲早期托德西利亚斯线（1495～1545）

那时的科学仪器尚难精确地测绘出这条经线。实际上，分界线说明，葡萄牙将统辖巴西西部边境以东横越大西洋、非洲和印度洋而至东印度群岛的所有国家和未发现的地区，而西班牙则统辖从巴西西部边境以西越过太平洋直到东印度群岛的地区。

当时谁也不知道，新发现的世界第四部分与亚洲之间，到底存在什么。西班牙人仍抱着很大的希望，但愿托勒密、马可·波罗和哥伦布的亚洲大陆远远地向东方扩展的观点是正确的。

也许这仅仅是一段海上的短程旅行，也许沿着一连串尚待发现的亚洲群岛才能从美洲到达东印度群岛。西班牙国王查理五世当然希望想象中的"香料群岛"位于分界线之东，而在分界线延伸到亚洲半球时位于西班牙一侧。那么，为什么不派遣一支海洋探险队去一探究竟呢？为什么不到那里去标明界线并宣布西班牙的主权呢？

　　于是，费迪南德·麦哲伦便时来运转。整个地球，正等待这位跛足的、身强力壮的冒险家的拥抱。他开创的海洋环球航行，由于随船队亲历的地图学家的参与，以及这一地理大发现的空前创举和新获得的地理信息，迅即引起欧洲其他地图学家的重视，绘制并传播出了一批原创性的地图。①

---

① 〔美〕诺曼·思罗尔著，陈丹阳、张佳静译《地图的文明史》，商务印书馆，2016 年，第95 页。

探险家、航海家、殖民者

的确，地球是圆的；的确，地球周长超过 4 万公里。费迪南德·麦哲伦以他人类历史上的首次环球远航，最终证明了这一点。

麦哲伦是在一张航海图的指引下做到的，这是基于托勒密在公元 2 世纪的计算绘制的航海图，尽管将地球的周长少算了 1.1 万公里，因为它略去了太平洋的大部分（这也是当时的欧洲人未知的部分），麦哲伦还是用这张地图完成了伟大的环球航行。[①]

费迪南德·麦哲伦

费迪南德·麦哲伦，（葡萄牙语：Fernão de Magalhães；西班牙语：Fernando de Magallanes，1480 年春天～ 1521 年 4 月 27 日），探险家、航海家、殖民者。葡萄牙人，为西班牙政府效力探险。

1480 年，麦哲伦出生于葡萄牙北部波尔图山区的一个没落的骑士

---

① 〔英〕罗宾·汉伯里－特里森主编，王晨译《伟大的探险家》，商务印书馆，2015 年，第 30 页。

家庭。那是被当地人称为"九个月寒冬、三个月地狱"的严酷地带。

麦哲伦十来岁时父母双亡。他的母亲来自与王室有亲缘关系的索莎（Sousas）家族，在索莎家族的安排下，少年麦哲伦来到里斯本，成为列奥诺尔王后（Leonor，葡萄牙国王若奥二世的妻子）的男侍。1495年若奥二世去世后，麦哲伦又成为新国王曼努埃尔一世（1495～1521年在位）的男侍。

1496年，16岁的麦哲伦进入葡萄牙国家航海事务所，学到了大量的航海知识，从而熟悉了航海事务。

1505年3月，麦哲伦随葡萄牙第一任驻印度总督阿尔梅达率领的舰队前往印度。麦哲伦与船员塞朗（Francisco Serro）成了好友。

1509年2月，麦哲伦参加过第乌海战。

1509年9月，麦哲伦和塞朗等人随葡萄牙船队来到马六甲，试图在此建立正式的贸易联系，但他们不仅没有达到目的，反而遭受了严重损失。麦哲伦曾在危急关头救过塞朗。

1510年10月10日，葡萄牙总督阿尔布格里格（Afonso de Albu-querque）在科钦主持军事会议，决心攻占印度的战略要地果阿，并提出要征调一批在印度的葡萄牙商船加入他的舰队中。对此，参加会议的麦哲伦明确表示反对。结果导致了阿尔布格里格对麦哲伦的极度不满，并通过种种渠道使葡萄牙国王曼努埃尔一世对麦哲伦产生了反感。

1510年11月25日，阿尔布格里格率领葡萄舰队攻占了果阿，麦哲伦很可能也参加了这一战役。

1511年7月，麦哲伦和塞朗参加了葡萄牙人攻打马六甲的侵略行动。占领马六甲后，阿尔布格里格派出120个葡萄牙人组成的一支船队，前往马鲁古群岛进行考察。这支船队由三艘船组成，麦哲伦的密友塞朗是船长之一。他们于1511年11月起航，最终到达了班达岛。返航途中，由于风暴，塞朗等人所乘的小船被吹散，1512年12月船队回到马六甲时只剩下80人。塞朗等人因风暴而脱离船队后，历经艰险最终到达了马鲁古群岛中的最大岛屿特尔纳特岛。塞朗投靠了当地的国王，

成为国王的顾问。他在特尔纳特岛上曾经给麦哲伦写过一封信，在信中夸大了马鲁古群岛的富裕程度，描述那里到处是香料，而当时欧洲市场上的香料不仅价高，还供不应求，若占领这些地区的货源，便立即可以使人成为百万富翁。他还把从马六甲到马鲁古群岛的距离夸大了一倍。回到葡萄牙的麦哲伦收到了塞朗的信件后，陷入了美妙的梦想中。他很快给塞朗回信，表示会尽早设法到达马鲁古群岛，同时希望塞朗能够等他。后来跟随麦哲伦进行环球航行的皮加费塔在航海日记中也提到了此事。

1513 年麦哲伦回到葡萄牙，但受到国王曼努埃尔一世的冷遇。为了生计，他再次从军去摩洛哥打仗，在与摩尔人海盗的一场战斗中，他的一条腿落下了残疾，造成终身跛足。

1515 年，穷困潦倒的麦哲伦在觐见葡萄牙国王曼努埃尔时，陈述了组织船队去香料群岛探险，进行一次环球航行的计划。葡萄牙国王拒绝了这个冒险的远航计划。

麦哲伦在东方结识的另一个葡萄牙朋友是巴尔博扎（Duarte Barbosa）。巴尔博扎出生在里斯本一个富裕的商人家庭。其父老巴尔博扎（Diogo Barbosa）曾到印度做过生意，后因对葡萄牙政府不满而移居到西班牙的塞维利亚，担任颇有权势的要塞司令，控制着西班牙人前往印度群岛的航海事宜。

1517 年，心灰意冷的麦哲伦放弃葡萄牙国籍，前往西班牙塞维利亚国王查理五世的朝廷。他就住在老巴尔博扎的家里。老巴尔博扎非常欣赏麦哲伦的才能和勇气，不仅热情接待了麦哲伦，还把自己的一个女儿嫁给了他。

在老巴尔博扎的引荐下，西班牙主管航海和贸易的大臣阿朗达和红衣主教丰塞卡，都对麦哲伦的远航计划产生了兴趣，认为若此行成功，将会给西班牙带来数不清的财富。

随同麦哲伦一同来到西班牙的，还有他的朋友鲁伊·法莱罗（Rui Faleiro）。法莱罗是葡萄牙宇宙学家、占星家、天文学家和制图师，出身于葡萄牙王室的科维尔，这位数学家、占星学家及颇有声望的宇宙学家，热烈鼓吹开辟通往亚洲的西南航道。法莱罗确信在巴西南部的纬度40°之处，有一条通往南海的大西洋通道。根据他的计算，被寻找的香料群岛，坐落在"教皇子午线"的西班牙方面。法莱罗也是一位地图学家，是首先应用最严格的科学方法来确定纬度和经度的人之一。在15世纪末，他和哥哥——宇宙学家弗朗西斯科·法莱罗为塞维利亚国王查尔斯一世服务。

1518年3月22日，西班牙国王查理五世接见了麦哲伦，麦哲伦再次提出了航海的请求，并献给了国王一个自制的精致的彩色地球仪。

查理五世宣布支持麦哲伦的探险计划，他们正式达成协议：探险目的是船队向西航行到达香料群岛；王室按哥伦布出海远航的规格提供所有装备、两年的粮食和给养；任命麦哲伦为新发现地的总督，并享有其收入的二十分之一……这个处处碰壁、一无所有的葡萄牙流浪汉，一夜之间变成了西班牙的海军少将、整个船队的主宰和新发现地的未来总督。麦哲伦对实现远航目标充满了信心。

在西班牙国王的指令下，麦哲伦组织了一支由五艘旧船组成的船队，以"特里尼达号"为旗舰，另外还有"圣安东尼奥号""孔切普琼号""康塞普逊号""维多利亚号"和"圣地亚哥号"。

原计划陪同麦哲伦环球航行的法莱罗未能成行。据说在登船前的一天晚上，法莱罗为出航做了自己的占星，结果预示，这次他若出航，一定不能生还。因此，他取消了行程。另一种说法是，他在航行之前生气了，因此没有加入考察队伍。

从大西洋驶向太平洋

1519年8月10日，经过一年半出航前的准备后，麦哲伦率领五条

船的船队，从塞维利亚出发了。船队驶出瓜达尔基维尔河河口，经加那利群岛，计划朝西南方向的巴西海岸航行。

麦哲伦环球航行船队

麦哲伦船队的帆船，每艘载重 75 吨～ 125 吨不等。船上人员全副武装，满载贸易商品，除常见的响铃和铜手镯外，还有 500 面镜子、成匹的丝绒料子和 2000 磅水银，这些都是为博得老于世故的亚洲王子们的好感而精选出来的。

这样一次由外国冒险家率领的十分危险的航海，西班牙人并不愿意参加。所以，船上 150 多名船员，基本上由葡萄牙人、意大利人、法国人、希腊人和一名英国人组成。这些人鱼龙混杂，互不服气。

麦哲伦船队在大西洋中航行了两个多月后，于 1519 年 11 月 29 日到达巴西东端海岸，即如今的里约热内卢一带。

12 月 13 日，经过几天休整之后，麦哲伦命令船队沿着巴西海岸南行，寻找通过南美洲的通道。船队越往南航行，越仿佛置身于杳无人烟的洪荒世界，天气也变得恶劣起来，野马一般狂暴不驯的飓风，掀起小山似的黑压压的浪头，折断了船的旗杆。船队在怒涛翻天的海面上艰难行进，暴风雪从灰色的天宇肆虐般地落下，覆盖了帆篷、甲板，在刺骨的寒风中凝结成冰层，桅杆、风帆、缆绳上结满了条条冰柱，南半球的冬天已经来临。

麦哲伦航行路线图

1520 年 1 月 10 日，船队来到了一个无边无际的大海湾。船员们以为到了美洲的尽头，可以顺利进入新的大洋，但是经过实地调查发现，那只不过是一个河口，即现在的拉普拉塔河。拉普拉塔河位于南美洲东南部阿根廷和乌拉圭之间，东西长 290 公里，其宽度从西端两河汇集处的 48 公里，逐渐扩大至东部与大西洋相交处的 220 公里。

麦哲伦船队再三试图寻找看起来好像是有希望通往西方的海上通道，然而所有的这些都是死胡同。

3 月 21 日，他们到达南纬 49°的一个荒凉海湾，即今阿根廷马塔哥亚大陆，麦哲伦将它取名为"圣胡利安港"，这时南美洲已进入隆冬季节，麦哲伦做出了极为重要的决定，要在那里等待，节约粮食，度过严寒，直至春天到来。

在圣胡利安港，船员们开始啧有烦言，要求回到北方去，在热带过

冬。但麦哲伦说，他宁死不回。由于天寒地冻，粮食短缺，船员们的情绪十分颓丧。

一个深夜，"孔切普琼号""圣安东尼奥号"和"维多利亚号"三个船长联合起来反对麦哲伦，船员内部发生了叛乱。麦哲伦发现，只有他自己的"特里尼达号"和五艘船中最小的仅 75 吨的"圣地亚哥号"支持他。

麦哲伦知道，在"维多利亚号"船上会有许多支持他的人。于是他就派人去假意谈判，他的密使们遵照命令行事，表面上共商返航条件，实际上却趁机刺杀了叛乱的船长，然后说服那些犹豫不定的船员各自回到自己的岗位上去。

企图逃跑的"圣安东尼奥号"被制服了，仅剩的唯一叛变船"孔切普琼号"也投降了。麦哲伦最后只处决了一人，那就是谋害了一名忠诚职员的叛变魁首。他放逐了一名叛乱头子和一名协助组织叛变的传教士。他判处其他一些背叛者死刑，但后来还是赦免了他们。

不久，麦哲伦在圣胡利安港发现了大量的海鸟、鱼类还有淡水，饮食问题终于得到解决。

在圣胡利安港过冬期间，"圣地亚哥号"因探测海岸遇难，船员们必须经过艰苦的陆上跋涉，才能回到港口的其他船上。在他们认为无人居住的地区，他们却遇见了活生生的巴塔哥尼亚人，从而证实了有一个巨人种族的传说。

1520 年 8 月 24 日，麦哲伦率领船队的其余四艘船驶出圣胡利安港，到达圣克鲁斯河口，一直停留到 10 月中旬。

1520 年 10 月 21 日，在穿越圣克鲁斯河四天后，在南纬 52°的维尔京角，他们又一次"看到一个像海湾入口的地方"。这个似乎通向西方的海峡，只见群山环抱，黑如地狱，一片奇异的海滩上，耸立着积雪的峭壁。船员们认为这个海湾不可能通到他们要去的海峡，因为看起来好像"四面八方都被封闭起来"。

不过，麦哲伦似乎还是准备要找到那个"十分隐蔽的海峡"。与麦哲伦同时代的西班牙历史学家马蒂尔（Peter Martyr，1457～1526）说，当麦哲伦还是一个小孩时，就曾模糊地听到人们在谈论美洲南端的海峡。皮加费塔也说，麦哲伦后来还在葡萄牙国王的宝库中，见过一幅画有"龙尾"的秘密地图，绘制着这个迂回曲折的通道。他看到过的，可能是马丁·贝海姆或约翰内斯·舍纳所绘制的地图或地球仪，都标明"美洲"最南端，约在南纬45°处，有一条狭长笔直的海上通道，把它与臆想中的横跨世界的南极大陆隔开。此类地图及麦哲伦脑海中的地图，实际上仍以托勒密的地图为依据，唯一修改的就是把新大陆当作几个大小不一样的大岛插置于大西洋之中。托勒密的日本国、卡蒂加拉角和黄金半岛或马来半岛，在这些地图上依然存在。

麦哲伦率领船队驶入这个渺无人烟的神秘海峡。海峡水流湍急，深浅不一，水底的许多岩石都长满了长达百米的巨藻，构成了庞大的海底"森林"，大浪越过这些"森林"后走势顿减。扑朔迷离的海峡，到处是小岛和窄湾，支流交错，航道极为复杂，迷宫似的水道，时时有狂风大作，掀起滔天巨浪。

1520年11月28日，经过20多天艰苦迂回的航行，麦哲伦船队终于到达海峡的西口，平安穿越了这个水流汹涌的危险海峡。后人称这个海峡为"麦哲伦海峡"。

大西洋一边的维尔京角，海峡入口流往景色如画的平原，低低的两岸绿草如茵，而位于太平洋的皮勒角的海峡出口，却是陡峭、布满积雪的群山。

麦哲伦海峡是所有连接两大海洋的海峡中最狭窄、最弯曲、最迂回的海峡，是海上航行闹剧中一件奇怪而出乎意料的道具。这迂回曲折的迷宫，出乎意料地注入了最广阔、最浩瀚的大海洋中。麦哲伦以38天的时间，在两个大洋之间航行334英里（约538公里），穿越了这巨大而狭长的海湾。

人们如今只有在卫星影像图上察看那曲折的通道、横七竖八的小岛以及无数意想不到的海沟，才能深刻体会到将近500年前，航海家们要

找到这条通道，需要具备怎样的毅力、勇气以及运气。

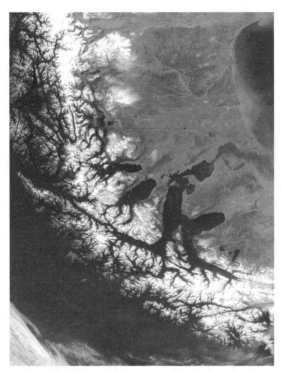

麦哲伦海峡卫星影像图

浩瀚的海洋，又呈现在麦哲伦面前。穿越海峡后，船队只剩下了3艘船。"圣安东尼奥号"到哪里去了呢？船队大部分给养都在这艘船上！

原来，在穿越险峡时船队失散，"孔切普琼号"和"圣安东尼奥号"都迷失了方向，赛拉诺指挥的"孔切普琼号"返回与船队会合，而"圣安东尼奥号"船却驶进一条死胡同，返回途中没有遇到船队。于是，在主舵手哥米什的策划下，反叛船员哗变，他们打伤了米什基塔船长，给他戴上镣铐，然后掉头逃回了西班牙。

船队沿智利海岸北上，首次横渡了地球上最广阔的海域。2～4月的航行期间，一路风平浪静。从迷离的曲道穿出，撞到海水侵蚀的陆地和暗礁，他们终于生存下来了，却又被抛入一片汪洋大海之中。

麦哲伦和他的船员，已经有一百多天都在无边无际的海洋上，他们受尽磨难。麦哲伦凭手头最好的证据，期望航越这些海洋，即托勒密地图上所谓的"大海湾"，大约只需几个星期。

那时还没有已知的方法可以准确标明经度，因此也无从知晓地球上两点之间的准确距离。塞缪尔·埃利奥特·莫里森推断，麦哲伦所见到过的或者能够听到的所有权威性估计，比大洋的实际阔度，至少要少百分之八十。

即使在麦哲伦时代以后的一个世纪，根据"可靠的"地图，对于海洋的大小远近，仍要低估百分之四十。对麦哲伦来说，太平洋的真正范围，肯定是极为痛苦的、意料不到的、最伟大而又是最不甘心的发现。

这时他们知道，只有计划所需粮食的三分之一了，因为已经航行的时间，就比他们预计的多了三倍。

可是，此刻船队已没有粮食和淡水了，麦哲伦和船员们只能把牛皮用海水浸泡后切碎充饥，吃死老鼠和木头的锯末，喝污水，许多人因此患上了败血症，受尽痛苦后葬身鱼腹。已三个月零二十天没有吃到粮食的船员们精疲力竭，他们躺在甲板上等待死神的召唤。

1521 年 3 月 6 日，在桅杆顶瞭望的船员激动地喊道："陆地！"

他看到的是今日马里亚纳群岛的一些小岛，最大的岛是北纬 13°的关岛。

岛上的土著人给船员送来了大量的食物、水果和淡水，终于拯救了船队。

1521 年 3 月 6 日，麦哲伦船队终于在关岛停泊，进行休整，准备给养。在那儿迎接他们的是心地善良但贪得无厌的土著，他们蜂拥登上三艘船，动作迅速，从上到下，几乎把所有能搬得动的东西全都搬走了——陶器、缆绳、止索铨，甚至连船上的大艇都被搬走。麦哲伦称这些岛屿为"盗贼群岛"，现名为马里亚纳群岛。他们只在岛上停留了三天，获得了一些米粮、水果和淡水。

一星期后，他们航行到菲律宾群岛中的萨马岛东岸，在莱特湾附近，这个地方大约在四个世纪后成为历史上最大规模的海战战场。

1521 年 3 月 17 日，麦哲伦船队来到萨马岛附近一个无人居住的小岛，在那里补充了一些淡水，并让海员们休整。邻近小岛上的居民前来观看西班牙人，用椰子、棕榈酒等换取西班牙人的红帽子和一些小玩物。

几天以后，船队向西南航行，在棉兰老岛北面的小岛停泊下来。当地土著人的一只小船向"特立尼达号"船驶来，麦哲伦的一个奴仆恩里克，用马来西亚语向小船的桨手们喊话，他们立刻听懂了恩里克的意思。恩里克出生在苏门答腊岛，是 12 年前麦哲伦从马六甲带到欧洲去的。

两个小时后，驶来了两只大船，船上坐满了人，当地的头人也来了。恩里克与他们自由地交谈。这时，麦哲伦才恍然大悟，现在又来到了说马来语的人们中间，离"香料群岛"已经不远了，他们快要完成人类历史上的首次环球航行了。

岛上的头人来到麦哲伦的指挥船上，把船队带到菲律宾中部的宿雾大港口。麦哲伦表示愿意与宿雾岛的首领和好，如果他们承认自己是西班牙国王的属臣，还准备向他们提供军事援助。

为了使首领信服西班牙人，麦哲伦在附近进行了一次军事演习。宿雾岛的首领接受了这个建议，一星期后，他携带全家老小和数百名臣民做了洗礼，在短时期内，这个岛和附近岛上的一些居民也都接受了洗礼。

麦哲伦成了这些新基督徒的靠山。为了推行殖民主义的统治，他插手了附近小岛首领之间的内讧。

1521 年 4 月 27 日夜间，麦哲伦带领 60 多人乘三只小船前往小岛，由于水中多礁石，船只不能靠岸，麦哲伦和船员 50 多人便涉水登陆。

不料，岛民们早已严阵以待，麦哲伦命令火炮手和弓箭手向他们开火，可是攻不进去。

接着，岛民们向他们猛扑过来，船员们抵挡不住，边打边退，岛民们紧紧追赶。麦哲伦急于解围，下令烧毁这个村庄，以扰乱人心。

岛民们见到自己的房子被烧，更加愤怒地追击着他们，射来了密集的箭矢，掷来了无数的标枪和石块。

当他们得知麦哲伦是船队司令时，攻击得更加猛烈，许多人奋不顾身，纷纷向他投来了标枪，或用大斧砍来，麦哲伦连续被麦克坦部落勇士的毒箭、长矛和弯刀所伤。最后他扑倒在沙滩上丧生。

麦哲伦本来可以迅速退却，保全自己的性命，但他宁愿掩护他的部下撤退。"他们就这样杀死了我们的明镜、我们的光亮、我们的安慰和我们的真正领导"，皮加费塔悲叹地说。

麦哲伦船队中唯一完成环球航行的"维多利亚号"，来自奥特里斯 1590 年的地图。

麦哲伦死后，航海探险并未被放弃。"孔切普琼号"已破旧不堪，不能再经受风浪，因而被付之一炬。船员们断定，"特立尼达号"也不能西航返回西班牙。

"维多利亚号"尚能航行。在胡安·塞瓦斯蒂安·德尔卡诺的率领下，同伴们继续航行。

除了经常遭受的饥渴和坏血病的折磨外，如今又加上了葡萄牙人的敌对行为。当德尔卡诺的船驶入大西洋中的佛得角诸岛时，几乎有半数船员被葡萄牙人监禁。

1521 年 11 月 8 日，船队在马鲁古群岛的蒂多雷小岛的一个香料市场抛锚停泊。在那里他们以廉价的物品，换取了大批香料，如丁香、豆

蔻、肉桂等，堆满了船舱。

1522 年 5 月 20 日，"维多利亚号"绕过非洲南端的好望角。在这段航程中，船员减少到 35 人。后来到了非洲西海岸外面的佛得角群岛，他们把一包丁香带上岸去换取食物时，被葡萄牙人发现，又被捉去 13 人，只剩下 22 人。

1522 年 9 月 6 日，"维多利亚号"返抵西班牙，终于完成了历史上首次环球航行。9 月 8 日，离他们起航三年还差 12 天时，衰弱不堪的船员回到塞维利亚。原来的 250 人，此时只剩下 18 人。

第二天，为了实现忏悔的诺言，18 人全部赤足，只穿衬衫，手擎点亮的蜡烛，步行一英里（约 1.6 公里），从港口走到安提瓜的圣马利亚教堂圣殿。

尽管麦哲伦不在了，麦哲伦船队还是以巨大的代价，获得首次环球航行的成功，证明了地球是圆球形的，世界各地的海洋是连成一体的。

为此，人们称麦哲伦是第一个拥抱地球的人。

皮加费塔的贡献

加西亚·马尔克斯在《拉丁美洲的孤独》中写道："安东尼奥·皮加费塔，一位曾陪同麦哲伦进行首次环球航行的佛罗伦萨航海家，在经过我们南美洲时写了一本严谨的编年史。然而它却像一部凭空臆想的历险记。……那本书很薄，但很迷人。……我们那个如此令人向往的虚幻之国'黄金国'，在漫长的年代里曾在许多地图上出现并按照绘图员的想象改变着位置和形式。"

安东尼奥·皮加费塔（Antonio Pigafetta，1491 ~ 约 1531），是意大利威尼斯共和国的学者和探险家、旅行作家、地理学家、地图学家。

1491 年，安东尼奥·皮加费塔出生于意大利热那亚维琴察市一个富有的家庭。他的少年经历鲜为人知。在他的青年时期，他学习了天文学、地理学和地图学。

1518 年，遵从罗马教皇命令，皮加费塔被派往西班牙。当时麦哲伦的舰队正在准备向西航行，到东方寻找香料群岛。在塞维利亚，皮加费塔听说麦哲伦的计划中的远征，发现自己很着迷这次海上探险，在获得国王查尔斯和耶路撒冷圣约翰大师的许可后，他决定加入探险船队。

安东尼奥·皮加费塔

皮加费塔《麦哲伦航海日记》书影

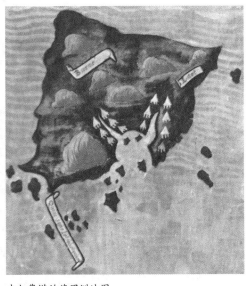

皮加费塔的婆罗洲地图

皮加费塔最初是作为"舰长的杂勤人员"登上麦哲伦的旗舰"特立尼达号"的，整个航行期间他一直都在坚持写日记。在 1519 年 8 月开始的航程中，皮加费塔收集了有关地理、气候、植物、动物和远征访问地点的本地居民的广泛数据。他的细腻的笔记，包含了航海和语言学的

数据，对未来的探险家、制图师和后代的历史学家来说都是非常宝贵的资料。皮加费塔的日志，是后人了解麦哲伦环球航行的主要资料。

当"维多利亚号"经过三年的艰苦卓绝的伟大航程，于 1522 年 9 月回到西班牙时，皮加费塔是 18 名幸存者之一。1524 年，皮加费塔完成了《环球航行记》一书。

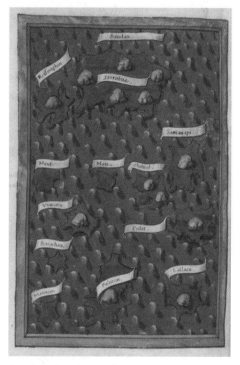

皮加费塔《环球航行记》中的太平洋岛屿地图

皮加费塔《环球航行记》的现存四部抄本，都附有 23 幅彩色岛屿地图，展示了当时的太平洋风貌，并首次使用了"太平洋"（Oceano Pacifico）一词。

地图所描绘的是从麦哲伦海峡开始的太平洋岛屿，并以类似卷轴的形式标出岛屿的名称。地图的方位是南方朝上、北方朝下。每幅地图都与相应页面上的文字记载相对应。地图上，除了画有村庄、小船、人物外，还注出一些重大事件。研究表明，这些地图是皮加费塔在环球航行期间绘制的，但在绘画技法上又体现了当时欧洲人所画的地中海海岛图风格。

1536 年至 1564 年，皮加费塔在威尼斯工作，他又是一位杰出的地理学家和地图制作者，也是文艺复兴时期制图界最重要的人物之一。研究人员对于皮加费塔绘制的地图集手稿的总数说法不一。他生产了至少 39 种地图，包括海事地图，其中 10 种签署并注明了日期。

皮加费塔创作了 23 张漂亮的、手绘的彩色地图，每卷手稿都配有完整的一套地图。皮加费塔的地图集的特征是，在世界地图上记录了旅行路线。这部地图集中椭圆形的世界地图上，大陆呈绿色，还绘制了北美和南美。其他地图显示了太平洋、大西洋和印度洋，以及波罗的海、地中海和黑海。

皮加费塔的麦哲伦海峡地图（1520）

皮加费塔还留下了 1520 年绘制的第一张麦哲伦海峡的地图，地图描绘了南美洲的南端，包括在航行中所发现的麦哲伦海峡。此图是皮加

费塔地图唯一意大利语手稿的复制品。

地图上的麦哲伦航程

1522 年，"维多利亚号"回到欧洲，这是麦哲伦船队唯一完成首次环球航行并幸存的船只。麦哲伦船队所获得的海外地理新知识，很快被欧洲的制图学家们标绘在地图上。

阿格尼斯绘制的地图

第一个在世界地图上绘出麦哲伦船队环球航行线路的是大师级的地理学家兼制图家巴蒂斯塔·阿格尼斯（Battista Agnese，约 1500 ～

1564）。巴蒂斯塔·阿格尼斯出生于意大利热那亚，1536到1564年间在威尼斯工作，是文艺复兴时期制图领域最重要的人物之一。他很可能管理过一家发展成熟的出版社，并在那里制作了他的地图。

阿格尼斯一生制作了大约100本手绘地图册，仍然存世的有70多本，其中有些附有他的签名，有些出自他的工作室。这些地图册品质优良，制作精美，配有各种插图，色彩鲜艳，堪称艺术品。大多数是印刷在牛皮纸上的波特兰（即航海）海图册，但只是供高官或富商观赏而非在海上使用。

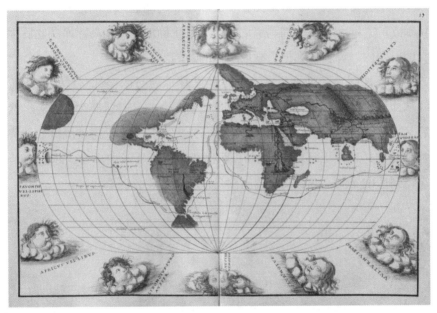

描绘麦哲伦航线的世界地图，选自《巴蒂斯塔·阿格尼斯航海地图册》慕尼黑副本。

《巴蒂斯塔·阿格尼斯航海地图册》的慕尼黑副本，含有20页地图。地图显示了太平洋、大西洋、印度洋、波罗的海、地中海和黑海。

在椭圆形的世界地图上，各洲大陆呈绿色，其中南美洲、北美洲的轮廓有几分揣测的成分。蓝线描绘了麦哲伦从里斯本出发，穿过后来以其名字命名的海峡，到达摩鹿加群岛所走的航线，以及一艘唯一幸存的船只绕过好望角（1519～1522）的返程航线。第二条线依稀可辨，即

最初以银线绘制的 1521 年皮萨罗（Pizarro）航海路线。该次航行从西班牙加的斯出发，横穿巴拿马地峡到达南美洲西海岸，从而开启了西班牙征服秘鲁之路。

在这幅世界地图上，北美洲地区画出了科罗拉多河。欧洲人最早是在 1540 年发现科罗拉多河的。这个新发现，越过大西洋传回到欧洲，并被阿格尼斯绘制在地图上，至少需要一两年时间。据此推断，这幅地图大概绘制于 1542 年前后。

该地图全景式地展示了当时欧洲人所知道的世界，特别是通过地理大发现所获得的新知识。地图上，美洲已经明确地与亚洲分开，成了一块独立的大陆。现在的加利福尼亚半岛被正确地画成半岛，而在此后很长的时间内，许多人都把它画成独立的岛屿。

这幅地图清楚地标出了麦哲伦船队环球航行的全部路线。这条航线从西班牙出发，横渡大西洋，穿过麦哲伦海峡，直达菲律宾群岛，然后又向西绕过好望角，最后回到欧洲。地图上，麦哲伦海峡画得非常清楚。此外，地图上还用线条标出了西班牙船队从欧洲出发，越过大西洋，到达中美洲，然后又翻越巴拿马地峡到达秘鲁的路线。

第十章
地图大师

　　从 16 世纪中期到 17 世纪中期的一百年间，人们对于地理知识的了解突飞猛进，确定空间位置的制图科技也取得了长足的进步。地图也像百科全书一样内涵丰富，越来越成为知识的"集合体"，精美的地图，包含了大量地理、数学、历史和艺术的复合知识。

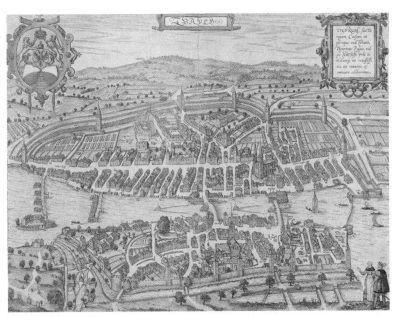

乔治·布劳与弗朗斯·哈根伯格制作的《城市大观·苏黎世鸟瞰》，蚀刻版，1581 年。

　　随着印刷、仪器制造技术从一个地方传播到另一个地方，地图制作与出版也蓬勃兴起。自 16 世纪中叶开始，制图学的黄金

时期，在欧洲持续了 100 年。

在欧陆大国意大利、法国、英国和德国，在海上霸主西班牙、葡萄牙，以及在小小的尼德兰，商人和水手带动起兴旺的城市和航海贸易，欧洲的市场渴望掌握世界各处的信息。

对科学仪器日益增长的爱好，约在一个世纪内传遍了西欧广大地区。在 16 世纪的最后 25 年里，英格兰、法国、意大利、德国与低地国家，都已拥有大批的学者和工匠。最新的科技成果和仪器广泛交流和交易的地方，也是地图制作最发达的城市。

在整个 15 至 17 世纪的欧洲，出现了三大地图学派，即意大利学派、葡萄牙学派和佛兰芒学派。无论是地图产品的数量还是质量，他们在欧洲大陆始终居于绝对领先的地位。

16 世纪上半叶，意大利制图硕果累累。意大利学派的早期地图，绘有罗盘和罗盘方位线，波特兰风格明显。之后的地图，则采用投影法，威尼斯的艾格尼丝绘制的地图色彩美丽。《拉夫莱利地图集》（罗马，1556～1572），由加斯塔尔第、贝特力、扎尔帖力等顶尖制图学家制作，堪称这一时期制图学的里程碑。

通过尼德兰商人和水手带动起来的兴旺的城市贸易，使荷兰掌握了世界每个地方的第一手信息，并成为世界上有名的"海上马车夫"和殖民国家，同时涌现出一流的荷兰制图学派，绘制了大量精美的航海图、大型壁挂地图、区域地图和世界地图。

测绘学与测量工具的运用，显然是欧洲地图学的一大特色。然而，从流传至今的各式地图和地图集中可以看到，欧洲人并没有把地图的艺术与科学截然分割。

欧洲地理大发现时期的地图制作者，由学者、艺术家、手工艺人和科学家等多重社会群体构成。地图始终受到社会精英阶层的青睐，他们既是地图的使用者、鉴赏者与收藏者，同时也参与地图的绘制活动，这大大提高了地图制作的水平。

明斯特是德国地图学家，142 幅地图出自他的手笔。这位跨越多个领域、知识丰富、因改信新教教义而移居瑞士巴塞尔的学者，他的《地理学》，鼓励人们探索未知的旅程，而他最重要的著作《宇宙学》，收录了丰富的图像与细密的地图。

荷兰制图学之父墨卡托，将制图学从托勒密的影响下解放出来。他从所有能搜集到的资源中汇集资料，严格检验老地图，仔细阅读水手和旅行者的记载，并且亲自游历和测量地理数据。他制作的世界地图、欧洲地图光耀寰球，扬名天下。他的"墨卡托投影"，至今仍被航海界使用。

佛兰芒地图学家和地理学家亚伯拉罕·奥特柳斯出版的《寰宇大观》，被认为是世界上第一部现代地图集，是用53幅铜版雕刻的地图，手工着色，十分精美。附录中，奥特柳斯列出87位参与编写这部著作的地理学家和制图学家的名字。到了1587年，这本地图册的新版已经包含了108张地图，参与人员达到137位。

在19世纪被称为"第一位现代地理学家"的洪堡，对于地理学、地图学做出过杰出贡献。他走遍了西欧、北亚和南、北美洲，登临高山大川，收集奇花异兽的资料，绘制了第一幅全球等温线图。

19世纪的一位科技泰斗高斯，也在地理测量和制图方面有所建树。1818年到1830年间，他担任汉诺威王国和丹麦政府的科学顾问，负责用三角测量技术对汉诺威进行大地测量。

工业、商贸、殖民、人民的艺术能力，以及对遥远土地的兴趣，融入核心价值观，成为涌现一流地图制造者的土壤。

制图学历史上，没有任何一个时期，能够像那个时代的欧洲一样，制作出如此纷繁瑰丽的各式地图。

英雄辈出，大师并峙。

塞巴斯蒂安·明斯特

1488 年 1 月 20 日，塞巴斯蒂安·明斯特（Sebastian Münster，1489～1552）出生于美茵兹和宾根之间的莱茵河畔的小镇尼格尔。

塞巴斯蒂安·明斯特

这位德国数学家、犹太学者和制图家，海德堡大学和巴塞尔大学的希伯来语教授，后来成为 16 世纪三大制图家之一，另外两位是墨卡托和奥特柳斯。这三人中，明斯特大概是 16 世纪中期最不遗余力地在欧洲传播地理知识的一位。他的代表性著作是《环球地理》和《宇宙志》。

1503 年到 1508 年，明斯特在海德堡研究艺术和神学，期间于 1505 年加入方济会。

1509 年到 1514 年，明斯特在阿尔萨斯的圣凯瑟丽修道院学习希伯来语和希腊语。

1514 年或 1515 年，明斯特作为数学家约翰·斯图夫勒在图宾根的学生，深化和拓展了他的数学地理和制图知识体系。这是斯图夫勒特别感兴趣的领域，他自己撰写了关于托勒密地理学的评论。明斯特被允许抄写斯图夫勒的地理笔记和地图收藏品，这些资料对明斯特早期的地理学研究有很大的帮助。从那时留下的课本和笔记本，可以看出他所掌握的材料来源，以及作为制图者的演变过程。明斯特的课堂笔记，包含了各种出版物的摘录、明斯特自己的评论，还包含了明斯特绘制的 44 幅地图。其中 43 幅是现有印刷品的摹绘品，但是从巴塞尔到诺伊斯的莱茵河的那幅地图，似乎是明斯特本人的原创作品。

1528 年，明斯特绘制德国地图时，曾呼吁德国学者向他汇寄地图或其他资料，力求德国的村庄、城镇等都可以在地图上再现，这一方法取得了极好的效果。因此，明斯特的地图总能包含最新的信息。

1529 年，明斯特毫不犹豫地接受了邀请，来到巴塞尔大学任希伯来文教授，从此一直在巴塞尔度过余生。1530 年，明斯特与亚当·佩特里的遗孀结婚，从而获得了一定的经济保障。他后来与迈克尔·伊辛林合作的大部分作品，都在继子海因里希·佩特里的出版社印刷出版。

在巴塞尔，明斯特不间断地研究和写作，与同行大量通信（只有 50 封信保存下来），频繁旅行。明斯特曾经绘制了一幅德国诺奇奥（Nordgau）的地图。诺奇奥是德国中世纪的一个郡，大约在公元 1000 年左右，它由巴伐利亚总督管辖，包括多瑙河、雷根斯堡北部地区，大致涵盖了现代莱茵河上游的普法尔茨一带，1061 年后，又与波西米亚的埃格兰接壤。在 11 和 12 世纪，诺奇奥是从波西米亚和匈牙利入侵的军队进入神圣罗马帝国的途径。

1537 年，明斯特与格里诺伊斯合作，绘制、出版了《世界地图》。在这幅地图上，罗德尼·雪利写道："更有可能的是，这幅巨大的装饰性地图本身是明斯特绘制的，而装饰则更多地归功于年轻的汉斯·霍尔拜因。有关的地理位置地图，可能在 1532 年之前就已经准备好了。"

1540 年，明斯特编绘出版了托勒密地图集，他补充了一些新的地图，共有 48 幅木刻地图，对于欧洲的制图业做出重要贡献。

1540 年，明斯特的《环球地理》，由海因里希·佩特在巴塞尔编辑出版。在这部著作中，刊载了大批地图，其中有明斯特自己特别喜爱的德国地图。在此书中，明斯特的地图较早描绘了东亚地区，画出了日本国，在中国（Cathay Regio）东南与日本之间标出"东洋"（Oceanus Orientalis）。

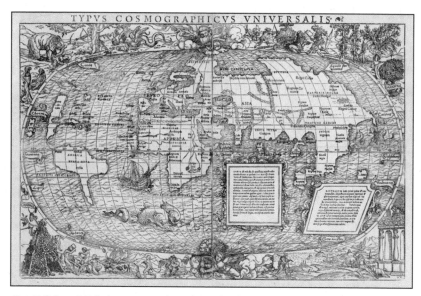

塞巴斯蒂安·明斯特（Sebastian Münster）、西蒙·格里诺伊斯（Simon Grynaeus）制作的世界地图，1537 年，巴塞尔。

明斯特编绘的木版彩色托勒密地图《德国地图》(巴塞尔，1540)

1544 年，明斯特出版了《宇宙志》的第一版，这是明斯特学术研究的集大成之作。在此书的地图上，他画出过马可·波罗笔下的"cin sea"海域，即中国海岸线以东。他描绘了从亚洲东南海岸一直到澳大利亚西北部所有海域的 4000 多个岛屿，具体数目是 7446 或 7448。在《宇宙志》所绘的《南北美洲图》上，北美之西，隔洋与"上印度"（India Superrior）相望，洋中一个大岛标为日本国。

1550 年，明斯特增订、修改了《宇宙志》，这是他最后的工作成果。1552 年出版时，采用了最新绘制的地图。

塞巴斯蒂安·明斯特《欧洲地图》（巴塞尔，1570）

明斯特是第一位分别绘制已知四大洲的地图学家，也是第一位单独印刷英格兰地图的制图学家。明斯特的木版地图极具收藏价值。1537年，明斯特与格里纳斯合作的世界地图，被认为"从艺术的角度来看，

最有趣的世界地图之一，在 16 世纪出现了"。

1550 年 5 月 26 日，明斯特在巴塞尔死于瘟疫，结束了他才华横溢、精力充沛的地理学家的一生。

基哈德斯·墨卡托

基哈德斯·墨卡托

1512 年 3 月 5 日，基哈德斯·墨卡托（Gerardus Mercator）出生在一个刚从德国移居到佛兰德（现比利时的东佛兰德州吕普尔蒙德）的日耳曼家庭。

1530 年，墨卡托进入洛文大学学习古典文学和哲学，他天资聪慧，以优异成绩于 1532 年毕业并取得硕士学位。他曾到具有优质铜版制造业的安特卫普，跟随金匠 G.A. 迈里卡学习雕刻技术，为后来的地图刻版打下了基础。他到梅切兰与学者们交流，从中受到启迪。

1537 年，墨卡托的地图处女作问世，是一幅小比例的巴勒斯坦地图，图面清晰、精细。接下来，墨卡托接受了一批富商的委托，开始对佛兰德斯进行实地测绘。这项工作受到好评，因此，神圣罗马帝国的皇帝查理五世委派他制作一个地球仪。

1538 年，墨卡托的第一幅世界地图面世，从中仍可看出托勒密的影响之深。这幅世界地图绘于两张纸上，这也是第一幅采用美洲来称呼北美大陆和南美洲，并将南美洲和北美洲区分成两个独立大陆的地图。如此使用"美洲"一词，等于和马丁·瓦尔德泽米勒共同承担了命名西半球的责任。

墨卡托在数学家费恩的心形投影的理论基础上，选择了心形作为地球的轮廓，制作了双瓣心形投影世界地图。作为一位雕刻大师，墨卡托曾制作过数学仪器和地球仪。对于如何仅仅通过两个维度准确表示地球球形的问题，他的解决办法是双心形投影，这大幅提高了地图的准确性。在墨卡托的航海图上，允许用直线标出罗盘方位，并且注明经度和纬度的测量值。

但是，简单圆锥投影的地图，无法解决海上导航问题，于是墨卡托开始探索另外的解决方案。

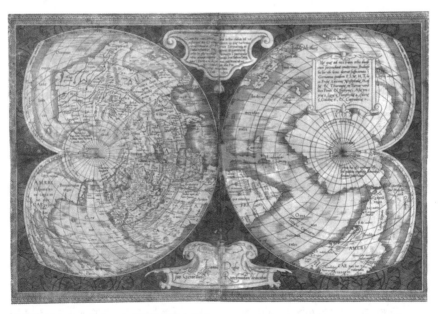

墨卡托 1538 年绘制的双心形投影世界地图

1541 年墨卡托呈上地球仪，查理五世又向墨卡托定制了一套绘图及测量仪器，包括一架日晷在内，以备军事作战之用。

1552 年，墨卡托移居到莱茵河畔的杜塞尔多夫，应邀出任由当地最有名望的威廉公爵筹划的新大学的宇宙志教授。不过聘任教授职务一事并未实现。威廉公爵赏识墨卡托的学识和才华，让他承担公爵家谱的调查，并编纂福音字书索引。人们常常就土地争议中的问题来请教他，征询他的职业见解。墨卡托还创办了一个制图工厂，专门从事制图事业。

1554 年，墨卡托出版了在鲁汶时就开始编制的欧洲地图。在地图上，地中海只有 52°长，不再按传统的托勒密方式延伸，这比较接近实际情况。墨卡托对地图雕版印刷技术，也定出了新的标准，并建立了地图文字的斜体字方式。

1563 年，他应查理公爵的要求，在洛林（Lorarien）进行测绘工作，尽管条件十分艰苦，困难很多，但他亲临指导，于 1564 年完成了任务。

1564 年，墨卡托被任命为威廉公爵的宫廷"宇宙学家"，墨卡托又开始绘制地图，同年还完成了一幅洛林地图和一幅不列颠群岛地图。没有了经济和神学上的后顾之忧，墨卡托开始了一系列新的宇宙学计划。最突出的是，他把数学引入地图绘制中，并使其日臻完美。

14 世纪出现了航海天文学，这使得航海定位的方法能建立在更为科学的基础上。以平面圆柱投影为基础的平面正方形海图，首先在葡萄牙出现。以简单的方格网构成经纬网的平面海图，在实际使用尤其是在长距离和高纬度的航行中，会产生很大的误差。

要制作出在航海中实用的地图，制图师面临着一个大挑战，他们必须利用数学法则设计出一种全新的投影法。

葡萄牙杰出的数学家佩德罗·纽内兹，首先分析了平面海图使用中产生误差的原因。他注意到了子午线收敛角，指出子午线在实地不是平行直线，等角航线不是地球上两地间的最短距离，而是不断逼近地极的等角螺旋线。英国学者约翰·迪建议采用极方位投影制作海图，但是极方位投影在航行中仍不实用，因为在极方位投影海图上画等角航线（螺旋曲线）比较困难。

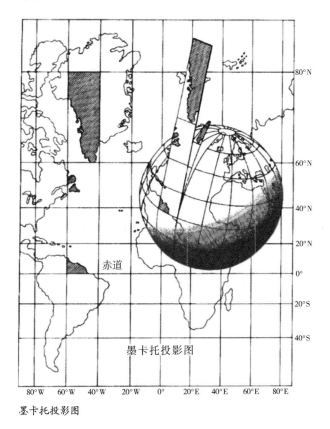

墨卡托投影图

墨卡托投影图

墨卡托是佩德罗·纽内兹和约翰·迪的朋友，他在制作地图的过程中，清楚地意识到，早期的航海家们发现很难将他们的航线画在图上，因为地球是圆形的球体，子午线像橘子瓣一样会合在南北两极。世界需要的是一张准确清晰的航海图。

那么，怎样将球面上的一部分绘制在平面上，从而使航海者可以用直线来表示航线呢？

墨卡托发明的办法是，把地球表面切成若干份，将每一份展铺在平面上，然后每一部分好像都有弹力一样，将它们向两头伸拉，直到它们的两端连在一块儿。

在离南北两极最近的地方伸拉的幅度最大，而在南北回归线之间的部分，伸拉的幅度最小。这样做的结果是，每一部分都变成了一个长方形，和其他部分拼合起来，就形成一幅完整的世界地图。

墨卡托投影属于正轴等角圆柱投影。该投影设想与地轴方向一致的圆柱与地球相切或相割，将球面上的经纬线网，按等角的条件投影到圆柱面上，然后把圆柱面沿一条母线剪开并展成平面，得到平面经纬线网。经线和纬线是两组相互垂直的平行直线，经线间隔相等，纬线间隔由赤道向两极逐渐扩大。图上无角度变形，但面积变形较大。

在正轴等角切圆柱投影中，赤道为没有变形的线，随着纬度增高，长度、面积变形逐渐增大。在正轴割圆柱投影中，两条割线为没有变形的线，离开标准纬线越远，长度、面积变形值越大，等变形线为与纬线平行的直线。

墨卡托投影具有各个方向均等扩大的特性，保持了方向和相互位置关系的正确，这种投影图上，一点上任何方向的长度比均相等，即没有角度变形，任意两点连成的直线即为等角航线。

这一特性对航海具有重要意义。如果循着墨卡托投影图上两点间的直线航行，方向不变可以一直到达目的地，因此它对船舰在航行中的定位以及确定航向都具有积极作用，给航海、航空都带来了很大的方便，在航海地图中得到了广泛应用。

这种投影制作的地图上，平行的纬线同平行的经线相互交错，形成了经纬网。这样，航海者就可以在平面上用直线画出航线图了。

1569年，随着一幅长202厘米、宽124厘米的世界地图的问世，墨卡托投影法诞生了！这是世界海图发展史上的一个伟大里程碑，也标志着墨卡托制图生涯的顶峰。

与早期任何时期的地图作品不同，墨卡托的这幅地图可以使航海者依图直接导航，不需要转换罗盘方向。这种地图投影法所投影出来的地图，呈现长方形的图廓，地图可以显示全部的经线，经线和纬线也都和地球仪上的一样，保持互相垂直，你永远都可以在地图上"找到北"，并且投影涵盖至南北纬 85°。

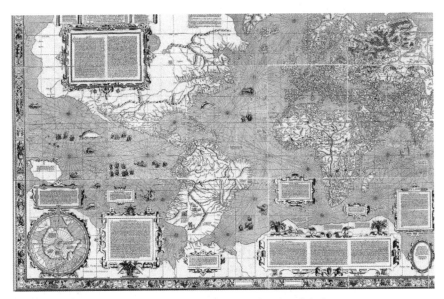

1569 年，地图学家墨卡托使用墨卡托投影法绘制的圆筒形的世界地图。

正因为这一特点，墨卡托投影至今仍被广泛应用于航海、航空地图上。现代用于航海的海图、航路图、导航类地图大都以此方式绘制，21 世纪的 Google Map 和 Apple Map，采用的也是墨卡托投影。当然，墨卡托投影的缺点也十分显著，越靠近两极，面积变形就越厉害，极点的比例甚至达到了无穷大，导致面积失真。

1578 年，墨卡托校订了托勒密的《地理学指南》，提供了 27 幅未经篡改和修正的按托勒密原意绘制的地图，并将它们刻绘在铜版上重印出来，留下现存托勒密地图册中最可靠的版本。

到了晚年，墨卡托虽然年迈体衰，但仍孜孜不倦地从事地图集的编制工作。他拟定了一个庞大的计划，准备将他毕生搜集到的地图编纂成一部巨著，由三部分组成。1585 年，首先在杜塞尔多夫印出了第二部分，包括了 51 幅法国、德国和荷兰地图，并附有拉丁文的详细说明。

1595 年出版的《墨卡托地图集》

1590 年，印出了第三部分，包括了 23 幅意大利、斯洛文尼亚和希腊的地图。1594 年 12 月 2 日，未及完成巨著的墨卡托在杜塞尔多夫逝世。

1595 年，未竟的工作在墨卡托的儿子鲁莫尔德的努力下，地图集的第一部分才最后完成，包括冰岛、极区、不列颠诸岛、斯堪的纳维亚各国、俄罗斯、克里米亚，以及亚洲、非洲和美洲的地图。该书采用墨卡托生前所选的老式而夸张的名称:《地图集——有关宇宙的创造以及宇宙创造后的种种宇宙沉思冥想》。

几年之内，这本地图集以对开出版了 31 版。虽然奥特柳斯早先出版过地图集，但以"地图集"一词在印刷品中用来说明这类著作还是第一次。

1602 年，这部由三部分合成的地图集正式合成一本，由墨卡托的学生 B. 布修斯（Bernard Busius）在杜塞尔多夫出版。

《墨卡托地图集》包括《墨卡托的年表——从开天辟地一直到 1568 年，由观察日食和月食及天象而编制》，对亚述、波斯、希腊和罗马等不同体制下历史事件的发生日期做了比较。绘制了法国、德国、荷兰、意大利、巴尔干半岛、不列颠群岛等地的地图。整个地图集共 107 幅地图。

这是一部空前伟大的地图集巨著，结构严谨、内容丰富，轰动了世界。由于《墨卡托地图集》的封面上设计有古希腊神话中的撑天巨人——阿特拉斯（Atlas）的神像，后人就将"ATLAS"用作地图集的同义词，至今仍在沿用。

亚伯拉罕·奥特柳斯

1527 年，亚伯拉罕·奥特柳斯（Abraham Ortelius，1527 ～ 1598）出生于安特卫普，当时属于哈布斯堡帝国统治的 17 个省的范围之内，现在属于比利时。他一生的大部分时间都是在这里度过的。

奥特柳斯从未上过大学，却是一个创业天才。1547 年他 20 岁，已在从事地图的装饰工作。

1560 年，奥特柳斯和朋友墨卡托一起旅行到特里尔、洛林和普瓦捷，在墨卡托强有力的影响下，他被吸引到地图学家的职业生涯方向。

亚伯拉罕·奥特柳斯

1560 年之前，奥特柳斯为商业目的经常出行，多次在欧洲旅行。他每年都去访问法兰克福书籍和印刷品展览会。

奥特柳斯最初是一个地图雕刻师，但不久便开始从事地图买卖生意。他买进地图，由他的姐妹进行装裱，他再在图上着色，然后在法兰克福或其他市场上出售。

奥特柳斯的生意发达后，他经常往返于不列颠群岛、德国、意大利和法国，买进当地生产的地图，由自己装饰彩绘后再行卖出。他用这种方法搜集全欧洲流行的最好地图，并将地图带回到他在安特卫普的总店。

奥特柳斯的顾客中，有一位名叫阿基迪斯·霍夫德曼的商人，他从奥特柳斯那里买来的地图，帮助他找到了运送货物最便捷的路线。由于消息灵通、交流广泛，霍夫德曼的办公室里，到处堆积着各式各样、大

小不等的海图和地图。

然而，那些大型地图，必须铺开才能使用；小型的城市地图上的地名，因字体太小而难以辨认。霍夫德曼觉得这些杂七杂八的地图没有什么用处，对此他大为烦恼，并向奥特柳斯诉说了他的苦衷。

奥特柳斯帮助霍夫德曼整理地图，将他散乱的地图收集起来装订成册。所选每幅地图，都置于统一尺寸的纸上，每张纸长 28 英寸（约 71 厘米）、宽 24 英寸（约 61 厘米），这是当时纸商所能提供的最大规格的纸。他为霍夫德曼装订的这本地图集大约有 30 幅地图，这种图册版式便于收藏和携带。

奥特柳斯无意中发明了第一本新式地图册，他同其他绘图、刻图方面的专家交换意见后，认为这样的地图册可能会有很大的市场潜力。

绘制地图的工作经验，使奥特柳斯意识到，大多数地图的资料，都很不充分。因此，他决心研究绘制新的地图册，并采用当时环球航行探险家们的第一手资料。

《寰宇大观》扉页，1606 年版，
牛津大学博德利图书馆藏。

奥特柳斯得到朋友墨卡托的大力帮助，搜集了许多最好的地图，将大型地图缩小到他的标准开本。他又得到另一位朋友克里斯托夫·普朗坦的帮助，后者当时在安特卫普的印刷厂印行欧洲一些最好的书籍。

1570 年 5 月 20 日，通过十年的辛勤努力，奥特柳斯编制的地图集《寰宇大观》（*Theatrum Orbis Terrarum*），在安特卫普的普朗坦印刷厂印刷出版。

《寰宇大观》是世界上的第一本现代地图集，后来成为好几代人绘制地图的标准。尽管他的地图中仍有错误，但在当时这是获取地理信息的最好来源。

《寰宇大观》包括35页的文字解释和53幅铜版印刷地图，手工着色，十分精美。地图比例各异，标题为拉丁语，背面的文字为西班牙语，介绍了地图所绘地区的领域。美洲部分有南美洲西海岸、中美洲部分地区、美国东南部地区（佛罗里达州）和墨西哥的塔毛利帕斯海岸。附录中，奥特柳斯列出87位参与编写这部著作的地理学家和制图学家的名字。

从1570年的最初版本起，《寰宇大观》地图集中就有世界地图和亚洲地图。还有"太平洋图"（1589）、"东印度图"（1570）、"鞑靼图"（1570）、"中国图"（1584）和"日本图"（1595）。1587年版的《寰宇大观》地图册，已经包含了108张地图，参与编写这部著作的人也达到137位。

1598年奥特柳斯逝世时，《寰宇大观》用欧洲各种文字已出28种版本，至1612年多达41种。

亚历山大·冯·洪堡

德国自然科学家、地理学家亚历山大·冯·洪堡（Alexander von Humboldt，1769～1869），是19世纪上半叶科学界最后一位百科全书式人物。洪堡也被称为现代地理学的奠基人，他在地图学方面也卓有贡献。

1769年9月14日，亚历山大·冯·洪堡出生在柏林附近的泰格尔城堡的一个宫廷贵族家庭，他父亲是腓特烈二世王子的宫廷教师。

洪堡先后在奥得河畔的法兰克福和哥廷根学习采矿、技术、绘画、语言和自然科学。

1790年，亚历山大·冯·洪堡和他的学伴——人种学家、自然学

家格奥尔格·福斯特，一起赴荷兰、英国和法国留学，后来毕业于萨克森的弗赖堡采矿学院。

亚历山大·冯·洪堡

1798 年，洪堡在巴黎认识艾梅·邦普朗（Aimé Goujaud Bonpland，1773 ～ 1858），邦普朗是法国的一位医生和植物学家，洪堡邀请他一起去美洲考察，邦普朗同意了，费用由洪堡承担。

1799 年 6 月 5 日，洪堡和邦普朗一起搭乘一艘名为"毕扎罗号"的轻型巡洋舰，离开了西班牙科鲁纳港前往美洲。

1799 年 7 月 16 日，"毕扎罗号"停靠在南美洲北部委内瑞拉的库马纳（今属哥伦比亚），这是洪堡南美洲之旅的第一站。在库马纳停留了一段时间后，洪堡和邦普朗向西走到委内瑞拉的加拉加斯，他们从这里深入南美洲内陆，确认了连接奥里诺科河与亚马孙河的卡西基亚雷运河的存在，并且将这条运河画在地图上。随后，洪堡与邦普朗来到哥伦比亚，之后转往厄瓜多尔。

1802年6月23日，亚历山大·冯·洪堡，连同艾梅·邦普朗和厄瓜多尔的卡洛斯·蒙图尔，一起攀登了海拔6272米的钦博拉索山。洪堡拖着所有仪器，穿着简单的步行鞋，用受伤的脚爬山，观察了植物带的垂直分布，测定了空气层中温度向上锐减的速度。他们爬到一条无法通行的山沟时，在距离高峰约900米处停下，气压计记录的高度是5878米（19286英尺），这是当时的登山世界纪录。

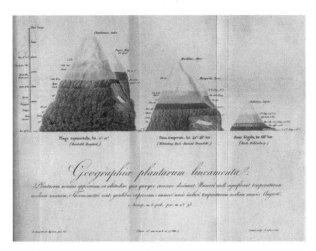

洪堡在1817年所做的植被分布图手绘稿

洪堡的《钦博拉索地图》，是他对这座火山在横截面上的描述，并详细介绍了植物地理学的信息。该插图以一种大型格式（54厘米×84厘米）最初发表于1807年的《植物地理》（*The Geography of Plants*）上。1839年，根据洪堡的资料数据，乔治·艾克曼重新绘制和雕刻了这幅迷人的植物分布地图，地图上还包括了世界各地山脉的高度，以及陆地和地下植物的分布。

1800年11月24日，洪堡离开新巴塞罗那到古巴哈瓦那。

1802年11月9日，卡亚俄，难得的天气晴朗，洪堡观测到了水星凌日，由此确定了利马的经度。这对于西南美洲的弧度测量非常重要。

1802年12月5日，洪堡开始了从秘鲁卡亚俄到墨西哥的旅行。时间跨度为两年多。洪堡在墨西哥的一年多时间里，查阅了大量档案资料之后，编绘了他的墨西哥地图，1810 年以《新西班牙地图集》之名出版。这些墨西哥地图以天文测量为基础，从北纬 15° 到 40°，从西经 90° 到 115°，是人们那时能看到的制作最好的中北美洲地图。

钦博拉索植物分布地图，1839 年。

1804 年 6 月，洪堡与邦普朗到华盛顿时，多次与美国总统杰弗逊见面，洪堡应邀向杰弗逊和国务卿麦迪逊、财政部长加勒廷对照地图讲述南美洲的地理情况，并允许他们复制自己绘制的地图。一年后，这幅地图在美国人经陆路到达西北太平洋地区的探险活动，以及美国试图蚕食当时西班牙占领的与美国接壤的区域，都起到了重要作用。[①]

五年中，洪堡踏遍了委内瑞拉、古巴、哥伦比亚、厄瓜多尔、秘鲁、墨西哥和美国，一路上，他不停地写着笔记，内容包括气候的变化、风力的差异、植物和动物的种属、生物与环境的关系、火山地震、岩石矿物、河流湖泊以及天象星座等。他和邦普朗一起采集生物标本，他坐着吊篮进到即将爆发的火山口里观察火山，他叫人把他绑到船上只为了测量海啸的高度。他不放过途经的每一座山、每一条河，凡遇见必

---

① 〔美〕诺曼·思罗尔著，陈丹阳、张佳静译《地图的文明史》，商务印书馆，2016 年，第 158 页；〔德〕安德烈娅·武尔夫著，边和译《创造自然》，后浪出版公司，2017 年。

停下来丈量数据。洪堡对美洲的考察是革命性的。以前的探险者，已经报道了异国现象，但是洪堡以各种地图、表格和制图模式提供了准确的测量数据、科学的解释和结果。

洪堡考察团队在波哥大和基多之间的隘口上艰难跋涉

这次旅行带回了 40 箱标本，整理工作长达 30 年。为此，洪堡献出了他的全部财产，他花钱雇人绘制地图、插图和制作铜版画，以便让自己在旅途中做的记录、简图和测量结果得到整理和保护。长达 5 年的南美洲考察成果，汇集成历史上最恢宏的游记——30 卷的《新大陆热带地区旅行记》和 5 卷本的《宇宙》。

洪堡的科学活动，涉及地理学、地质学、地球物理学、气象学和生物学。1817 年，洪堡出版了《等温线地图》，在气象学领域做出了自己在地图学方面最具原创性的贡献。

在大西洋两岸的旅行中，洪堡注意到，相对于同纬度的大陆东岸，

大体上中纬度地区大陆西岸的平均气温较为温和。这是对纬度决定气候的经典概念的颠覆。

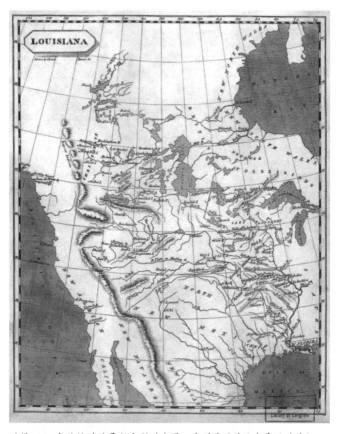

洪堡1804年编绘的路易斯安那州地图，受到美国总统杰弗逊的重视。

洪堡在35个测量点做了温度测量，根据前人和他自己所测量的世界各地的温度，于1817年首次绘制了全球等温线图。于是，同纬度各地的气候才得以互相比较，大陆气候和海洋气候的差别才因此显著。由此就有了"等温线"这个概念。

为了演示"等温线"这一重要概念，洪堡绘制了一张平面海图，以巴黎本初子午线为基准，南北范围从赤道到北纬85°，东西范围从西经94°到东经120°，在此框架内，从0°到北纬70°，每隔10°绘制一条纬线，同时画出 3 条经线。共有 13 个地点的夏季与冬季的温度被标注在它们的地理位置上。在此基础上，洪堡添加了等温线，这些等温线纬度值的最高点在东经 8°，最低点在西经 80°和东经 120°。地图上弯曲的等温线与平直的纬线形成鲜明的对比。①

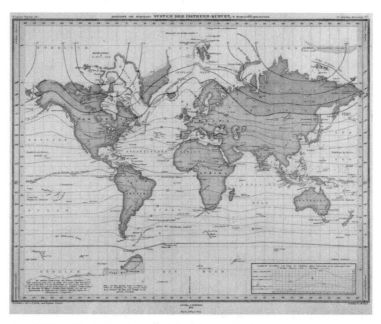

全球等温线地图，海因里希·贝格豪斯《自然地图集》（1849）。

洪堡的另外一项地理学贡献，是用精美的地图和图表展示了关于气候和植被的垂直地带性理论。他认为在一座足够高的山峰上，从热带到接近极地的所有代表性植物，都能够在不同的植被带中表现出来。他将植物的分布和当地的气候和土壤联系起来，提出植物如何受环境影响的问题，而且根据植被依景观的不同而把全世界分为 16 个区，这促进了植物地理学这门新科学的建立。

洪堡测定了安第斯山在赤道上雪线的高度，并将其和当时亚洲旅行家在喜马拉雅山南北坡测定的雪线做了比较，发现中国西藏南部在北纬

---

① 〔美〕诺曼·思罗尔著，陈丹阳、张佳静译《地图的文明史》，商务印书馆，2016 年，第 158 页。

30° 上的雪线为 5000 多米，比南美洲赤道上基多地方的雪线尚要高出
200 多米。

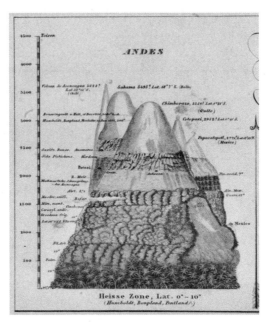

安第斯山脉

同时他又指出，在西藏高原上到 4600 米的高度尚可种植五谷，但
在喜马拉雅山南坡五谷的种植只能到 3270 米的高度。他解释了喜马拉
雅山北坡雪线和森林草地带特高的原因：大块凸起的西藏高原吸收了大
量太阳辐射，因而成一个热源。这一解释已被中国气象学家所证实。

洪堡发现了墨西哥和爱尔兰玄武岩地质构造的类似性；他对世界各
地的民族服装做出了地域上的划分；他对地磁进行了测量，并对此进行
了说明；为了研究爬行动物、鸟类和猴子之间的共性，他亲自解剖刚生
下来的鳄鱼幼崽。

洪堡根据环球旅行的结果，将火山的分布与造山运动联系在一起。
他了解了火山的分布是做直线状的，地层越深温度也越高。并根据巴黎
观象台的测定，认为每深入地内 28 米，温度即升高 1℃；到地面下 34
公里处，即便是花岗岩亦要熔化。因而得出结论，只要地层中有裂隙，

便能使熔岩流出固结而形成玄武岩等火成岩，改正了从前以为岩石全为沉积所成的结论。

洪堡在西伯利亚的旅行中，对从圣彼得堡起直至阿尔泰山沿途的磁偏角和磁倾角均做了测量，并强调俄国应在圣彼得堡建立地球物理总台和在全国组织地磁与气象网的必要性，说这样做将赐予人类以无穷的好处。

洪堡的旅行和书籍，推动了近代科学的前进。1831年，英国派遣了"比格尔号"船去南美洲测量秘鲁、智利的沿海，就是直接受到了洪堡的影响，而查尔斯·达尔文就是这只船上的博物学者。

1820年洪堡曾到过中国的边界，此时他的朋友克拉魄洛斯依照乾隆的中国内府舆图绘制出了四张中亚地图，他对此视为至宝。他推断中国古代的地理学超越了同时代的希腊和罗马。他指出罗马地理学家斯特拉波所著书中对于阿尔卑斯山、比利牛斯山的方向尚未搞清，说亚平宁山是从南到北与莱茵河平行的。而中国的《禹贡》一书虽早于斯特拉波的著作数百年，却对于中国九州的土壤、产品、河流、都邑说得头头是道。在《宇宙》中他称道了中国的重大发明指南针和活字印刷术。

卡尔·弗里德里希·高斯

约翰·卡尔·弗里德里希·高斯（Johann Carl Friedrich Gauss，1777～1855），德国著名数学家、物理学家、天文学家、大地测量学家，他也在地理测量和制图方面有所建树。

1807年，高斯成为德国哥廷根大学的天文学教授和新天文台台长，全家迁居于此。从这时起，他一直住在哥廷根。

1818年，丹麦政府任命他为科学顾问，这一年，德国汉诺威政府也聘请他担任政府科学顾问。

高斯（左）参与了汉诺威王国进行的大地测量，右图为加尔施泰（Garlste）即现在加尔施泰特（Garlstedt）的大地测量石。

1818 年到 1830 年间，他对汉诺威王国进行了大地测量，以与现有的丹麦地图联系起来，这项工作持续到 1830 年。高斯很高兴把他的计算能力运用到实际中，他白天进行测量，晚上开展调查。他经常写信给舒马赫、奥尔伯斯和贝塞尔，告知他的进展并讨论问题。事实上，高斯发现自己对大地测量学越来越感兴趣了。由于这项调查，高斯发明了日观测仪（Heliotrope），这是一种用镜子反射太阳光的仪器，用来测量位置。

1820 年前后，高斯把注意力转向大地测量——用数学方法测定地球表面的形状和大小。他把很多时间用于大地测量的理论研究和野外工作。1821 年到 1848 年间，他担任汉诺威王国和丹麦政府的科学顾问，负责用三角测量技术对汉诺威进行大地测量。

对大地进行测量有多方面的原因。航运、贸易的发展和频繁的战争，需要绘制各种精确的地形图和地理图。同时，它可以搞清当时一个迫切的科学问题：地球是个什么样的球体。知道了地球的精确形状，就可以用来验证牛顿的万有引力定律，因为，人们对这个极端重要的定律当时还存在疑虑。

还有一个重要的原因：高斯想通过测量一个大三角形内角之和来检验周围的三维空间是否具有欧几里得几何的平直性。可惜由于测量的三角形还不够大，而没有获得理想的结果。尽管这样，高斯的工作对科学地设计和进行高精度大地测量有巨大的指导意义。

为了增加测量的精确度，他发明了回光仪（一种利用日光来保证精确测量的仪器）。他还引进了所谓的高斯误差曲线，并指出概率如何能用变差的钟形曲线（一般称为正态曲线，它是刻画数据统计分布的基础）来表示。

他还对透过实际的大地测量来确定地球的形状感兴趣，这个工作使他回到了纯理论的研究。他利用这些测量数据发展了曲面论，按照这一理论，一个曲面的特征只要透过测量曲面上曲线的长度就能确定。

这种"内蕴曲面论"启发了他的学生黎曼发展了三维或多维空间的一般内蕴几何学，这是黎曼 1854 年在哥廷根就职演说的题目，据说也是困扰高斯的问题。大约 60 年以后黎曼的思想形成爱因斯坦广义相对论的数学基础。爱因斯坦曾评论说："高斯对于近代物理学的发展，尤其是对于相对论的数学基础所做的贡献（指曲面论），其重要性是超越一切、无与伦比的。"

1843～1844 年，高斯撰写了地理测量著作《高等大地测量学理论》的上册；1846～1847 年，高斯完成了《高等大地测量学理论》的下册。

1855 年 2 月 23 日凌晨 1 点，高斯在哥廷根去世。

第十一章
黄金时代

SCVLPTVRA IN ÆS.
Sculptor noua arte, bractëata in lamina   Sculpit figuras, atque prælis imprimit.

17 世纪欧洲的地图作坊

　　随着中世纪晚钟的敲响，15 世纪到 17 世纪，欧洲的航海家和传教士们劈波斩浪，率船队远航到世界各地，寻找着新的贸易路线和殖民地域。地理大发现时代来临了。

　　大航海拉开了世界近代史的序幕。15 世纪末，伊比利亚半岛上的西班牙和葡萄牙的兴盛，使其成为探索新航路和进行殖民掠夺的先锋。到 16 世纪中叶，荷兰、英吉利等新兴势力渐渐强大。

对于急于探索未知领域的人们来说，风向、水深等各种数据是确保安全航行的基石，于是表示与港口或海港相关的波托兰航海图应运而生。

波托兰（Portolan）一词，源自 Portolano，意为"与港口或海港相关的"。波托兰航海图通常是些简单的沿海轮廓图，主要用于导航。

保罗·福兰尼的波托兰航海图《1569 年地中海区域图》

第一批波托兰海事地图，绘制于 13 世纪与 14 世纪之交，主要目的是尽量准确地呈现海岸线和港口，显示大陆的略图和沿海定居点的名称。这些地图是船员航海的重要助手。当航海家驶至远海探险时，他们在海图上记录自己的新发现。一部葡萄牙法律曾规定，每艘船只都必须随船携带两幅可用的海图。

意大利著名制图师和刻版师保罗·福兰尼（Paolo Forlani）制作的《1569 年地中海区域图》，是第一张在铜版上雕刻和印刷的

航海图。这幅地图虽然名义上是一幅地中海区域的地图，却向西延伸至爱尔兰，向北则至俄罗斯大多数地区和黑海。

1475 年，第一张托勒密地图被绘制完成，紧接着 1492 年哥伦布发现了美国，1498 年达伽马抵达印度，新世界的大门终于被打开。

马丁·贝海姆

1492 年，德国的马丁·贝海姆（Martin Behaim，1459 ~ 1507），请工匠打造了第一个地球仪，上面标注出了 2000 个地名、100 多幅插图、48 面旗帜、15 艘船、50 多个图例，还有那些神话、传说、故事、想象中未知大陆上怪模怪样的土著居民、奇异的动植物等。地球仪上有一句题注："世界是圆的，可以航行到任何地方。"

印刷术的兴起不仅改变了地理知识的内容，也改变了地理知识的流通与运用。

由于图像印刷、木刻版与金属版的兴起，德国中部和莱茵兰（今德国莱茵河中游）的金属工人、金匠都转业成为钢版印刷工人。

地图出版商对制版大量投资，再加上托勒密的权威声望，使那些旧地图不仅作为历史复制品出现，而且继续流传。即使由于新的地理发现使这些老版地图陈旧过时，它们却仍然与新版地图同时发行，尽管在内容上相互抵触。

海洋的诱惑力越来越大，航海呼吁地图。在新兴的海洋国家，海图制作自然成为当时最为流行的职业。

在15世纪末以前，制作地图开始变得有利可图，市面上已有许多印刷的地图。

地图成为一项高利润的生意，制图师也被有需求的公司雇用收编。

地图的制作和买卖有了特定的商业目的。由于收入可观，涌现出了一批新一代才华横溢的制图师。

葡萄牙发明了现代制图术的科学工艺，荷兰人将制图变成了一项产业。

一个地图和海图的新时代开始了。

制图工业的商业版图

16 世纪，新航路开辟以后，欧洲商业中心从地中海移到大西洋，大西洋边上、濒临北海、地势低平的尼德兰，已是欧洲经济最发达的地区之一。

尼德兰（The Netherlands），指莱茵河、马斯河、斯海尔德河下游及北海沿岸一带地势低洼的地区，相当于今天的荷兰、比利时、卢森堡和法国东北部的一部分。16 世纪的尼德兰，商业繁荣，城市林立，有 303 个城市，其中在荷兰省和西兰省，有一半的人居住在城市里，有"城市国家"之称。此时，荷兰东印度公司的贸易额占到全世界总贸易额的一半。在全世界总共拥有的 2 万艘船中，荷兰有 1.5 万艘。

那时航海商贸风行天下，地理学愈显重要，地图洛阳纸贵，制图师的角色和社会地位，发生了重大的改变。由赚钱方式界定的新世界，地球的每个角落都被绘制成了地图，并根据商业前景进行评估。

荷兰的地图增添了新的地理要素，遥远的殖民疆土不再淡出地图边缘，传说中那些可怕而神秘的地方，也不再充斥着异域丑怪。世界的边界和边缘被重新清晰界定，有市场和原材料开发潜力的地方，被一一进行了标注，对居民根据商业利益进行了分类。

从 1590 年开始，许多荷兰制图师竞相为商业公司提供地图，帮助他们发展海外贸易。阿姆斯特丹的地图制作，从木刻转到铜版雕刻，印刷机器的诞生，为尼德兰熟练的金属工匠提供了巨大的便利，使得市场出现价格下降的趋势。

安托万·杜·佩拉克·拉弗瑞（1512 ~ 1577）是一名定居罗马的法国雕刻师，约在 16 世纪 40 年代早期，他在罗马成为一名著名的地图出版商。1575 年，拉弗瑞编绘、装订了各种来源的地图藏品，编印出版了《现代地理地图》，被称为"现代地理学的地理表"，包括世界地图、欧洲大陆地图、北欧地图、中欧与东欧地图、德国地图、波兰地图、西班牙地图、意大利半岛地图以及马耳他地图。

奥托曼舰队于 1565 年 5 月～9 月包围马耳他未果，拉弗瑞的《1565 年的马耳他地图》是对 16 世纪这一重大事件进行描述的同时代作品。

　　到了 16 世纪，现代地图学也逐渐在一些重要贸易地发展起来，技术与方法的成熟，使得地图越来越精确。制图业在欧洲迎来了黄金时代，而欧洲的地图制作大本营，总是转向技术最发达的地方。

　　1550 年以后，印刷最精致的地图，开始用铜版取代木版，欧洲地图制作中心转移到了荷兰，那里拥有最好的线铜版雕匠。在荷兰制图业的黄金时代，一批制图家和制图家族脱颖而出。

　　制图业在荷兰兴旺发达。荷兰这个当时的头号航海强国，需要最新的航海和大陆地图提供精确的信息。一些荷兰学者通过地图制作，描述以经济奇迹之城阿姆斯特丹为中心的北方七省的特色文化，表达摆脱西班牙的政治统治和宗教影响的意愿，书写荷兰独立的爱国篇章。

　　荷兰制图师赫马·弗利休斯（1508～1555）改进了数学测量的方

法，使村庄和城市的精确位置的确定成为可能，也为后来的三角测量法奠定了基础。弗利休斯还用时钟测量海洋经度，他通过对比实际位置的时间和在家的时间来寻找经度。

荷兰的另一个制图师范·戴维特（1500～1575）是第一个使用三角测量来制图的人，他奉国王菲利普二世之命绘制了很多荷兰的城市地图。

1570年，安特卫普首先出现了刻在木版上的彩色地图，尼德兰制图学家奥特柳斯在那里编辑出版了世界地图集《寰宇大观》，包括了世界上所有的主要城市的平面图，在形式和内容上都是后代人们绘制地图时所依据的标准，曾一度被公认为城市书籍的典范，被收入乔安·布劳的《大地图集》中。

但不久后，阿姆斯特丹在这方面具有了世界一流水平。伟大的地图学家墨卡托绘制、出版了著名的《世界地图集》。1606年，洪迪乌斯将墨卡托地图重新编制，出版了《世界地图集：精美的雕刻与绘制版本》。

袖珍地图册应运而生，数以百万计有兴趣的欧洲人，可以把最新出版的地图，随身放在口袋里。墨卡托的大型地图册被改成小型地图册，出版了至少27版。奥特柳斯的大地图用数种文字印行不久后，30多种袖珍地图册出版了。

17世纪中期，是从荷兰制图师对美学与符号的敏感，转换到法国制图师强调科学准确性的过渡时期。

1619年出生的雅各布·米尔斯，是一位荷兰制图师、地图出版商、雕刻师，他先后在阿纳姆与阿姆斯特丹经营业务。逝世后，被戏称为"米尔斯寡妇"的妻子继续经营他的事业。桑森与米尔斯绘制的北美地图，均是基于17世纪前几十年塞缪尔·德·尚普兰的勘探数据的。

16世纪中叶，法国第厄普学派制图学家们制作的壁画风格地图精美无比。16世纪晚期，法国制图学的发展，受到杨松家族的强烈影响。杨松家族奠基人尼古拉·杨松（1600～1667），深受荷兰地图学的影响，他与他的儿子、女婿、孙子、曾孙一起建立了一个制图学王朝，出版过很多地图集，其中包括法国邮政地图、法国河流分布地图以及众多历史地图。

唯舒亚制图家族，以其精确的地图及其著作的创新装饰在欧洲闻名遐迩。公司创始人是 C.J. 唯舒亚，他逝世后，他的儿子尼古拉斯·唯舒亚一世继续经营公司，以使用爱国纹饰支持荷兰脱离西班牙的战争而著称。公司传人尼古拉斯·唯舒亚二世（Nicolaus Visscher）出版了大量的地图集，通过包含最新可用的地理信息与采用高品质的雕刻，使公司的声誉长久不衰。尼古拉斯二世逝世后，其妻子伊丽莎白继续经营公司，直至其 1726 年去世。

17 世纪，国家实力的增强、对海外贸易路线的探索、优秀制图传统的传承和制图科学家的出现等诸多因素，使荷兰拥有当时最先进和尖端的世界制地图技术，成为欧洲地图绘制的中心、世界地图制作领域内的领跑者。在那个黄金时代，地图史上留下偌多"古迹"和"地标"：地图学家墨卡托（Mercator）、奥特柳斯（Ortelius）、洪迪乌斯（Hondius）、范·德芬特（van Deventer），制图家布劳、C.J. 唯舒亚、彼得·范登科尔和约斯·洪迪乌斯等，他们在高歌猛进的地图制图和出版市场中声名远扬。

建立于 1655 年的阿姆斯特丹市政厅的大理石地板上，镶嵌着一幅双半球的世界地图，它见证了这个制图之都在当时的商业、海事及制图方面的重要地位。制图业是阿姆斯特丹的一大特色，大量的印刷机构都专注于地图信息的收集，然后制作、印刷、出售。

荷兰的地图制作很多采用家族式经营的形式，荷兰地图绘制学派迅速发展。荷兰多才多艺的地图制作者们，通常也是勘测员、制图员、风景画家甚至有更多角色。阿姆斯特丹成为欧洲地图、地球仪、海图和航海仪器的制作中心，这一行业被洪迪乌斯、杨松和布劳家族掌控。

阿姆斯特丹汇集了当时的许多顶级绘图师，其中包括约多库斯·洪迪乌斯、约翰内斯·杨松、尼古拉·杨斯·维斯切尔、约翰内斯·范科伊伦等。

科学家积极参与地图绘制，艺术家与绘制地图关系甚为密切，因为

他们本身就是制图者。曾为布劳家族出版的地图做装帧设计的荷兰画家维米尔，在他的《绘画的艺术》这幅油画中，描绘了一幅荷兰地图，被称作"当时的一部地图艺术知识大全"。

布劳恩与霍夫纳吉尔制作的城市地图集巨制《城市大观》，描绘城市详细，手法成熟。

扬·巴伦德·埃尔韦（Jan Barend Elwe）是一位 1777 年至 1815 年间活跃于阿姆斯特丹的地图出版商和销售商。他最著名的作品是他的荷兰袖珍地图集（1786）和德国袖珍地图集（1791）。埃尔韦的很多出版作品都是对欧洲著名制图师早先所绘地图的重新印刷。他重新发行了多幅由伟大的法国制图师纪姆·德·伊岛（Guillaume Del'Isle）绘制的地图，其中就包括西非和北非的 1792 年地图，该地图由德·伊岛于 1707 年首次出版。

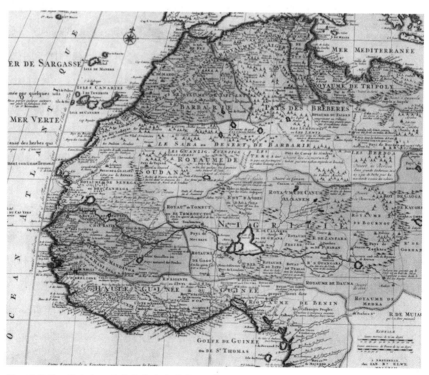

扬·巴伦德·埃尔韦：西非和北非地图（1792）

早期荷兰地图代表着制图学艺术的巅峰。17世纪末，荷兰制图产品遍布欧洲。阿姆斯特丹成立了很多地图工作室，大量出版地图、地图集，制作地球仪。成千上万张对开的大折页地图出版。荷兰出现了多个地图家族，如阿拉德家族（卡洛斯和阿本隆）、顿克家族（贾思图和康纳利）、申克家族（彼得和小彼得）、沃克斯家族（吉拉德和莱昂纳多）、维斯家族（尼古拉和小尼古拉），以及简孙的后代（尼古拉和卡洛）。

由于竞争，地图的价格便宜了不少，但是盲目地追求数量导致地图质量下降，荷兰地图的霸主地位因此很快让位给法国。在18世纪早期，尽管在航海图方面，荷兰制图学的霸主地位难以撼动，但之后不久就被英国取而代之。

《毛罗地图》的曙光

1459年，意大利制图师弗拉·毛罗（Fra Mauro）修士绘制了一幅美丽而著名的平面球形图，外形框架是传统的中世纪地图，里面所包含的是文艺复兴的时代精神，焕发出近代制图的曙光。

这幅《毛罗地图》，是"中世纪制图的最大纪念碑"，是制图史上最重要的作品之一，此图的制作者弗拉·毛罗又被称为"随后而至的地理大发现时代的

葡萄牙国王给毛罗颁发的奖章

先驱"。[①] 它标志着欧洲基于基督教《圣经》的地理学的结束，意味着地图的准确度比宗教或传统信仰更为重要，并开始采用更科学的制作地图的方式。

《毛罗地图》以及 1492 年的马丁·贝海姆（Martin Behaim）的地球仪，形成了中世纪与地理大发现之间的制图过渡。

《毛罗地图》

毛罗是天主教卡马尔多利会（Camaldolese，本笃会的一个独立分支）的一名僧侣，生活在威尼斯附近穆拉诺（Murano）岛上的圣米切

---

① 〔英〕杰里米·哈伍德、萨拉·本多尔著，孙吉虹译《改变世界的 100 幅地图》，生活·读书·新知三联书店，2010 年，第 57 页。

尔修道院。他善于绘制地图，是一名专业制图师，曾在修道院中设立地图作坊。在保存至今的修道院记录中，与他有关的经费开支项目，大多与绘图有关。

1457 年，葡萄牙国王阿丰索五世曾请毛罗绘制一幅世界地图，并向他提供了经费以及葡萄牙人在海外探险中获得的一些新的地理资料。

毛罗与其助手——航海家兼地图学者比安科，开始了为期两年的工作。1459 年 4 月 24 日，地图绘制完成，并被送往葡萄牙。地图涵盖了当时全部的已知世界。

葡萄牙国王为此特地给毛罗颁发了奖章。虽然送到葡萄牙的原图后来失传了，所幸的是，毛罗的助手比安科在毛罗修士去世之后又制作了一个副本，地图采用旋转星图的圆形模式，绘制于带木框的羊皮纸上，直径将近 2 米，即后来人们看到的《毛罗地图》，现藏于意大利威尼斯的马尔西亚那国家图书馆。

《毛罗地图》绘在羊皮纸上，圆形，彩色，直径约 196 厘米。地图上写有大量的注释和批注，这些注文是用夹杂着威尼斯方言的意大利语写成的。

地图的主基调为金色和蓝色，用天青石色和金色树叶加以装饰，绘制精确，恢宏壮丽。地图少有人物和动物，也没有宗教符号。在全幅地图上，并不存在着某个特别突出、耀眼的区域，但每一个区域基本上都由一座城市加上其周边的河流及树林构成，成为一幅缩小了的风景画，反映出 15 世纪意大利绘画的特点。

《毛罗地图》从形式上突破了中世纪宗教地图的规制。这张圆形世界地图，整个大地呈圆形，为海洋所包围。地图南方朝上，亚洲在左侧，欧洲在下方。这种朝向与当时的其他地图不同，显然是受到伊斯兰制图风格的影响。整幅地图被装帧在一个正方形的木框中，四个角落上分别画着天体、海洋与陆地关系、地球的构成要素、伊甸园（里面绘着上帝、亚当和夏娃）。有专家曾赞誉说："该图堪称是中世纪制图学的顶峰。"

《毛罗地图》在内容上突破了中世纪宗教地图的观念。地图基督教色彩较淡，没有《圣经》故事或"末日审判"之类的记载。耶路撒冷并不处于世界的中心。毛罗辩解道："耶路撒冷就纬度而言是有人居住世界的中心，但就经度而言，却偏向西方；不过，由于西方的欧洲人口稠密，所以，如果从人口密度来讲，也可以说耶路撒冷在经度上也是有人居住世界的中心。"

《毛罗地图》上印度洋的航船

《毛罗地图》突破了托勒密关于印度洋的错误观念以及其他一些说法。毛罗认为，他这个时代的世界地理知识，已经远远超过了托勒密时代，因此托勒密的著作不能作为绘制世界地图的主要依据。相反，毛罗大量参考了马可·波罗（1254～1324）以及同时代人在旅行中收集到的资料。毛罗说，葡萄牙国王向他提供了有关葡萄牙人在非洲进行航海的最新资料，包括航海图。

《毛罗地图》绘成之时，葡萄牙人向南的航海范围，尚未越过非洲西北部塞拉利昂沿海海域。可是，《毛罗地图》不仅描绘出非洲东、西海岸线，而且在海岸线以及非洲内陆上还标注出许多地名，似乎毛罗修士对非洲大陆已经了如指掌。

在非洲大陆的南端，毛罗修士写下一条令人感到惊奇的注释："大约在我们主的 1420 年，一艘被称之为印度舟的船横穿印度洋驶向'男人和女人岛'。这艘船在风力的助动下驶过迪布角，并经过绿岛向西南方向驶入黑暗海洋（即大西洋）。航行 40 天后，除了天空和汪洋，他们一无所见。据他们估计，他们已航行了两千英里（约 3219 公里），命运之神抛弃了他们。当风力减弱时，在 70 天内他们又返回到所谓的德迪亚卜角……"有人认为，迪布角即好望角，这一注释说明，在葡萄牙航海家迪亚斯越过好望角 28 年前，早已有人越过了这一海角。但是，也有不少人认为《毛罗地图》中的"迪布角"应指马达加斯加岛，而非好望角。对此学术界尚无定论。

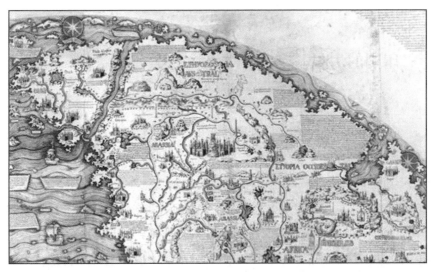

《毛罗地图》中的南部非洲和"迪布角"

在《毛罗地图》上，亚洲的印度被画成了两个半岛，中间隔着一个大海湾，这与印度的实际地理不符。孟加拉湾的形状比较正确，但他错误地认为印度河是流入孟加拉湾的。在印度洋上，有个非常大的岛屿，标明是苏门答腊岛（Sumatra），自此向东，依次为小爪哇岛（Giava minor）、大爪哇岛（Giava major），并说此地盛产香料；然后是Zimpagu，此岛屿无疑是指日本，来自马可·波罗的叙述，只不过日本的位置被画得太南了，与中国的刺桐（Zaiton，泉州）在同一纬度上隔

海而望。

在《毛罗地图》上，与当时流行的观点一样，中国北方被称为"契丹"（Chatajo），中国南方被称为"蛮子"（Mango），但在此两地之间还有个"赛里斯"（Serica），在"蛮子"更南的地方，则有 Cin。此外，《毛罗地图》上还有三处马秦（Macin），分别出现在南亚次大陆（靠近中亚）、印度支那半岛和现在的中国云南一带。《毛罗地图》对于中国的描述，主要依据的是《马可·波罗游记》。地图上画出的中国城市的建筑式样，是文艺复兴时威尼斯的建筑风格。

从某种意义上说，《毛罗地图》也是近代地图的曙光。

印刷的力量

印刷，传播文明和新发现、新知识。印刷，还通过地图展示世界，具有神奇的力量。

众所周知，印刷术是中国古代的四大发明之一。它始于隋朝的雕版印刷，经北宋的毕昇发展、完善，产生了活字印刷。印刷术先后传到朝鲜、日本、中亚，13 世纪，随着蒙古军队被带到了西亚地区，14 世纪传入北非。14 世纪后期，欧洲出现了最早的木版印刷，15 世纪，木版印刷在德国、意大利、荷兰等地流行。15 世纪 30 年代，出现了适合于铜版印刷的墨水，大约在 15 世纪 70 年代，铜版印刷业诞生。

目前所见中国最早的雕版印刷地图，是南宋绍兴二十五年（1155），由官员、地理学家、文学家杨甲（约 1110～1184）编撰的《六经图》中之《十五国风地理之图》。

此图绘于南宋绍兴二十五年（1155）左右，刻印于南宋乾道元年（1165），是为《诗经》周南至豳风之十五国风绘制的地理图，地图的范围主要是长江以北、长城以南的地区。图中山脉用黑三角形表示，河流用单曲线表示，古今地名一般不加框，只"周南""召南"外括方框，"秦""晋"等用圆形黑底白字表示，长城的符号十分醒目。地图系木版雕刻印刷，较之德国奥格斯堡发行的最早的木版印刷地图，要早317年。

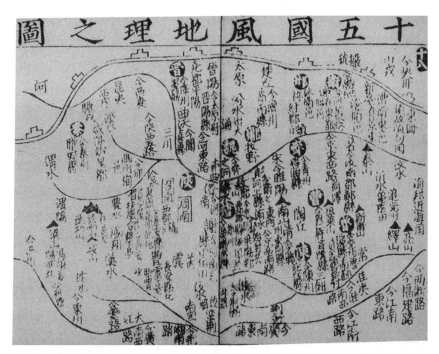

《十五国风地理之图》，中国现存最早的印刷地图。

乾道元年（1165）《六经图》初刻本已失传，现存的宋刻本为南宋福建地区刻袖珍本残本，其中有《十五国风地理之图》，现收藏于中国国家图书馆。

印刷术传入欧洲和印刷所出现之前，每一本书或每一张地图的副本，必须手工抄写。通常都是一些寺院中的僧侣担任书写员，他们的工作漫长而枯燥，常常是错误百出。一张地图每誊抄一遍，总会有错误乘虚而入，以讹传讹，地图很快就变得面目全非了。

在谷登堡之前的整整半个世纪，木版和金属雕刻师一直为手工抄写的书籍"印刷"插图。金匠和银匠发展了一套技术，即用油墨把他们的装饰图案转印在纸上，开始时他们仅供自己作为记录之用，后来才出

售。不习惯于阅读长篇巨著的人，对于提供题材生动而构图奇特的地图、地图册和旅游者的故事等，感到满意。在此时期，由于航海到异国他乡和"发现"种种事物的好奇心日益增长，这些图书在市场上的销路惊人。

13 世纪，航海图的交易就已是地中海水手们用以谋生的一种手段，手工抄写的港口指南，为讲求实用的海员们服务。

14 世纪，航海图绘制者的生意兴隆起来，一直到 15 世纪中叶，这些航海图绘制者，成为欧洲唯一活跃的职业绘图者。每幅航海图，都是由几名专门的艺人用手工绘制的，尽管这些航海图往往一模一样。

随着亚洲和西印度群岛的海上贸易竞争日益激烈，私营贸易公司开始自己编制地图册，出现了对零星地理资料的征购现象，以发现秘密的取水地点、良好的港口和较短的航路等线索。荷兰东印度公司雇用荷兰的最佳绘图师，编辑了大约 180 幅供公司专用的地图、海图和风景图片，标明了绕过非洲至印度、中国和日本的最佳航线。

大航海时代的西班牙、葡萄牙，对航海地图进行了严格保密和垄断，这导致了地图黑市的产生。自从印刷机传入后，保密政策出乎意料地败于可以创造新商品的印刷术。地图和地理知识可以方便地汇编成册，并出售牟利。

印刷地图，需要精确地刻绘出图案，刻工要有高超的技术，15 世纪后期，欧洲才出现了木版地图。

印刷技术，让可精确重复表达的图像，尤其是地图，成为一种与日俱增的现实。新的印刷机，使得制图师能够以前所未有的准确度和统一性，迅速复制并销售数百份乃至数千份同一标准的地图副本。

1500 年，欧洲已经有大约 6 万份印刷地图在流通。

1600 年，欧洲的印刷地图暴涨到 130 万份。[①]

1454 年，约翰内斯·谷登堡（Johannes Gutenberg）在德国美因茨

① 〔英〕杰里·布罗顿著，林盛译《十二幅地图中的世界史》，浙江人民出版社，2016 年，第 119 页。

创立了第一家印刷所，用金属活字印出了著名的《四十二行圣经》。谷登堡的伟大而实用的发明，包括铸字盒、冲压字模、铸造活字的铅合金、木制印刷机、印刷油墨和一整套印刷工艺。

从此，成千上万的印刷地图，在无意之中流传到世界各地。印刷机复制产品的力量，为许许多多地理信息的传播，提供了无数无从堵塞的渠道。

约翰内斯·谷登堡

1472 年，欧洲第一张印刷地图诞生，这是伊西多尔《语源学》一书中一幅简单的中世纪 T-O 型地图，由蔡纳在德国奥格斯堡采用木版雕刻印刷。

1477 年，托勒密《地理学指南》的印刷版本，在意大利的波伦亚问世。这本书的印刷一共使用了 26 张印版。托勒密《地理学指南》的再发现以及连同拜占庭手抄本一起发现的地图，也许比其他任何一件事都更能促使职业制图者的出现。

1475 年，在德国的吕贝克（Lübeck）出版了世界历史通俗读物《新编历史入门》（*Rudimentum Novitiorum*），附有两幅对折的地图，一为巴勒斯坦地图，一为世界地图。其中，世界地图为木版彩印，直径约38 厘米，是一幅中世纪的 T-O 地图，绘出各种表示地理特征的图案，其中可以辨认的地名有 100 多个。图中大地呈圆形，被海洋所环绕。地图东方朝上，最上方的那个大岛，就是人间天堂伊甸园。这幅地图用一座座独立的高山来代表各个国家，每座高山被海水所包围，山顶上画着城堡或国王。陆地被割裂成众多独立的岛屿。地图上半部分为亚洲，从天堂中流出四条大河，把亚洲分为东西两半。地图右下方为非洲，左

下方为欧洲。地中海没有被画出来。耶路撒冷居于地图中心，教皇在罗马城的围墙内。此图包含的地理观念已经过时，但它引入全新的印刷术，标志着新时代的开端。

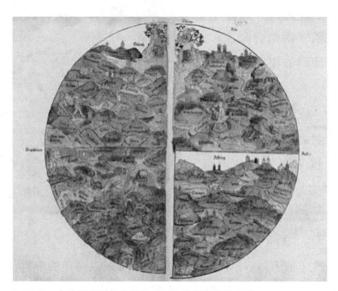

1475 年，在德国吕贝克出版印刷的木版彩色世界地图。

印刷地图需要高额的投资。除了大量油墨和纸张外，还得准备木版或铜版，还得有几套字体相同的铅字和一台印刷机。1480 年，欧洲 111 个城镇拥有印刷机，到 1500 年，此数已超过 238 个。这些印刷厂提供的是一般教堂里看不到的书籍，如亚里士多德、普卢塔克、西塞罗、恺撒的古代经典著作及《伊索寓言》等，还有薄伽丘的爱情故事。

1492 年，马丁·贝海姆著名的直径 20 英寸（约 51 厘米）的地球仪，在德国纽伦堡亮相。这架请工匠打造的地球仪称为"Erdapfel"，字面意思就是"地球苹果（Earth Apple）"。

早期地球仪的制作是先印刷出狭长的三角形图块，然后将这些图块剪下来，粘贴在木球上。贝海姆的地球仪是根据托勒密《地理学指南》中的地图制成的，所以亚洲比实际的向东延长了许多，大西洋也比实际的窄了不少。

马丁·贝海姆出生于一个从事远洋贸易的贵族商人家庭，15 岁时到佛兰德斯学习纺织贸易，25 岁时到了里斯本，很快成为葡萄牙国王约翰二世的航海顾问。1490 年，贝海姆从里斯本返回家乡，并逗留了三年，在此期间他以制作精美的地球仪出名。

1493 年，克里斯托弗·哥伦布给西班牙国王费迪南德和伊莎贝拉写信，报告他在新大陆远航的消息和发现。同年 3 月，哥伦布的信编成一本 8 页的西班牙文小册子，在巴塞罗那印刷。然后又被翻译成拉丁文，在罗马、巴黎、安特卫普和巴塞尔印刷发行。巴塞尔的版本增加了一些木刻插图，其中之一被认为是第一幅印刷的新大陆地图。这幅木版地图约 11.5 厘米×8 厘米，显示了哥伦布的探险航船在新大陆的情景。

马丁·贝海姆制作的地球仪　　　　　　　第一张印刷的新大陆地图（1493）

1500 年以后，印刷机已能经常地大量印刷地图。亨里克斯·马泰勒斯与佛罗伦萨的弗朗切斯科·罗塞利合作，前者把托勒密的地图册修订成最新版本，为哥伦布所信赖，而后者一向被公认为本专业的第一位地图制作者兼地图商。从瓦尔德泽米勒作品中，我们已经看到，在1507年的那个时候，即便是遥远地方的一家小印刷厂，其影响也很大。没经过多长时间，地图制作成为一个大行业。尽管保守的海员们，在相当长的时间里，仍旧不愿使用印刷地图。

早期地图印刷

在谷登堡的《圣经》印行后不到二十年，托勒密卷帙浩繁的《地理学指南》第一版就问世，接着多次印刷再版。这本有关地球的可靠著作，传布到国外，为制图师们提供了一部圣书，使他们的工作既重要又受人尊敬。

甚至在1501年前印刷业尚处在摇篮中的"襁褓"时期，印刷厂已经把托勒密的《地理学指南》用对开本出了7版。到了17世纪，至少印了33版，他的著作成为经典。到1570年，即托勒密的书第一次印刷出版一百多年后，欧洲的地理书、地图和地图册只是将托勒密的主题和图像略做修改而已。托勒密的名字印在扉页上可以使一本书受人尊敬，正如后来美国出版的字典上印有韦伯斯特的名字一样。

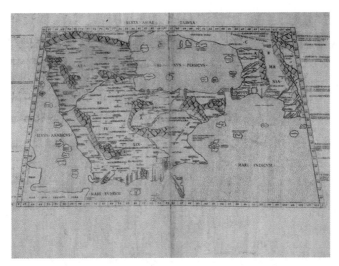

1478 年在罗马印刷的托勒密地图册中的"亚洲第六幅地图"

1478 年，在罗马印刷的托勒密《地理学指南》以及其他几个版本，均从原希腊文翻译为拉丁文，托勒密地图册包括 12 幅亚洲地图，"亚洲第六幅地图"轮廓比较粗糙，涵盖了阿拉伯半岛，但众多地理特征包括红海、印度洋以及半岛的不同特点均十分清晰。

早期的地图都是和书装订在一起的。但是到了 16 世纪后半叶，地图被独立印刷成册，以满足朝圣者和旅游者的需求，其中的上品都出现在意大利。这些地图都是由铜版印刷，其清晰度是木版印刷远不能及的。

16 世纪，德意志北部的一些城邦在地图绘制方面超过了意大利。汉堡、卢卑克以及不来梅等波罗的海沿岸的城市是当时繁荣的贸易中心，那里许多富有的商人对和他们有贸易往来的城市的地图非常感兴趣。纽伦堡、斯特拉斯堡和巴塞尔等大学城云集了众多的数学家、天文学家和地理学家。纽伦堡以制作精良的地图、地球仪和天文图表闻名于世。

欧洲的地图制作大本营，总是设在技术最发达的地方。1550年以后，印刷最精致的地图开始用铜版取代木版，欧洲地图制作中心转移到了荷兰，因为那里有最好的线铜版雕匠。

1569年《地中海区域图》，第一张在铜版上雕刻和印刷的航海图。

1539年，第一张单独印刷的航海图在威尼斯诞生了。它是由安德烈·迪·瓦瓦索尔印制的。当时威尼斯已成为地图绘制的中心。意大利出品的第一批地形图中，有许多就诞生在那里。①

1569年，意大利制图师和刻版师保罗·福兰尼（Paolo Forlani）制作了第一张在铜版上雕刻和印刷的航海图《地中海区域图》，这幅地图虽然名义上是一幅地中海区域的地图，但其向西却延伸至爱尔兰，向北则至俄罗斯大多数地区和黑海（图中标注为 Mare Maggiore，大海洋）。图上交叉的直线，代表航海罗盘从某个给定位置出发的 32 个航向。为了避免遮住海上可能存在的危险，沿海地名写在海岸线靠陆地的一边。

①〔加〕史密斯著，刘颖译《地图的演变》，江苏凤凰美术出版社，2015年，第60页。

海岸线沿岸政区用不同的颜色表示，某些情况下还用在里面涂上阴影的方式来表示。

洪迪乌斯家族

1563 年 10 月 17 日，约道库斯·洪迪乌斯（Jodocus Hondius）出生在比利时西部瓦拉安德的瓦克恩（Wakken）。

地图商约道库斯·洪迪乌斯

两岁时，他随父母搬到了根特市，在那里学习了雕刻和绘画的艺术。洪迪乌斯很快就非常精通书法了，他还接受了数学教育。后来洪迪乌斯成为一位技艺娴熟的铜版雕刻师，在当时西班牙统治下的重要城市的精英阶层享有盛名。在年轻的时候，他还为亚历山大·法尔内斯（Alexander Farnese）、帕尔马公爵（Duke of Parma）和荷兰的总督菲利普二世（Philip II）做了许多雕刻。

1584年，根特被西班牙人占领，洪迪乌斯逃到了伦敦，在那里他遇到了一些宗教改革的新教徒。在弗拉芒人和荷兰移民的环境中，他遇到了著名出版商柏图斯（Petrus Kaerius）的妹妹考拉特（Colleta），她随即成为他的妻子。

洪迪乌斯在伦敦曾为几家出版商工作过。通过与英国探险家弗朗西斯·德雷克、托马斯·卡文迪什和沃尔特·罗利的接触，他扩展了他的制图学和地理学知识。1589年，洪迪乌斯根据日记和目击者的描述，绘制了德雷克在北美西海岸定居点新阿尔比恩湾的地图。

1593年，洪迪乌斯携家人搬到阿姆斯特丹，成为一位佛兰芒制图师与雕刻师，他成立了一家公司，制作、生产地球仪，并出版了首批大型《世界地图》。

约道库斯·洪迪乌斯出版的《世界地图》，阿姆斯特丹（1598）。

1602年，洪迪乌斯到莱顿大学学习数学。在莱顿，他结识了法国国王路易十三的皇家宇宙学家贝修斯（Petrus Bertius）。

1604年7月12日，贝修斯鼓励洪迪乌斯买下《墨卡托地图集》的铜版，从而改变了洪迪乌斯的生活，他后来成为一个杰出的佛兰德地图出版商和制图师，获得了全世界的名声。

《墨卡托地图集》最初印刷于 1595 年，洪迪乌斯以一个出版家的眼光和魄力，让这部地图集焕发出更加夺目的光彩。

1606 年，《世界地图集：精美的雕刻与绘制版本》（*Atlas sive Cosmographicae Meditationes de Fabrica Mundi et Fabricati figura*）面世，这部历史上第一个完整的地图集，由洪迪乌斯在墨卡托作品的基础之上制作而成，增加了 36 张新地图，包括洪迪乌斯自己绘制的几张地图，根据探险者的新发现，所有已知的大陆地区和海洋都被描绘出来收入地图集中。

这个地图集成为畅销书，市场对它的需求巨大，一年之后就卖光了，从 1607 年开始又发行了许多版本。

由于墨卡托－洪迪乌斯地图集的成功，17 世纪末的阿姆斯特丹，获得了绘图学的中心地位。

洪迪乌斯 1606 年在阿姆斯特丹出版了一张重要的早期地图，描绘了中国、日本、朝鲜和美洲西北海岸（含俄勒冈州、华盛顿州、爱达荷州、怀俄明州、蒙大拿州）。地图上，展示了中国长城，韩国是一个岛屿，对日本的描绘有严重错误。地图包括对东方和西方帆船、海怪的有趣描述。

洪迪乌斯是一个精明的商人。他认为规格较小的地图册更便宜、更方便使用，从 1606 年开始，他以欧洲的主要语言出版了大约 50 个版本的小型地图册，受到读者的热烈欢迎。

洪迪乌斯 1610 年出版的《西班牙现代地图》（*Nova Hispaniae Descriptio*），是第一幅以旋涡花饰镶边的地图，这种手法是 17 世纪荷兰制图领域最引人瞩目的发展之一。旋涡花饰用于补充地图提供的地理信息，并让地图看起来更美观。此地图以杰勒德·墨卡托（Gerard Mercator，1512 ～ 1594）制作的图版为基础，四周附有平面图、城市景观以及身着当时服饰的人像。地图顶部是阿拉马、格拉纳达、毕尔巴鄂、布尔戈斯、贝莱斯马拉加和埃西哈等城市的景观；底部是里斯本、托莱多、塞维利亚和巴利亚多利德的景观；右下角是文艺复兴时的旋涡花饰，上面冠有西班牙国王的盾形纹章，侧面是两名男子的坐像，还装饰有三个头像；两侧分别是三名身着独特服饰的女性和男性，分别代表贵族、商人和农民阶层；底部的圆形图案是西班牙国王菲利普三世（Philip III）的肖像，上面题有国王的名字；地图左下角标有比例尺，位于出版社徽章下面的基座上。

洪迪乌斯 1610 年出版的《西班牙现代地图》

1612 年约道库斯·洪迪乌斯去世，他的儿子亨里克斯、约斯兄弟继续经营家族企业。

亨里克斯·洪迪乌斯（Henricus Hondius，1597 ～ 1651），约道库斯·洪迪乌斯之子。在连襟约翰内斯·杨松的帮助下，亨里克斯继续出版了著名的《墨卡托－洪迪乌斯地图集》。

1637 年，亨里克斯和他的姐夫、地图出版商约翰内斯·杨森尼斯一起出版了《新地图集》（*Novus Atlas*），这是一套三卷本包含 320 幅地图的地图集，使用了四种语言。

与洪迪乌斯家族紧密关联的另一个荷兰著名制图师家族，是杨松家族。

约翰内斯·杨森尼斯（Jan Janssonius，1588～1664），或称简·杨松，是阿姆斯特丹的制图和出版人。他 1588 年出生于荷兰阿纳姆，是出版商兼书商老简·杨松的儿子。

1612 年，简·杨松与约道库斯·洪迪乌斯的女儿伊丽莎白·德·洪德特（Elisabeth de Hondt）结婚。

1616 年，简·杨松制作了第一张地图，内容所绘范围是法国和意大利。

1623 年，简·杨松在法兰克福拥有了自己的第一个书店，后来又在格但斯克、斯德哥尔摩、哥本哈根、柏林、哥尼斯堡、日内瓦和里昂相继开办书店。

1630 年，简·杨松与他的连襟亨里克斯·洪迪乌斯成为合作伙伴，成立了地图出版公司（Mercator/Hondius/Janssonius），他们一起出版了《墨卡托－洪迪乌斯地图集》。

在简·杨松的掌管之下，公司日益扩大，更名为"Atlas Novus"，1638 年出版了 3 本地图，其中一本内容为意大利地

简·杨松 1641 年出版的《新地图集》（*Nieuwen Atlas*）

图。1646 年出版了一本《英国各县地图》(*English County Maps*)。

杨松的地图与布劳制图公司的创始人威廉·扬森·布劳的地图相似,有时杨松甚至被人指责复制了竞争对手的作品,但是他的多幅地图与布劳的地图在覆盖的范围上有所不同。

亨里克斯逝世后,杨松接管了公司业务,在他的领导下,《墨卡托－洪迪乌斯地图集》的出版稳步扩展,被重新命名为《新地图集》(*Nieuwen Atlas*),1638 年出版了前三卷,1646 年出版了第四卷。

1660 年,公司名称变为"Atlas Major",拥有超过 100 位地图制作师和雕刻师。《新地图集》共出版了 11 卷,包括了世界上的大部分城市、世界水域分布图共 33 幅地图,以及古代世界 60 幅地图。其中第 11 卷为制图师安德烈亚斯·塞拉里厄斯兰(Andreas Cellarius)绘制的星空图。《新地图集》以荷兰语、拉丁语、法语、德语出版。

1664 年,简·杨松去世,出版公司由他的儿子约翰内斯·凡·瓦伊斯伯根(Johannes van Waesbergen)掌管。伦敦籍书商摩西·皮特(1654~1696)与约翰内斯·凡·瓦伊斯伯根一同翻印了一系列杨松地图集精选。皮特试图出版一套完整的 12 卷杨松地图,这种做法最终使他陷入了财政困境。

布劳家族

1655 年 7 月 29 日,位于阿姆斯特丹水坝广场上的新市政厅正式建成并向市民开放。这座荷兰共和国 17 世纪最大的建筑工程,历时七年才建造完成。市政大厅的大理石地面上,镶嵌了三个扁平半球地图,分别是地球的西半球、天球的北半球、地球的北半球。

这三个半球地图,复制于 1643 年出版的一幅世界地图,原图长超过 2 米,高近 3 米,描绘了两个半球,两个大半球上方的小天球描绘了地球围绕太阳的图像，这是第一幅描绘"日心说"的世界地图，此图的制作者是荷兰制图师、地图出版商约翰·布劳。

布劳出版社是阿姆斯特丹乃至整个欧洲最具威望的一家出版社，布劳家族出版的地图集，在当时被人们视为阿姆斯特丹各行各业能力的标志，象征着高雅与财富。

威廉·布劳（Willem Blaeu，1571～1638），是布劳制图家族的创始人。他制作出版的地图，以反映地理大发现时代的内容为主。

1571 年，威廉·布劳生于阿尔克马尔附近的厄伊特海斯特。

1599 年，威廉·布劳来到阿姆斯特丹，在那里生产出了自己的第一批地球仪、天体仪、航海图、水手指南和导航仪。他还为制作地球仪和日晷编写了一个手册，也就是后来他出版的水手指南手册《航海之光》。

1605 年，威廉·布劳在阿姆斯特丹的布朗赫克运河边开了一家书店，售卖书籍和地图。同时与航海归来的水手们直接联系，以获取最新的海洋信息的记录来制作地图。

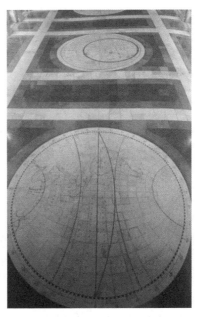

阿姆斯特丹市政厅地面上的三个扁平半球地图

威廉·布劳

约翰·布劳1643年出版的世界地图

　　荷兰东印度公司也邀请了威廉·布劳作为御用制图师来制作保密地图。威廉·布劳因他的地图册而闻名，并在整个欧洲盛极一时。

　　1630年，威廉·布劳用他获得的《墨卡托地图集》的图版，印刷出版了一部世界地图集。随后，1635年，威廉·布劳又用从亨里克斯·洪迪乌斯处买来的铜质模版，印刷出版了《新地图集》，又名《寰宇全图》，此书以两卷本的形式发行，共收录了208幅地图。此后，地图逐年增加，截止到1655年，这部地图集已扩充至六卷本。鉴于生意兴隆，布劳公司1635年又在鲜花运河旁边开了第二个印刷厂。

　　从1633年开始，威廉·布劳就作为官方的水文地理学家，效力于荷兰的东印度公司。因而，他能获得最新的地理大发现成果，进而能在地图上描绘出最新的地理信息。

　　作为出版商，为了提高地图的竞争力，威廉·布劳在地图的装帧设计上下功夫，设计出装饰漂亮、精美的地图。布劳家族地图的特点之一就是在地图图框处绘制插画以做装饰，这些插画颇能反映一个国家或地区的风土人情和自然环境。地图插画不仅能给地图增色，也直观、形象地提供了异域殊方的知识。

威廉·布劳开创的这种地图绘制的巴洛克式风格，使地图和艺术很好地结合起来，在地理大发现的时代很受欢迎，也被后来的许多制图家学习和模仿。威廉·布劳靠印地图和地图册致富成名，被授予"共和国制图家"的称号。

1638年，威廉·布劳去世，被葬在加冕之地新教堂。随即他的儿子约翰·布劳和康纳利斯·布劳继承了他的公司。

约翰·布劳（Joan Blaeu），1596年生于阿尔克马尔，1620年在莱顿大学攻读了法律博士学位。他不仅继承了父亲的事业，还继任了荷兰东印度公司首席制图师的工作，一直秉承着父亲开放包容的地图出版传统。

约翰·布劳制作于1572年到1617年间的《城市大观》，共六卷本，内含546张世界各城市的鸟瞰图。弗朗斯·哈根伯格制作了卷一到卷四的地图，西蒙·冯·登·纽维尔制作了卷五和卷六的地图，乔治·霍夫纳吉尔、制图学家丹尼尔·弗里斯以及亨利克·兰左制作了其他的地图。布劳作为主要的编纂者，布局地图，雇用霍夫纳吉尔等艺术家撰写文本。

1648年，约翰·布劳出版发行了《世界概貌》一书，它涵盖了北部和南部低地国家所有城市的地图。

当时，布劳出版社与洪迪乌斯·杨森尼斯的出版社竞争非常激烈，二者都发行了新的地图册和城市书籍。这些地图册除了拉丁语版的，还有荷兰语、英语、法语、德语版的。洪迪乌斯受到

约翰·布劳

了他的女婿约翰内斯·杨森尼斯·范·维斯伯格的协助，通过发行海洋图册、星空图册和历史图册与约翰·布劳分庭抗礼。

1662 年，约翰·布劳出版了最重要的地图作品，也是 17 世纪规模最大的书籍《大地图集：布劳的宇宙学》，包括正文 3368 页、21 幅卷首插图、594 幅地图，其中有 200 多幅来自他父亲威廉·布劳《新地图集》中的新版地图。

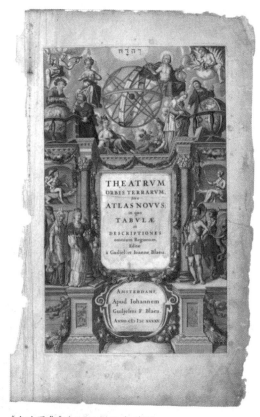

《大地图集》（*Atlas Major*）首页

这部巨著奠定了地图集的格式，实现了一代欧洲制图师的梦想："把世界收进一本书中"，成为空前绝后之作。在 1993 年进行的一个问卷调查中，2500 家图书馆答复说，找到了 129 个拉丁文版、84 个法文版、59 个荷兰文版以及 45 个西班牙文版的《大地图集》版本，可见

《大地图集》取得了巨大的商业成功。

1672 年，一场大火烧毁了布劳家族的出版社。格文斯特的印刷厂失了火，不仅西班牙文版《大地图集》被全部烧毁，而且铜版也丢失了。从大火中救出的一些模板，被别的出版商买走了。

大火烧毁了布劳家族的黄金运。1673 年，约翰·布劳逝世。直到 1712 年，他的儿子才接管了他的印刷厂。

热衷地图的画家

在文艺复兴时期以及其后的 17 世纪和 18 世纪，几乎有五分之二的科学家与制图打交道。这是历史学家韦斯特福尔（R.S.Westfall）经过研究之后得出的结论。

描绘地图最著名的美术作品，是 17 世纪荷兰黄金时代最伟大的画家之一约翰内斯·维米尔的多幅作品。维米尔堪称艺术史上最热衷描绘地图的画家，以多处、多次描绘地图、天体仪或地球仪的形象著称于世。

早在 16 世纪，荷兰的画家们就开始对地图认真地关注着。17 世纪时的荷兰社会，地图除具有方位、航海、地形与军事等实践功能之外，还是人们热衷收藏的高档装饰艺术品，在富有的市民中很流行。地图极为昂贵，拥有地图不仅

约翰内斯·维米尔自画像

表示富有，也是良好教育和教养的标志，体现出地图主人在地理和政治方面的兴趣甚至爱国精神。

这表明那时并没有把作为"艺术"的绘画与作为"知识"的地图区分开来。艺术家们选择地图作为值得了解的知识。地图家或制图者希望以绘画的方式来表现地图，与画家或雕刻家在有地理科学的严谨要求下描绘地图，在当时得到近乎完美的实现。

马里特·威斯特曼在《荷兰共和国艺术》一书中指出："风景画与产生于荷兰共和国的那些种类繁多、数量庞大的精美地图极其相似。这类地图以世态场景的形式画成，像画一样挂在墙上。"

制图家劳伦斯·凡·德·赫姆毫不迟疑地把地图、主题版画和"艺术的"绘画三者融合在他所绘制的庞大的地图集中。维斯切尔于 1621 年前后所作的《比利时之狮》(Leo Belgicus)，设计巧妙地把 17 个省绘成狮子的图案。

约翰内斯·维米尔（Johannnes Vermeer，1632～1675），17 世纪荷兰黄金时代最伟大的画家之一。1632 年 10 月 31 日，维米尔出生在荷兰南部的德尔夫特。

1653 年 4 月 5 日，21 岁的维米尔娶了天主教教徒卡特琳娜·伯恩斯，这对贫贱夫妻无法自己组织小家庭，只好和岳母住在一起，他们在岳母家生了 11 名子女。

1653 年 12 月维米尔被接纳进当地的画家同业公会，这时他甚至凑不出学画所需的费用。

1656 年起，维米尔开始改变画风，开始绘制代表他特点的室内人物风俗画和风景画。

1657 年维米尔创作了《读信的少女》《军官与微笑的少女》。在 1658 年至 1670 年的这段时期，维米尔先后创作完成了《读信的蓝衣女子》《拿水壶的年轻女子》《画家的工作室》等一系列作品，他最好的作品都完成于这段时期。

1675 年 12 月 15 日，维米尔终不堪生活的重负，生命猝然而止，时年 43 岁。

维米尔留下的作品很少，现在已经被鉴定为他本人的作品只有 35 幅。在作品中绘制地图，是维米尔艺术世界中的一个组成部分。他既作为绘图者，又作为赏图者，将自己的心境与眼界，以地图等题材展现出来。维米尔有限的作品体现出一种"地图的狂热"，即对于绘制地图及其制作技术的突出的关注。地图和地球仪在维米尔的 9 幅作品中占据了显著的位置。虽然当时亦有其他荷兰画家也表现地图题材，然而触及境界之深者莫过于他。

这 9 幅画是:《军官和微笑的少女》(*Officer and Laughing Girl*)，创作于 1657 ～ 1660 年，原始地图为荷兰省和弗里斯兰省地图，作者凡·博肯罗德 (van Berckenrode)，威廉·扬兹·布劳 1671 年出版;《读信的蓝衣女子》(*Woman in Blue Reading a Letter*)，创作于 1662 ～ 1664 年，原始地图为荷兰省和弗里斯兰省地图，作者凡·博肯罗德 (van Berckenrode)，威廉·扬兹·布劳 1671 年出版;《持水罐的女子》(*Young Woman with a Water Jug*)，创作于 1662 年，原始地图为尼德兰 17 省地图，作者胡伊克·阿拉特 (Huyck Ailart)，胡伊克·阿拉特 1671 年出版;《弹奏鲁特琴的女子》(*A Lady with a Lute*)，创作于 1662 ～ 1663 年，原始地图为欧洲地图，作者雅各布·洪迪乌斯 (Jodocus Hondius)，雅各布·洪迪乌斯 1663 年出版;《绘画的艺术》(*The Art of Painting*)，创作于 1662 ～ 1663 年，原始地图为尼德兰 17 省地图，作者维斯切尔 (Claes Jansz .Visscher)，维斯切尔 1670 年出版;《天文学家》(*The Astronomer*)，创作于 1668 年，画面为星象仪;《地理学家》(*The Geographer*)，创作于 1668 ～ 1669 年，原始地图为伊比利亚和意大利半岛、非洲和北美的部分，作者雅各布·洪迪乌斯 (Jodocus Hondius)，威廉·扬兹·布劳 1671 年出版;《情书》(*The Love Letter*)，创作于 1670 年，原始地图为荷兰省和弗里斯兰省，作者凡·博肯罗德 (Van Berckenrode)，威廉·扬兹·布劳 (Wiilem Jansz. Biaeu) 1671 年出版;《信仰的寓言》(*Allegory of Faith*)，创作于 1671 ～ 1674 年，寓意

油画，女人白色和蓝色的衣服代表纯洁和真实，她脚下的地球仪代表世俗社会，被淹死的蛇和地球上的苹果则意味着原罪。而第十幅画《睡眠的女子》表现了一个无法辨认的地图一角。

维米尔 1660 年的《德尔夫特风景》，是一幅全景图。有人认为这幅画甚至可以称为风景图向地形图过渡的尝试。

《军官与微笑的少女》（1657～1660）

维米尔最早在作品中描绘的地图是《军官与微笑的少女》，这幅画最有可能在 1657 年至 1660 年之间完成的。在画中，位于前景的军官和桌子处于背光，墙壁的大面积暗色使得人物身后亮色区域中的地图格外醒目，观画者的注意力很自然地被地图首先吸引。这幅地图绘制得非常清晰，荷兰省和弗里斯兰省处于地图西部的最上方。接下来的标题名称可以清楚地在地图的顶部读出：NOVA ET ACCVRATA TOTIVSHOLLANDIAE WESTFRISIAEQ.（VE）TOPOGRAPHIA，译为：

全新的整个荷兰和西弗里斯兰地形之准确描述。

　　维米尔对由凡·博肯罗德制作的这幅地图尤为喜爱，在另外两幅作品《情书》和《读信的蓝衣女子》之中也加以描绘。实际地图和维米尔画中的地图之间最小的细节都惊人得相似。实际上，这是唯一一幅反复出现在他的作品中的地图。从这三幅画的创作年代来看，原始地图可能在维米尔那里存放了很长一段时间。

　　在作品《绘画的艺术》中，维米尔将地图艺术的伟大体验发挥到极致，地图是维米尔对绘画的歌颂，地图本身就是地图制作艺术的杰作。

《绘画的艺术》（1662～1663）

　　《绘画的艺术》是画家的画室写照，也是维米尔一幅风俗性的自画像。画中的画家即维米尔，身着荷兰17世纪中期流行的服装，背向观

众正在专心写生女模特儿，那是画家的女儿，她化装成头戴月桂冠、手持长号和书本的女神，迎面的壁面挂着尼德兰的地图。

这幅画内容复杂，思想性极高，表现手法臻于完美，一向被公认为稀世之作。维米尔自己也很喜爱，一直留在身边，直到他死后，他的遗产处理人才将此画拍卖。过了三百年，希特勒从一个奥地利人手里抢过来这幅画，不久画作又下落不明，一直到战争结束后，才被人在一所监狱里找到。

维米尔在画中的地图，表现的是1543年在神圣罗马帝国的查理五世统一下的尼德兰17省的状况，由维斯切尔（Claes Jansz Visscher）绘制和出版。维斯切尔是荷兰首位自然与风景画家，为布劳家族于1608年出版的一帧地图设计了华丽的装饰。

在《天文学家》一画中，维米尔所描绘的桌子上天文学家面前的书，正是荷兰几何学家、天文学家阿德里安·麦提乌斯（Adriaen Menus，1571～1635）出版于1614年的《天文与地理总论》（Instimtiones Astronomicae & Geographicae）。书的左边页面上，也有一个轮形星盘的插图，这个仪器是由麦提乌斯发明的。

在对地图的描绘上，维米尔懂得地图作为权利—知识所蕴含的魅力和影响力，展现出极大的睿智。维米尔在科学仪器的辅助下，将地图的精微和准确彰显无疑，以至于他画中的地图，成为考证佚失原始地图最翔实的物证。

美国艺术史家霍尔塔不禁对维米尔地图之完美发出这样的感慨："维米尔的地图尤其在《军官与微笑的少女》《读信的蓝衣女子》画中表现得如此全面和生动，这使我想起了潘诺夫斯荃对于凡·艾克的评论：他的色彩技巧使得即使在普本斯看来这也'仅仅是一幅画'而已。和维米尔同时代人物的作品，例如德·霍赫的《饮酒的女子与两位男子》或《音乐家》相比，维米尔的作品看起来就像是地图的绘画重复。"

第十二章
东方舆图

　　远在东方的中国人，也在努力增加关于地球的知识和提高绘制地图的能力。中国古代地图，是先贤们用图形来测量、描绘所处世界的思维方式，是中国人对外部空间认知的表现形式，是中国传统文化的地理凝练。

　　中国的舆地学家，独立地发展出一套绘图技术，提供了独具特色的空间"容器"，无论陆地、河川、山脉、沙漠、舆图变化万端，都可以识别、说明、发现与再发现，在世界地图史上留下丰富的遗产。

唐代《伏羲女娲图》，女娲右手执规，伏羲左手执矩。

早在原始社会，中国已出现了描摹地貌的地物画。古代典籍中有大量史前神话、传说，述说在约5000年前的神农氏（炎帝）、轩辕帝（黄帝）时期，就已出现了地图测绘。

中国人文始祖伏羲和女娲，在多种汉代和唐代的画像中手持规矩（即圆规和直尺），而规矩正是测量绘图的基本工具。最早的河图和洛书，在民间传说中，指的是黄河地形图和洛水地形图。

中国古代地图具有带着东方帝国特点的各种用途。产生在战争与和平时期的地图，是军队作战的导引，也是士大夫设计的实用教育工具，还被用作皇朝领土主张的具体表示，成为国内外交往的象征，甚至被用来描述天堂和大地之间的联系。舆图的另一种重要功能是，以中国水墨风景画般的风格描绘地图，同时提供图画欣赏和到遥远地方的行旅指南。

传统的中国地图，没有以数学为基础的度量和计算，不能画出精确的地理区域，而是以绘画般的形象概括和附加的文字，形成独具风格的地图种类。

西晋裴秀在《禹贡地域图》序中提出"制图六体"：分率（带有比例尺含义的缩尺），准望（水平方向），道里（道路里程），高下（道路高下曲折取水平距离得道里数），方邪（道路遇到方形阻碍取其斜向得道里数），迂直（道路水平弯曲取两点直线得道里数）。

"制图六体"综合包含了地形测量、计算和绘制，在此基础上发展出按比例尺绘制地图的"计里画方"方法。绘图时在图上布满方格，方格中边长代表实地里数；然后按方格绘制地图内容，以保证一定的准确性。现存的1137年石刻《禹迹图》，图上有"计里画方"的格网形式和"每方折地百里"的注记，图面上纵横等距、直线交叉地画满了正方形小格。这种以方格为准，观察各地的四至八到（东、西、南、北四正和东南、西南、东北、西北四隅），由于未考虑到地球曲率，故除中心部分较准确外，越往四周变形越大。据文献记载，晋代裴秀曾以一寸折百里的比例编制了《地形方丈图》；唐代贾耽以每寸折百里的比例编制了《海内华夷图》；北宋沈括，以二寸折百里的比例编制了《天下州县图》；元代朱思本，用计里画方的方法绘制了全国地图《舆地图》。"计里画方"沿用 1500 余年，直到清初。

中国计里画方地图实际上留存数量很少，大多数的地图在绘制方法上参照了中国古代山水画的技巧，以象形的方式表达，只是大致画出地理事物方位，并不考虑精细的比例和方位关系，更多的信息用文字在方志书中或者地图上标记。

传统的地理凝练

夏末商初，伴随象形文字的出现，在中国开始形成了地物画与象形文字融为一体的地图。周灭商后，由于生产和征战的需要，具有明显主题思想和实际使用价值的地图大量出现。

《诗经·周颂》有"堕土乔岳，允犹翁河"的诗句，东汉郑玄笺注说："犹，图也"，"皆信案山川之图而次序祭之"。《尚书·洛诰》："召公既相宅，周公往营成周，使来告卜，作洛诰。周公拜手稽首曰；……予惟乙卯，朝至于洛师。我卜河朔黎水。我乃卜涧水东溜水西，惟洛食。我又卜澎水东，亦惟洛食。评来以图及献卜。"说明西周初年，周公为了营建洛邑（故址在今河南洛阳市渔水之东），曾经绘制了洛邑一带的地图，并将所绘地图献给成王。[①] 在《周礼》中记载："大司徒之职，掌建邦之土地之图与其人民之数，以佐王安扰邦国。以天下土地之图，周知九州之地域广轮之数，辨其山林、川泽、丘陵、坟衍原隰之名物。而辨其邦国、都鄙之数，制其畿疆而沟封之，设其社稷之壝，而树之田主，各以其野之所宜木，遂以名其社与曰医。"[②]

春秋战国是中国古代地图的一个繁荣时期。

随着生产力的发展，由于战争和管理土地的需要，相继出现了各种地图。1974年11月，在河北省平山县中山国都城遗址出土的铜版《兆域图》，距今已2300多年。图上标有"中宫垣""内宫垣""丘歆"（高台）、"宫""堂""门"等图形以及文字注记和说明，图形线条之间注有距离数据。线条、符号与铭文都由金银丝镶嵌而成，是一幅保存极为完整的有关陵墓的建筑平面地图。这块图刻画的线条非常均匀，符号规则而整齐，比例、方位、距离、地势高低等要素在图上都有一些反映，说明当时制图技术已达到一定的水平。

---

① 见《尚书·周书·洛诰》。
② 见《周礼·地官司徒第二·大司徒》。

1986 年天水放马滩秦墓出土的木版地图，据专家考证，其绘制时间，为公元前 323 年到公元前 310 年之间，距今已有 2300 年的历史。通过对绘制时间、图形组合、版式方向、地图性质、比例尺、注记类型、绘制语言与体系等的探讨分析，放马滩地图已具有统一的图式体例和基本的比例概念，形成中国古代地图绘制的基本规范。

先秦古籍《山海经》，也附有《山海图》，可惜已经散佚。

春秋战国时，各诸侯国已有详细的土地图籍，《论语·乡党篇》："式负版者"，郑玄注："负版者，持邦国之图籍"。战国时各诸侯国都有地图，如燕国有督亢的地图。苏秦向赵王说："臣窃以天下之地图案之，诸侯之地五倍于秦。"说明各国还各有天下之图。《孙子兵法》原有附图九卷，《孙膑兵法》原有附图四卷，均散佚。

秦代的历史记载中，多处提及地图及其用途。作为中国第一个统一的庞大帝国，朝廷的统治者必须知道广大版图的形状与边界。及至汉朝时期，地图已经成为治国治民不可或缺的工具。

秦、汉时期是中国古代地图测绘发展的第一个高峰。两朝都重视地图测绘，由丞相和御史掌管，设置了一系列测绘职官和管理机构。

秦始皇统一中国以后，在广泛收集六国的图籍的基础上，编绘了"秦地图"。公元前 200 年，汉丞相萧何入咸阳市首先收集秦廷地图，并在长安建石渠阁收藏图籍，这是世界上专门收藏各种图籍的最早机构。秦代修筑了大量的道路工程，测绘了大量地图。由于战乱，秦代地图现已佚传。

汉代测绘了多种地图，有舆地图、政区图、地形图、城邑图、军阵图等。地图应用广泛，诸侯王不仅按图定地域，而且照例奏舆地图，并成为一定的制度。长沙马王堆三号汉墓中，发掘出三幅绘在帛上的汉代地图《地形图》《驻军图》和《城邑图》。东汉墓中出土有《宁城图》《市井图》等。公元前 122 年，淮南王刘安准备发动叛乱，日夜与其亲信左吴"按舆地图，部署兵所从入"。公元前 99 年，李陵出击匈奴，"举图所过山川地形，使麾下骑陈步乐还以闻"。公元前 36 年，甘延寿、

陈汤征讨那支单于后，"群臣上寿置酒，以其图书示后宫贵人"。

长沙马王堆汉墓《地形图》，公元前 130 年绘制。

三国、两晋、南北朝时期，社会大动荡、大分裂，地图测绘的发展也处于一个低谷期。

三国时期，魏文帝曹丕曾"命有司撰访吴蜀地图，蜀土既定，六军所经地域远近，山川险易，征路迁直，校验图记，罔或有差"，并据此编绘了全国地图。

西晋时期，裴秀任司空兼地官，主管地图测绘，他在任期间主持编绘的《禹贡地域图》18 篇，是当时最精细、最完备的历史地图集。他在《禹贡地域图》序言中阐明分率、准望、道里、高下、方邪、迁直"制图六体"，是经纬度之前最科学的制图理论。

南朝刘宋时代的诗人谢庄，"制木方丈图，山川、土地各有分理。

离之则州别郡殊，合之则宇内为一"。以木刻地形模型，而且可分可合。按照当时的行政区划（州、郡），可以分开，而合起来就是一幅全国大地图，这个地形模型不仅表示政区，而且还可以表示山川、土地。魏晋南北朝时，逐渐形成山水画形式的地图，一直延续到清代。

隋、唐、五代十国时期，地图测绘迅速发展，形成中国古代地图测绘史上的第二个高峰。

期间，为建筑长城、沟通大运河、建设隋唐长安城及东都洛阳城进行地图测绘。对黄河、长江流域的水利工程开展测图。隋文帝统一尺度进行全国性"均田度地"、土地测图。测绘了全国性的十道图。贾耽的《海内华夷图》囊括中外，以小比例尺绘制。此外，还建立了大规模编撰地志、图志并定期上报汇总编纂，以及及时修正、更新图籍的制度。

公元725年（唐开元十二年），在著名的天文学家僧一行（张遂）的主持下，实测了河南的白马、浚仪、扶沟、上蔡四处的暑影和"北极出地"，算出子午线上纬度长351里80步（唐里），这是中国历史上第一次天文大地测量，比阿拉伯哈里发阿尔·马蒙于公元810年在幼发拉底河的新查尔平原和苦法平原进行子午线的实测要早约90年。

宋代的地图进一步繁荣，是中国古代地图测绘令人瞩目的高峰时期。地图种类繁多，疆域、山川、农田、水利、交通、城市、宫殿等地图均有绘制。而地图刻石和木版雕印，实为当时制图技术的创新。沈括制图以二寸折成百里，比例尺大了一倍。黄裳的"绍熙八图"绘制精美。公元993年（淳化四年）制成了用绢达一百匹的巨大图幅《淳化天下图》。

元代地图测绘有所建树，在航海测绘方面尤为突出。元代出现了用于导航的海道"图本"。耶律楚材提出"里差"这一朴素的经度概念。在他之后，郭守敬又主持开展了大范围地理纬度测量"四海测验"，共测纬度二十七处，首创"海拔高程"概念。

朱思本曾游历河北、山西、山东、河南、江苏、安徽、浙江、江西、湖北、湖南等十省，将实际考察和文献相结合，花了十年时间，绘制成《舆地图》，"长广七尺"，并刻于石上。他所绘的地图虽仍采用计

里画方的绘法，但由于做过亲身考察，故精确度大大超过前人。

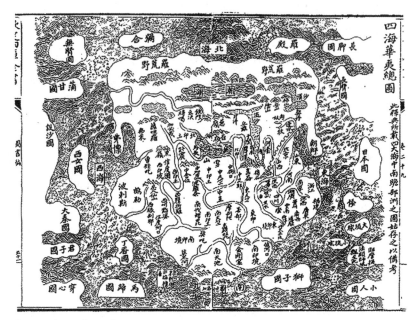

《四海华夷总图》，明嘉靖十一年（1532）

明代，是中国传统地图测绘走向成熟和近代地图测绘萌芽的时期。

明代中国海洋测绘走在世界前列，《郑和航海图》是包括亚、非两洲在内的航海图。它所表现的是公元 1430 年（宣德五年）郑和最后一次下西洋的航程与地理情况，包括航向、航程、停泊港口、暗礁、浅滩的分布等，以南京为起点，最远到非洲东岸，共收地名五百个之多。该图采用中国传统的画法，根据实际的航海经验，航线沿途注上所记针路，用现代地图加以对照，便可发现它的位置绘制得相当正确。而《过洋牵星图》，则吸收、融合了阿拉伯航海天文导航技术。

罗洪先的《广舆图》，是现存最早的古代全国性地图集，以朱思本的地图做基础，用明代的省、府、州、县、卫、所等地名，并注以前代郡县之名，还"易以省文二十有四法"，即采用二十四种符号，开中国古代地图系统使用图例之先河，形成了一套较完备的制图理论及方法，发展成具有中国传统特色"计里画方"的《广舆图》体系。

1580 年（明万历八年），耶稣传教士利玛窦东来中国，传入西方地图绘制方法。1584 年（万历十二年），他在广东肇庆画世界地图，以后又经过多次增订刊刻，到 1602 年（万历三十年），刻成《坤舆万国全图》，这是绘有经纬度的世界地图，产生了广泛的影响。

清代完成了中国地图测绘向近代化的转变。

早在 1686 年（清康熙二十五年），康熙就准备编制新的全国性地图。此后，他在三次亲征噶尔丹及巡游东北、江南之际，均令随行的西方传教士就地测量经纬度，做开展大规模测量及制图的准备。1707 年（康熙四十六年）在北京附近试测并绘制地图，康熙亲自校勘，认为新图远胜旧图。在经过一系列的准备工作后，康熙认为条件已成熟，遂下令开始大规模地进行测量及绘图。从 1708 年至 1717 年（康熙四十七年至五十六年），先后在内地各省、中国台湾、东北、内蒙古、西藏等处实测，共测定经纬点 641 个（西藏未统计在内），在此实测的基础上于 1718 年（康熙五十七年）编成著名的《康熙皇舆全览图》。这是我国最早根据广泛测量绘制的大型地图，已经达到当时世界先进水平。

乾隆年间，在平定准噶尔贵族的叛乱与维吾尔族封建主大、小和卓的叛乱之后，于 1756 年（乾隆二十一年）和 1759～1760 年（乾隆二十四年至二十五年），乾隆派何国宗、明安图等人先后两次在哈密以西至巴尔喀什湖以东以南广大地区进行实测，又测定经纬点九十多个（不完全统计）。由于补充了上述地区的测量资料，1760 年至 1762 年（乾隆二十五年至二十七年）在《康熙皇舆全览图》的基础上绘制了《乾隆内府舆图》（又称《十三排图》）。

为了编修《大清会典舆图》，光绪十二年（1886）在北京建立了会典馆。光绪二十年（1894）后，各省陆续完成了地图的测绘工作，进呈会典馆。省地图集中，州、府地图有文字说明，县图附有沿革、疆域、天度、城署、山水、乡镇屯站、职官的七格表。在各地绘制的省地图集的基础上，会典馆于光绪二十三年（1899）编成《大清会典舆图》，同年由京师官书局石印，共 70 卷 74 册。

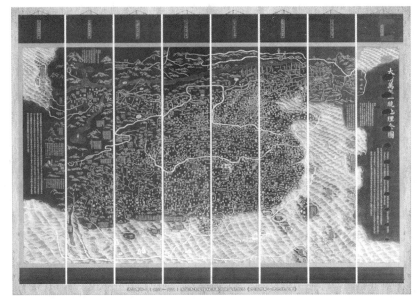

清代《大清万年一统天下全图》

　　《海国图志》是中国自编的第一本世界地图集，由中国近代启蒙思想家、政治家、文学家魏源（1794～1857）撰述。全书详细叙述了世界舆地和各国历史政制、风土人情，主张学习西方的科学技术，提出"师夷之长技以制夷"的主旨。初刊于道光二十二年（1842）。咸丰二年（1852）魏源又再次将其扩充为一百卷，包括地图 75 幅。

　　徐继畬编纂的《瀛寰志略》，是中国较早的世界地理志，成书于道光二十九年（1849）。全书共 10 卷，内含地图 42 幅，是当时亚洲最高水平的世界历史地理地图之作。

绘图具知天下

　　春秋战国，诸侯争霸，地图成为各诸侯国管理，尤其是战争不可缺少的工具。

成书于战国至西汉的《管子·地图第二十七》，从军事角度阐述了制图观点："凡兵主者，必先审知地图。轘辕之险，滥车之水，名山、通谷、经川、陵陆、丘阜之所在，苴草、林木、蒲苇之所茂，道里之远近，城郭之大小，名邑、废邑、困殖之地，必尽知之。地形之出入相错者，尽藏之。然后可以行军袭邑，举错知先后，不失地利，此地图之常也。"

从文中可知，由于战争频繁，春秋战国时期，地图在军事应用上达到较高的水平。"兵主者"即军队统帅必备地图，通过地图了解地理环境，充分利用地理条件，夺取战争的胜利。那时绘制的地图上，既有自然属性的山谷、河流、高原、丘陵、林木，又有社会属性的道路、城郭、田地等地理要素。

《史记·廉颇蔺相如列传》载，公元前283年，秦昭王听说赵惠文王获得了著名的和氏璧，提出愿意用15座城相换。赵国派蔺相如出使秦国，"相如持其璧睨柱，欲以击柱。秦王恐其破璧，乃辞谢固请，召有司案图，指从此以往十五都予赵"。这里提到的地图，应该包括秦国的全部城市，并且有它们的名称和具体位置。据此可以推断，到战国后期，各诸侯国都已有了比较详细的地图。[1]

《战国策》和《史记》中，记述了荆轲刺秦王，献燕督亢地图，"图穷而匕首见"。督亢，古地名，战国时期燕国的膏腴之地。今河北省涿州市东南有督亢陂，其附近定兴、新城、固安诸县一带平衍之区，皆燕之督亢地。可以肯定，这幅督亢图是比较详细的局部地区图，到战国后期，各国、各地区的地图已经相当普遍。

公元前3世纪后期的秦朝，建立起了包括全国数百万平方公里范围的地图体系。秦始皇统一六国时，缴获了各国的地图，拥有了全国各地的地图，由御史掌管，成为秦朝统治全国的重要依据。秦朝的国家制图和收藏地图制度，已经相当完备、完善。这些图籍文书藏于秦丞相府，

---

[1] 葛剑雄《中国古代的地图测绘》，商务印书馆，1998年。

属于保密级别最高的资料。

《史记·萧相国世家》记载，公元前206年，刘邦"沛公至咸阳，诸将皆争走金帛财物之府分之，何独先入收秦丞相御史律令图书藏之。沛公为汉王，以何为丞相。项王与诸侯屠烧咸阳而去。汉王所以具知天下阸塞，户口多少，彊弱之处，民所疾苦者，以何具得秦图书也。"《汉书·萧何传》也有同样的记载。

《汉书·高帝纪》："元年冬十月。沛公……遂西入咸阳……萧何尽收秦丞相府图籍文书。"

萧何所收之"图书"即图籍，指地图和户口册。《战国策·秦策一》："据九鼎，按图籍，挟天子以令天下。"鲍彪注："土地之图，人民金谷之籍。"《荀子·荣辱》："循法则、度量、刑辟、图籍，不知其义，谨守其所，慎不敢损益也。"杨倞注："图谓模写土地之形，籍谓书其户口之数也。"元代方回《续古今考》："（萧）何收丞相御史图籍文书，博士官所职，不遑收取，致为项羽所焚，而后天下无副本。图谓绘画山川形势、器物制度、族姓原委、星辰度数，籍谓官吏版簿、户口生齿、百凡之数，律与令则前王后王之刑法，文书则二帝三王以来政事议论见于孔子之所删定著作……"

隋唐时期，图经（图志、图记）蓬勃发展。朝廷定期编绘全国性的地图。唐朝从贞观元年（627）开始就分天下为十道，所以这一类地图都称为"十道图"，见于史籍记载的有三种：《长安四年（704）十道图》13卷、《开元三年（715）十道图》10卷和李吉甫《元和（806～820）十道图》10卷。唐朝兵部设有专司全国地图的官员职方郎。中央政府对各级行政区的图经编纂和地图的绘制，做出了明确规定。以州（府）为单位绘制的地图，每三年要上报一次，建中元年（780）起曾改为每五年一次，以后又恢复到三年一次，但如果辖区内有政区的改变调整或发生河流改道等自然环境的变迁，就应随时绘制新图上报。各州（府）每五年编纂一次图经，如有政区改变或调整也必须随时修订。

唐代后期藩镇割据、战乱频仍，及时上报图经或地图，是效忠于朝廷的重要行为。元和五年（810），义武节度使张茂昭效忠朝廷，随带所属易、定二州的印信、钥匙、地图、户籍等到达首都朝见皇帝。大中五年（851）张义潮等领导河西官民驱逐吐蕃，重归唐朝，献朝廷瓜、沙、伊、肃、鄯（善）、甘、河、西、兰、岷、廓 11 州地图，这 11 州即今新疆吐鲁番以东、河西走廊、甘肃中南部地区。

唐代疆域辽阔，中原与边疆地区、唐朝与境外各国间的往来交流极其频繁，因而比较注重地理资料的积累和地图的编绘。凡是外国人和边疆少数民族来到首都，负责接待的鸿胪寺官员都要详细了解他们所在的国家或地区的"山川风土"，然后绘制成地图上报。

唐朝还注意收集邻国或藩属国的地图，高丽、突厥、伽没路国都曾向唐朝贡献地图。有机会到外国的使臣、将领，巡视边疆地区的官员，还主动将自己的经历和见闻绘成地图。从贞观十七年（643）起，王玄策曾三次出使印度，显庆二年至龙朔元年（657～661）第三次出访时到过泥婆罗（今尼泊尔）、罽宾（今阿富汗东北一带）等地，以实地见闻编成《中天竺国行记》十卷、图三卷。许敬宗出使康国（今乌兹别克斯坦撒马尔罕一带）、吐火罗（今阿富汗北部）归来后，献上《西域图记》60 卷。贾言忠也曾将辽东的山川地势图上报朝廷。

裴秀与"制图六体"

裴秀（224～271），字秀彦，河东闻喜（今属山西省）人。20 岁做魏国黄门侍郎，袭父爵为清阳侯，西晋初年官至司空。258 年，裴秀随司马昭往淮南征讨诸葛诞的叛乱，平定叛乱后升任尚书，晋封鲁阳乡侯。265 年晋武帝司马炎即位，裴秀任尚书令。268 年晋升为司空，"职在地官"，成为掌管工程、屯田、水利、交通等事务的宰相级官员。他曾随军参赞军机，对地图的重要性有深刻的体验。当他任职司空、掌管

工程建设的时候，领导和组织了地图编绘工作，并于在职期间与门客京相璠共同绘制了《禹贡地域图》。

裴秀的著作有《易论》《乐论》和《冀州记》，地图有《禹贡地域图》十八篇和《地形方丈图》。《盟会图》和《典治官制》没有完成。

《禹贡地域图》后来藏于秘府，但早已失传。仅有《禹贡地域图·序》被保存在《晋书·裴秀传》《艺文类聚》和《初学记》中，流传至今。

裴秀像

《晋书·裴秀传》载：

> 裴秀儒学洽闻，且留心政事，当禅代之际，总纳言之要，其所裁当，礼无违者。又以职在地官，以《禹贡》山川地名，从来久远，多有变易。后世说者或强牵引，渐以暗昧。于是甄摘旧文，疑者则阙，古有名而今无者，皆随事注列，作《禹贡地域图》十八篇，奏之，藏于秘府。其序曰：
>
> 古立图书之设，由来尚矣。自古立象垂制，而赖其用。三代置其官，国史掌厥职。暨汉屠咸阳，丞相萧何尽收秦之图籍。今秘书

既无古之地图，又无萧何所得，唯有汉氏《舆地》及《括地》诸杂图。各不设分率，又不考正准望，亦不备载名山大川。虽有粗形，皆不精审，不可依据。或荒外迂诞之言，不合事实，于义无取。

大晋龙兴，混一六合，以清宇宙，始于庸蜀，采入其岨。文皇帝乃命有司，撰访吴蜀地图。蜀土既定，六军所经，地域远近，山川险易，征路迂直，校验图记，罔或有差。今上考《禹贡》山海川流，原隰陂泽，古之九州，及今之十六州，郡国县邑，疆界乡陬，及古国盟会旧名，水陆径路，为地图十八篇。①

据此可知，裴秀绘制的十八篇《禹贡地域图》，是采取以旧图为底图，通过对古图的全面校勘而绘制的晋朝当代全国性地理舆图，图上的内容包括山脉、海洋、河流、地形、湖泊、晋代行政区划（十六个州加上吴、蜀两国）、县治、边界上的重要集镇、旧地名、水陆交通线。鉴于汉代各种杂图无比例尺、方位不准，裴秀在《禹贡地域图》上使用了比例尺。据隋朝宇文恺说，"裴秀《舆地》以二寸为千里"，即比例尺为1∶9000000。

裴秀任司空时，曾主持把一幅不便观览而又有差错的《旧天下大图》缩制成以"一寸为百里"的《方丈图》。《旧天下大图》用了八十匹绢才绘成，可能过大，所以不便放置，也不便观览。《方丈图》则缩小为"王者可以不下堂而知四方"，图上"备载名山都邑"。

《禹贡地域图·序》记载了著名的"制图六体"：

制图之体有六焉。一曰分率，所以辨广轮之度也。二曰准望，所以正彼此之体也。三曰道里，所以定所由之数也。四曰高下，五曰方邪，六曰迂直，此三者各因地而制宜，所以校夷险之异也。有图像而无分率，则无以审远近之差；有分率而无准望，虽得之于一隅，必失之于他方；有准望而无道里，则施于山海绝隔之地，不能以相通；有道里而无高下、方邪、迂直之校，则径路之数必与远近

---

①［唐］房玄龄等著《晋书·列传第五·陈骞、裴秀》，中华书局，1974年。

之实相违，失准望之正矣，故以此六者参而考之。然远近之实定于分率，彼此之实定于道里，度数之实定于高下、方邪、迂直之算。故虽有峻山钜海之隔，绝域殊方之迥，登降诡曲之因，皆可得举而定者。准望之法既正，则曲直远近无所隐其形也。[①]

"制图六体"是中国最早的地图制图学理论，阐明了地图比例尺、方位和距离的关系，对西晋以后的地图制作技术产生了深远的影响，历代著名地图学家如贾耽、沈括、朱思本、罗洪先等人，都循此绘制地图。在明末清初欧洲地图测绘技术传入中国之前，"制图六体"一直是中国古代绘制地图所遵循的规范。

《大明混一图》的问号

1994 年，中国国家博物馆首次发布了一幅馆藏地图《大明混一图》，这幅明代早期的绢质彩绘地图，原图长 3.86 米，宽 4.75 米，彩绘绢本，是目前已知中国人绘制的尺寸最大、年代最久远、保存最完好的古代世界地图。

这幅地图所绘地理范围，北至贝加尔湖以南，南至爪哇，东至日本、朝鲜，西至非洲西海岸、西欧。非洲部分的山脉、河流、湖泊与海角，其位置和走向十分接近非洲的地形地貌，并且改正了此前中外标示非洲的古地图的一个错误，将南部非洲倒三角的形状正确显示。

《大明混一图》着重描绘了明王朝各级治所、山脉、河流的相对位置，镇寨堡驿、渠塘堰井、湖泊泽池、边地岛屿以及古遗址、古河道等共计 1000 余处。全图以内地较详，边疆略疏。山脉以工笔青绿山水法描绘，或峰或岭，各有其名。全图水道纵横，除黄河外，均以灰绿曲线

---

① ［唐］房玄龄等著《晋书·列传第五·陈骞、裴秀》，中华书局，1974 年。

表示，注名者百余条。海洋以鳞状波纹线表示，海岸、岛屿的相对位置基本准确，礁石、沙洲分别注明。图中的河流皆绘以深色，唯黄河以一条黄线绘出。

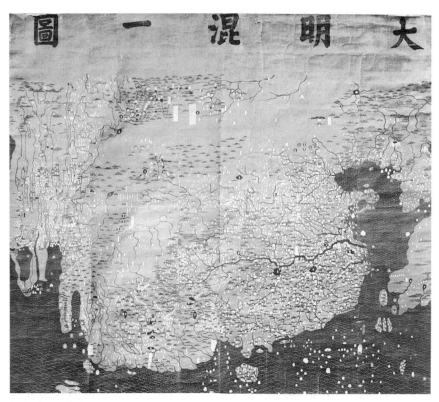

《大明混一图》（1389）

《大明混一图》国内部分纵比例尺为 1∶1060000，横比例尺为 1∶820000。其绘制未见文献明文记载，作者不详，在中国地图史上留下一个巨大的问号。

中国学者汪前进、刘若芳对《大明混一图》进行专门研究后发现，此图所有府级政区变化，均在洪武元年至十七年（1368～1384）之间，对其后的政区变化则没有反映。据此他们将图的成图年代，判定于明洪武二十二年（1389）。

汪前进还依据元代朱思本《舆地图》增补的罗洪先《广舆图》，与

《大明混一图》进行对照分析，发现它们之间有惊人的相似之处。《大明混一图》的西南部和《广舆图》的《西南海夷图》上，都绘有三角形的非洲南部、非洲东岸的岛屿和地中海等，地名的用字、所标的位置也相同。再将这两幅图与比《大明混一图》晚的《混一疆理历代图都之图》进行比较，可发现三者在非洲、地中海部分均相同，而且《大明混一图》和《混一疆理历代图都之图》的欧洲、中亚部分也相同。这说明，这几幅地图有同源关系。

汪前进等专家认为："《大明混一图》国内部分依据朱思本《舆地图》绘成，非洲、欧洲和东南亚部分依据李泽民《声教广被图》绘成，而印度等地可能依据札马鲁丁的《地球仪》和彩色地图绘制。北部还可能参照了其他地图资料。"[1]

"国际背景"的名图

《混一疆理历代国都之图》，初绘于明建文帝四年（1402），由中国、韩国、日本三国人员参与绘制、摹藏，"国际背景"颇为复杂。

《混一疆理历代国都之图》测绘范围很广，囊括的地域，东自朝鲜和日本列岛，东南绘出了麻逸（今菲律宾的吕宋岛）、三屿（今菲律宾的巴拉旺岛）等岛屿，西南绘有渤泥（婆罗乃）、三佛（今苏门答腊岛）、马八儿（今印度的马拉巴尔）等地，正西绘出了三角形的非洲大陆及北部地区，北面已绘到大泽（今贝加尔湖）以北一线。图中元朝各行省及所属各路、府、州等行政名称均用汉文详细标出。图上所有山脉用形象符号表示，大小河流采用双曲线画出，长城如同一条飞腾的巨龙，海洋之水绘有波纹。

---

[1] 汪前进、胡启松、刘若芳《绢本彩绘大明混一图研究》，《中国古代地图集》（明代），文物出版社，1994年。

《混一疆理历代国都之图》原图不存，该地图日本现存两种摹绘本。一为龙谷大学版，该图据说为丰臣秀吉侵朝所获，赐给京都西本愿寺，现藏于西本愿寺创办的京都龙谷大学附属图书馆。①

　　1988 年，日本旧岛原藩松平氏的菩提寺，即长崎的本光寺，又发现了一幅《混一疆理历代国都之图》，即本光寺版。该地图长 220 厘米，宽 280 厘米，比龙谷本还要大，绘制在厚纸上。

　　据京都大学学者宫纪子的研究，本光寺本和龙谷本出自一源，同样有权近跋文，却略有不同，本光寺本可能比龙谷本要晚一些，是江户时代的复刻本。②

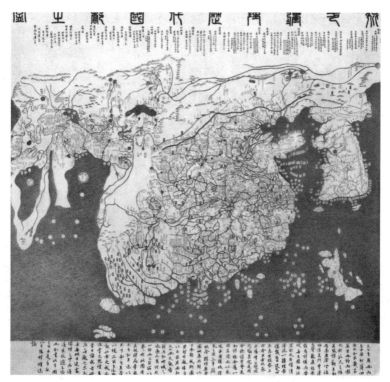

《混一疆理历代国都之图》龙谷版。绘于 1500 年，绢本彩绘，纵 158.5 厘米，横 168.0 厘米，现藏于日本龙谷大学图书馆。

① 李孝聪《传世 15～17 世纪绘制的中文世界图之蠡测》，载刘迎胜编《〈大明混一图〉与〈混一疆理图〉研究》，凤凰出版社，2010 年 12 月。
② 〔日〕宫纪子《蒙古帝国所出之世界图》，日本经济新闻出版社，2007 年。

权近（1352～1409），高丽安东人，进士，官至礼仪判书。明洪武二十二年（1389）六月，他出使中国，在南京受到朱元璋的接见。是年九月权近乘船返回朝鲜。现存于日本东京龙谷大学图书馆的《混一疆理历代国都之图》，图上方画一线，篆额有"混一疆理历代国都之图"十个字，下画一线，以毛笔行书录权近在建文四年（1402）所撰跋文，内容为：

> 天下至广也，内自中邦，外薄四海，不知其几千万里也。约而图之于数尺之幅，其致详难矣，故为图者皆率略。惟吴门李泽民《声教广被图》，颇为详备；而历代帝王国都沿革，则天台僧清浚《混一疆理图》备载焉。建文四年夏，左政丞上洛金公，右政丞丹阳李公，燮理之暇，参究是图，命检详李荟，更加详校，合为一图。其辽水以东，及本国疆域，泽民之图，亦多阙略。今特增广本国地图，而附以日本，勒成新图，井然可观，诚可以不出户而知天下也。夫观图籍而知地域之遐迩，亦为治之一助也。二公所以拳拳于此图者，其规模局量之大可知矣。近以不才，承乏参赞，以从二公之后，乐观此图之成而深幸之。既偿吾平日讲求方册而会观之志，又喜吾他日退处环堵之中，而得遂其卧游之志也，故书此于图之下云。是年秋八月，阳村权近志。

权近的跋文提及，朝鲜左政丞金士衡和右政丞李茂两位当朝宰相，看到了中国吴门李泽民的《声教广被图》和僧人清浚的《混一疆理图》后，他们命另一个朝鲜官员李荟"更加详校，合为一图。其辽水以东，及本国（朝鲜）之图、泽民之图亦多缺略，今特增广本国地图，而附以日本，勒成新图，井然可观"。

这幅地图就是《混一疆理历代国都之图》。《混一疆理历代国都之图》的日本和朝鲜部分为朝鲜人后所加，其他内容都是据两幅各具鲜明特点的元代中国地图《声教广被图》和《混一疆理图》混编的。

"吴门李泽民"的身世史无详载。明代罗洪先《广舆图·自序》提及参考过李泽民的《声教广披图》、许论的《九边图论》等十四种地图。

元末明初乌斯道（1314～1390？）在《刻舆地图·序》中说：

> 地理有图，尚矣。本朝李汝霖《声教被化图》最晚出，自谓考订诸家，惟《广轮图》近理；惜乎，山不指处，水不究源，玉门、阳关之西，婆娑、鸭绿之东，传记之古迹，道途之险隘，漫不之载。及考李图，增加虽广而繁碎，疆界不分而混殽。今依李图格眼，重加参考。如江河淮济，本各异流。其后河水湮于青兖而并于淮，济水起于王屋，以与河流为一，而微存故迹。兹图水依《禹贡》所导次第而审其流塞，山从一行南北两界而别其断续，定州郡所属之远近，指帝王所居之故都，详之于各省，略之于遐荒，广求远索，获成此图。庶可知王化之所及，考职方之所载，究道里之险夷，亦儒者急务也。所虑缪戾尚多，俟博雅君子正焉。[①]

乌斯道提及的李汝霖《声教被化图》，即权近说到的李泽民1330年绘制的《声教广被图》。《混一疆理历代国都之图》的海外部分，被认为出自此图。

而天台僧清浚绘制的《混一疆理图》（又名为《广轮疆里图》），包括了历代帝王国都沿革的内容，该图绘于元至正庚子年（1360），用计里画方法绘制，每方一百里，整图二尺见方，南北大约九十多格，东西格数少些。

清浚（1328～1392），浙江台州黄岩人，俗姓李，别号随庵，十三岁出家。据明人《水东日记》所载严节的跋文，元至正庚子年即1360年，清浚绘制了全国舆地总图《广轮疆里图》。

由于《大明混一图》与其后的《混一疆理历代国都之图》，所标示的欧亚大陆、非洲的外形等都极为相似，所以学术界一般认为两图所据底图相同。

有些学者则认为，《大明混一图》的国内部分，是依据朱思本《舆地图》绘成的（对此学界亦有不同看法），非洲、欧洲和东南亚部分是

---

① 载［明］乌斯道《春草斋集·文集》卷三，《景印文渊阁四库全书》集部六·别集类五，第1232册，台湾商务印书馆，1983～1986年，第226页。

依据李泽民《声教广被图》绘成的，而印度等地可能是依据札马剌丁《地球仪》和彩色地图绘制的。北部可能还参照了其他地图资料。

日本地图学专家海野一隆认为：《声教广被图》应成于元代中期1330年前后，其对非洲东岸和南部海岸的描绘之底图，应取自伊斯兰世界的地图。因为古代印度洋毕竟是伊斯兰世界，而那里的航海技术与地图知识也一直是世界先进水平。

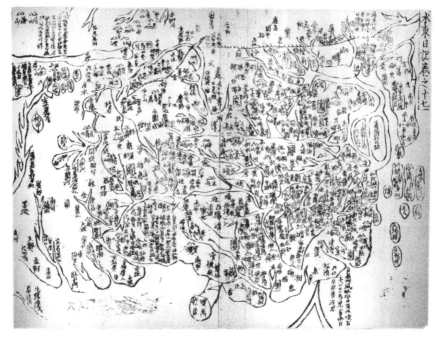

清浚绘制的《混一疆理图》（一名为《广轮疆里图》），包括了历代帝王国都沿革的内容，该图绘于元至正庚子年（1360）。

香港学者陈佳荣近年从不同版本的《水东日记》中发现了清浚地图的两种摹本。[①] 陈佳荣认为，《大明混一图》《混一疆理历代国都之图》域外图形未必来自李泽民《声教广被图》。须将思路拓宽、另辟蹊径，如充分考虑已佚的主编《大元大一统志》的札马剌丁的《天下地理总图》，或同时期阿拉伯人的地理学成就。

---

① 陈佳荣《清浚"疆图"今安在？》，《海交史研究》2007年第2期。

札马剌丁的《天下地理总图》

1389 年明初绘制的《大明混一图》，与 1294 年元代札马剌丁主持绘制的《天下地理总图》，有着密切的关系，后者很可能是前者的重要底本。

札马剌丁，亦称札马鲁丁，元代天文学家、地理学家，回回人出身，即当时波斯地域人氏，《元史》无传，元人文集中亦少提及。元代史籍中所指的"回回"，包括的国家和民族很多，是对从中亚等地来中国的伊斯兰教信仰者的通称。[①]

札马剌丁塑像

札马剌丁其人其事，主要记载于《元史》及《元·秘书监志》中。从各种零散史料中可知，在元朝初立之时，札马剌丁即主持回回司天监。"世祖在潜邸时，有旨征回回为星学者，札马剌丁等以其艺进，未有官署。至元八年，始置司天台，秩从五品。十七年，置行监。"[②]

---

① 胡国兴《甘肃民族源流》，甘肃民族出版社，1991 年，第 114 页。
② ［明］宋濂《元史》，中华书局，1976 年。

13 世纪中叶，成吉思汗之孙旭烈兀发动了对西亚地区的征伐，消灭了首都位于巴格达的阿巴斯朝。旭烈兀注重天文与历法方面的研究，在乌米尔亚湖附近建立了马拉格天文台，任命波斯著名天文学家纳西尔丁·图西为天文台台长。纳西尔丁·图西编辑了一部新的天文表，称作伊尔汗历，以纪念伊尔汗国的奠基者旭烈兀。伊尔汗历迅速流行于亚洲各国。

元世祖忽必烈听说波斯穆斯林"阴阳星历"的精妙，就邀请天文学家讨论天文历法以及司天台的建立等问题。忽必烈至元年间，札马剌丁在大都朝廷任职。在此期间，他制造了天文仪器，编纂了历法、地志，成为将伊斯兰天文历法成就全面介绍给中国的第一人。

至元八年（1271），元朝在上都建立起第一个"回回司天台"官署，官职为从五品，首任提点（台长）是札马剌丁。由于建台有功，札马剌丁在至元十年（1273）被提升为秘书监负责人，掌管典籍、图书和皇家档案等并兼辖司天台。据记载，"回回司天台"曾收藏有大批西域天文书籍，以供研究、参考使用。据至元十年（1273）统计，有"经书二百四十二部"，属"本台见合用经书一百九十五部"。

《元代·回回人物志》中记载：至元八年（1271）任命札马剌丁为集贤院大学士、中奉大夫、行秘书监事。行秘书监事就是"掌历代图籍并阴阳禁书"①。

早在蒙哥汗即位前后，札马剌丁便已来到了中国，李迪教授认为"札马剌丁是在 1249 年到 1252 年间来到中国的。1250 年和 1251 年两年的可能性最大"②。这一点在波斯史书中得到证实："蒙哥汗认为必须在他强盛时代建造一座天文台，他下令让札马剌丁·马合谋·坎希儿·伊宾·马合谋·集迪·不花里着手办这件重要的事。"③

喜爱天文的蒙哥汗，立志要建一座天文台，但是直到他 1259 年病

---

① ［明］宋濂《元史》，中华书局，1976 年。
② 李迪《纳速拉丁与中国》，《中国科技史料》1990 年，第 4 期。
③ ［波斯］拉施特主编，余大钧译《史集》第三卷，商务印书馆，1986 年，第 73、74 页。

逝，还是没有成事。而这时札马剌丁已经被尚未登位的世祖忽必烈罗致帐下了。"世祖在潜邸时，有旨征回回为星学者，札马剌丁等以其艺进，未有官署。"①

至元四年（1267），"世祖至元四年，札马鲁丁造西域仪象"②。"至元四年，西域札马鲁丁撰进万年历，世祖稍颁行之。"③

从蒙哥汗死于战场、札马剌丁投奔忽必烈，到至元四年期间，札马剌丁不在中国，他随着常德西去伊利汗国朝见旭烈兀了。

伊利汗国（1256～1335），又译伊儿汗国或伊尔汗国，蒙古帝国的四大汗国之一，元朝西南宗藩国，由成吉思汗第四子拖雷之子旭烈兀所建。位置大约在今日中亚南部至西亚一带，首都最先在蔑剌哈（今伊朗的马拉盖），后为大不里士和苏丹尼耶（今伊朗西北部）。

札马剌丁去伊利汗国之时，旭烈兀旗下已拥有了蒙哥汗一直想得到的著名阿拉伯数学家、天文学家纳速拉丁·徒思，而规模宏大的蔑剌哈天文台也已经建成，那里掌握了当时世界上最先进的天文技术，还有藏书四十万卷的图书馆。④札马剌丁既然到了伊利汗国，作为一个星占学家，他肯定去了蔑剌合天文台参观、取经，并且从伊利汗国带回了大量地图资料。

元世祖继位初，回到中国的札马剌丁任职司天台，至元四年（1267）进万年历，颁行全国，同年在元大都（今北京）设观象台。

这一年，札马剌丁向元世祖忽必烈进献了七件西域天文仪器：

咱秃哈剌吉，汉言浑天仪也。

自秃朔八台，汉言测验周天星耀之器也。

鲁哈麻亦渺凹只，汉言春秋分暑影堂。

鲁哈麻亦木思塔余，汉言冬夏至暑影堂。

① ［明］宋濂《元史》卷九《百官志》，中华书局，1976年，第2297页。
② ［明］宋濂《元史》卷四八《天文志》，中华书局，1976年，第998页。
③ ［明］宋濂《元史》卷五二《历志》，中华书局，1976年，第1120页。
④ 沈福伟《中西文化交流史》，《中国文化史丛书》，上海人民出版社，1985年，第27页。

苦来亦撒麻，汉言浑天图。

苦来亦阿儿子，汉言地理志也。其制以木为圆球，七分为水，其色绿，三分为土，其色白。画江河湖海，脉络贯串于其中。画作小方井，以计幅图之广裹、道里之远近。

兀速都儿剌不定，汉言昼夜时刻之器。①

其中第六种为地球仪，据描述来看，"画作小方井"应为经纬线。由此可见，札马剌丁当时已将伊斯兰制图技术引入中国，使中国的地图技术初步具备了由记里画方的传统方法向经纬度方法过渡的可能性。他制造的地球仪，时间上比德国地理学家马丁·贝海姆的早225年。

至元二十三年（1286），任职集贤大学士、中奉大夫、行秘书监事的札马剌丁建言："方今，尺地一民，尽入版籍，宜为书，以明一统"②。元世祖采纳了札马剌丁的进言，并命令他和奉直大夫、秘书少监虞应龙等负责搜集郡邑图志并将之编修成书，书名为《大元大一统志》。

《大元大一统志》从至元二十三年（1286）起，到大德四年（1300）成书，共有四百八十三册，计七百五十五卷。后因继续得到云南、辽阳等处的材料，又进行了增补，在大德七年（1303）完成，编写成六百册，计一千三百卷。前后共经十八年之久。《大元大一统志》编订成书后，遍藏于秘府。此书于元至正六年（1346）曾有刻本，今仅存残本。明万历进士焦竑《国史经籍志》卷三称"《大元大一统志》一千卷"，表明此书当时尚散失不多。魏源《海国图志》载："闻国初昆山徐尚书修一统志时，《大元大一统志》尚存，而灾于传是楼之劫。本书散失经过可见一斑。"③

《大元大一统志》现已佚失，仅保存下来不多的佚文，近人赵万里将元刻佚帙、各家抄本与群书索引，汇辑为一书，以《元史·地理志》为纲，厘为十卷，题为《大元大一统志》，1966年由中华书局出版。

① ［明］宋濂《元史》卷四八《天文志》，第998页。

② 马建春《元代东传回回地理学考述》，《回族研究》2002年第1期。

③ 白寿彝《中国通史·中古时代·元时期》（上），上海人民出版社，1997年。

札马剌丁主持纂修的《大元大一统志》，绘有彩色世界地图《天下地理总图》。

　　秘书监是中国古代专门管理国家藏书的机构，元朝至元九年（1272）设秘书监，秩正三品，掌历代图籍并阴阳禁书、档案文献。1342年，时任秘书监著作郎王士点、著作佐郎商企翁合撰《秘书监志》十一卷，对元朝秘书监设立以来的建置沿革、典章故事等方面做了较为详备的记述。

　　《秘书监志》使用的文字是当时阿拉伯东部世界所通用的波斯文，即一种拼写波斯语的阿拉伯文。元代秘书监内收藏了一大批的使用阿拉伯名字的回回文献，主要涉及天文、地理、数学、医药等诸多方面。秘书监珍藏的档案文献，有地理舆图，阴阳文书，皇帝、名臣等的"真容"画像，多种圣旨、令旨、表笺等公务文书，以及皇室成员或者名臣在学习过程中留下的字迹等，还包括蒙古西征时从阿拉伯带回的大量回回地志。元秘书监收藏保管了数量很大的地理舆图档案。蒙古军队占领南宋都城临安后，统治者下旨命令大臣将南宋遗留的地理舆图交由秘书监收集和保管。

　　《秘书监志》一书记载了秘书监参与编纂《大元大一统志》的过程。元政府曾下令秘书监主持编修这部规模宏大的《大元大一统志》文献，但后来由于文献不足，元皇帝下旨要求各行省广泛搜集并要及时上报所收集到的地理舆图档案，这些珍贵的地理文献与地理舆图，不仅为其编纂提供了有力的原始材料，而且各

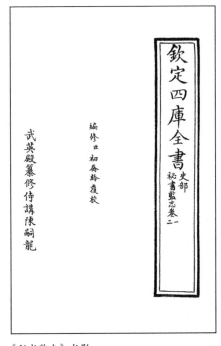

《秘书监志》书影

部门或者各行省进贡给秘书监的这些地理舆图档案，极大地丰富了秘书库藏。

编写地理舆图是秘书监的正式职责之一。《秘书监志》卷四《纂修》开首述："至元乙酉，欲实著作之职，乃命大集万方图志而一之，以表皇元疆理无外之大。"① 可见，在《大元大一统志》修纂初期，构想中要绘制"集万方图志而一之"的大型世界地图，其范围"无外之大"。

《大元大一统志》的《天下地理总图》，也是由札马剌丁主持编绘的。

《秘书监志》记载，《大元大一统志》绘制一幅彩色"天下地理总图"，同时在每一卷卷首绘有彩色地理小图，分卷各地图中还收有西域回回等地之图。这些也是札马剌丁从西域引进的。"元代阿拉伯绘图之法传入。吾国地图经一度改良，元人创始修《大元大一统志》，明清继之代有编纂。"②

中世纪的阿拉伯人，已经用准确的经纬度测绘制图，特别是彩色地图和世界地图。13世纪蒙古帝国的建立，使得中西交通大开，大批回回东来，札马剌丁即来自伊利汗国的回回人，他同时将阿拉伯人绘制地图的方法以及阿拉伯人绘制的地图带到了元朝。

忽必烈建立元朝后，规定将蒙文、汉文并列为政府通用的官方文字。元朝疆域辽阔，有蒙古人、色目人、回回人、汉人等几十种民族，那一时期与阿拉伯国家交流频繁，很多回回人到中国来经商或者做官，官府设置了"蒙古必阇赤""译史""回回译史""蒙古译史"等职位。札马剌丁不通晓汉语，为了便于他的工作，"至元二十五年二月内为秘府纂修地理图志，监官札马剌丁西域人，华言未通，可设通事一人。奉都省准设。"③

至元二十二年（1285），札马剌丁向元世祖忽必烈提议把"地面里

① 《秘书监志》卷四《纂修》，高荣盛点校，浙江古籍出版社，1992年，第72页。
② 顾颉刚、史念海《中国疆域沿革史》，商务印书馆，1999年。
③ 《秘书监志》卷一《职制》，高荣盛点校，浙江古籍出版社，1992年，第28页。

图子"做成文字。《秘书监志》一书中提到，"太史院历法做有，大元本草做里体例里有底每一朝里自家地面里图子都收拾来，把那的做文字来，圣旨里可怜见，教秘书监家也做者，但是路分里收拾那图子，但是画的路分、野地、山林、里道、立猴，每一件里希罕底，但是地生出来的把那的做文字呵，怎生。""在先汉儿田地些小有来，那地里的文字册子四五十册有来，如今日头出来处、日头没处都是咱每的，有的图子有也者，那远的他每怎生般理会的回回图子我根底有，都总做一个图子呵，怎生。"① 这说明了札马剌丁本人手里就有"回回图子"，还有"随处城子里头有的地理图子文字"。

札马剌丁在至元二十三年（1286）上奏说："在先汉儿田地些小有来，那地里的文字册子四五十册有来。如今日头出来处，日头没落处都是咱每的，有的图子有也者。那远的他每怎生般合理的？回回图子我根底有，都总的一个图子呵。"② 由这段记载可以看出，在编修《大元大一统志》时，札马剌丁收集的资料不仅有以前各朝的地理资料，还有中亚、波斯以及阿拉伯地区的西域"回回图子"。

《秘书监志》卷四《纂修》载："中书省先为兵部元掌郡邑图志，俱各不完。近年以来，随路京府州县多有更改，及各处行省所辖地面，在先未曾取会。已经开坐沿革等事，移咨各省，并剖付兵部，遍行取勘去，后据兵部令史刘伟呈，亦为此事。""至元二十三年八月二十九日照得除将已发到路分文字见行照勘外，有下项未到去处并边远国土，本监先为不知各各名号，已曾具呈，乞早将边远国土名号及行下未曾报到图册去处，早为发到，以凭编类。"③ 可见当时编修一统志，除了展现帝国之强大以外，还有整理全国政区变迁沿革的现实意义。

《秘书监志》中提到的编纂过程，可以分为两个阶段。至元二十三年（1286）开局编书，到至元三十一年（1294）十月，《大元大一统志》

①《秘书监志》卷四《纂修》，高荣盛点校，浙江古籍出版社，1992年，第73、74页。
② 白寿彝《回族人物志》，宁夏人民出版社，1985年，第84页。
③《秘书监志》卷四《纂修》，高荣盛点校，浙江古籍出版社，1992年。

第一阶段，修纂成果四百五十册"至元大一统志"呈解中书省，发下右司收管。但修纂并未告一段落，云南行省、甘肃行省、辽阳行省的图经相继上呈中央，使"一统志"的修纂更加完整。大德四年著作郎赵炼领衔重校"一统志"，直至大德七年大功告成，由时任秘书监岳铉及集贤大学士卜兰禧进呈志书。

元贞、大德年间陆续得到云南、甘肃、辽阳等地图册，继续编类，并重行校勘至元所修《大元大一统志》，到大德七年五月学兰胎、岳铉进呈《大元大一统志》六百册共计一千三百卷，此为第二阶段。

当时中央政府欲召关陕大儒萧维斗参与撰述图志，但他始终不为所动。"世祖皇帝既一四海，而遐荒小邦，横目穷髪，悉皆来庭，命开秘府详延天下方闻之士，撰述图志，用章疆理一统之大。使者来征，公辞焉。"[1]

现存《大元大一统志》残卷，已经了无地理图的踪迹，但《秘书监志》中多次提到了绘制地理图，不仅札马剌丁在倡议修纂时提到有"回回图子"，后来编纂过程中亦多次有所提及。

如设彩画地理图匠。"至元二十四年二月三十日，本监准中书工部关，为彩画地理图本画匠二名，除已行下都城所差人押领交付外，关请差人催取藕管。"

如选编写人员绘画卷首小图。"至元三十一年八月，本监移准中书兵部关，编纂《大元大一统志》，每路卷首必用地理小图，若于编纂秀才数内就选宗应星，不妨编纂彩图，相应关请。如委必用图本，依准施行。"

如札马剌丁编类辽阳图册之时，也因为缺"彩画图本"，而需要再行编类"外有辽阳行省地理图册，照得别不见开到所辖本省路府州县建置沿革等事迹，及无彩蕾到各处图本，难以编类。照得元设书幂孔思逮等五名即目别无所纂文字。据各人日支饮食，拟合自大德二年二月

<hr />

① 苏天爵《滋溪文稿》卷八，《萧贞敏公墓志铭》，《适园丛书》本，第6页。

二十一日权且住支，候辽阳行省发到完备图志，再行编类，依例呈覆关请肠"。

如曾任仙游县文学椽的方平，在大德七年还被委任彩画地理总图，"照得此先准翰林应奉汪将仕保呈，前鄂州路儒学教授方平彩画地理总图，已经移关秘监，依上彩画去讫"[1]。

《大元大一统志》书成之后，秘书监仍为纂录天下总图聘请博学之士绘制，"大德七年闰五月二十二日，准中书兵部关，刑部关，准本部郎中贾朝列关切见建康路明道书院山长俞庸委是才艺之士，兼博通地理，迥出儒流，即目到部听除。即今兵部见奉中书省判送行移，秘书监纂绿天下地理总图，若令本人分书纂绿彩画完备，实有可观。准此，照得此先准翰林应奉汪将仕保呈，前鄂州路儒学教授方平彩画地理总图，已经移关秘监，依上彩画去讫。今准前因，一同彩画施行"。

综合以上几条，《秘书监志》卷四详细记载了《大元大一统志》的纂修过程，也多次提到绘画地理图这一环节，所以地理彩图无疑是存在的，但是这些地图随着全书散佚，现存《大元大一统志》残卷中，已经不见地理图的踪迹。

巨制遗痕

札马剌丁的《天下地理总图》绘制完成之后，秘藏于宫廷内府。七百多年过去了，朝代更迭，风云际会，巨制湮灭，遗痕犹存。

元刻本《新编纂图增类摹书类要事林广记》卷三《地舆类》，存有《大元混一图》一幅，是元代存世地图中最早的作品。图中政区数据，是金朝与南宋政区建置的拼凑，并非元代的政区。该刻本另外还存有

---

[1]《秘书监志》卷四，高荣盛点校，浙江古籍出版社，1992年。

"腹里""辽阳行省""甘肃行省""湖广行省""江浙行省""四川行省"
六幅较为简陋的分省政区图。①

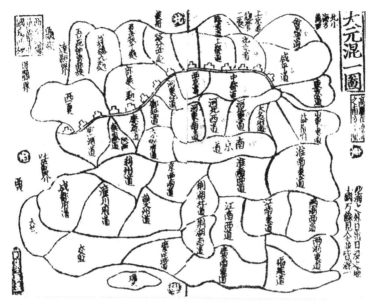

《大元混一图》(1330 ～ 1333)

《新编纂图增类群书类要事林广记》是一部民间类书，作者是福建
崇安五夫子里（今武夷山市五夫镇）的陈元靓。根据《事林广记》"大元
圣朝"一节，"今上皇帝，中统五年（1264）……"一条可知：该书于元
世祖忽必烈中统年间到至元初写成。所以，此书有宋、元两朝的内容。

在地理类中，共收入了 12 幅地图。但《大元混一图》，并不是编书
时就有的，而是元至顺元年至至顺三年（1330 ～ 1333），民间翻刻此书
时增入的。

《事林广记》卷四《郡邑类》中记载的政区建置，上限不早于元世
祖至元二十三年，下限不迟于成宗大德三年或四年，而这个年限恰恰又
是《大元大一统志》修纂之年代。

《大元混一图》以描述陆地部分为主，绘出元初的行政格局。在长

①［南宋］陈元靓《新编纂图增类群书类要事林广记》，中华书局影印元至顺年间建安椿庄书
院刻本，中华书局，1963 年。

城符号外，绘有"上都道"（今天的锡林郭勒盟）；在长城符号内，绘出"中都道"。1263年忽必烈灭金后，仍以金都城中都为都，将开平府立为上都，开始了元朝两都巡幸制。1272年，忽必烈将国号定为元之后，把建设中的新都城由"中都"改称为"大都"。

《大元混一图》绘全国为"三十七道"（元设省制，离省远的地方设宣慰司，一司辖一道，至顺初有十一道，后有二十二道），与同收在《事林广记》中的《历代国都图》一样，这幅图的形式与风格与南宋的《五代分据地理之图》（五代十国的分割局面）相类，均是以示意图的方式画出各"路"之格局。图中有海洋的部分，绘有"琼"岛，但海洋没有用任何符号来表示，岛屿与海岸线完全不具其形。

《大元混一图》的海外部分，由于图面格局有限，东边的高丽等国、南边的南亚各国，未画其形，仅以加框文字注明，"海之外，日出日没之地，小国万余见人，并皆混一"。与大元相连的部分绘出了"交趾"与"天竺"，即今天的越南与印度。

《混一诸道之图》，收入《大元混一方舆胜览》。

《大元混一方舆胜览》3卷，是目前所知现存唯一一部完整的元代地理总志，[①] 主要见于类书《新编事文类聚翰墨大全》，也见于类书《群书通要》，此外还有少量单行本。但各种版本都不署作者名，故历代著录此书者，除明代高儒《百川书志》卷5作"宋省轩刘应李编"外，皆作"佚名"或"无名氏"撰。

根据暨南大学历史系教授郭声波考证，该书的原编者为宋末元初人刘应李，改编者为詹友谅等。詹友谅改编后的《新编事文类聚翰墨大全》卷首附有一套十四幅地图，首幅为《混一诸道之图》，即全国图，余十三幅为腹里（北、南各一）、辽阳、陕西、四川、汴梁（河南）、江浙、福建、江西、湖广、左右江溪洞、云南、甘肃分省区图。

《大元混一方舆胜览》的作者，应当与秘书监或《大元大一统志》

---

① ［元］刘应李原编、詹友谅改编《大元混一方舆胜览》（上、下），郭声波整理，四川大学出版社，2003年8月。

的编纂人员有些关系，此书撰写初稿时，政区编排可能参考了至元二十八年札马剌丁等编成的《大元大一统志》初编本目录，书中的政区资料截止于至元二十四年。大德八年后，又得到了卜禧等重修的政区资料截止于元贞元年的《大元大一统志》"传录本"。

泰定年间建阳麻沙吴氏友于堂刊詹友谅编撰的《新编事文类聚翰墨大全》，其乙集地理门所附州郡门，经仔细比较发现，也是出自刘应李《大元混一方舆胜览》，但已被删节改编，压缩为上、中、下3卷，各卷标题改为《圣朝混一方舆胜览》，下卷卷末末行作"大口混一方舆胜览"，缺字当是明人挖去，估计原来是"元"字。

詹友谅还在《元胜览》上卷卷首增加了1套附图，即全国图《混一诸道之图》1幅、分省区图《腹里》2幅、《辽阳》《陕西》《四川》《汴梁》《江浙》《福建》《江西》《湖广》《左右江溪洞》《云南》《甘肃》各1幅，并在付印前补充了一些大德七年至皇庆年间的建置，如兴和路（皇庆元年由隆兴路更名）、冀宁路（大德九年由太原路更名）、岭北行中书省（大德十一年由和林宣慰司升置和林行省、皇庆元年改名岭北行省）等。

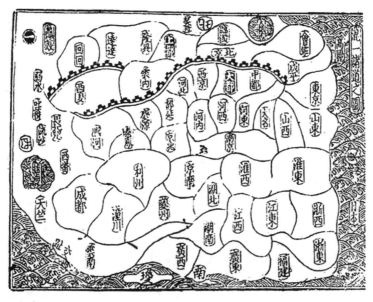

元代《混一诸道之图》

詹友谅其人，建宁路建安县人，史志无传，其署名自称"建安后学詹友谅益友编"，以"益友"为其字，他可能是刘应李的学生。

从以上简略叙述中可以发现，这两种元代世界地图，都与《大元大一统志》或《天下地理总图》有一定的关联；另外，图名都出现了"混一"这个词。这个现象，与其后陆续出现的《大明混一图》与《混一疆理历代国都之图》联系起来，其中的传承脉络，颇为耐人寻味。

广舆其图

五百年前的明代，在江西省吉水县黄橙溪村的一片水稻田间，诞生了一位杰出的理学家、地理学家罗洪先（1504 ～ 1564）。

理学家、地理学家罗洪先像

罗洪先对地理颇有研究，他"甘淡泊，炼寒暑，跃马挽强，考图观史，自天文、地志、礼乐、典章、河渠、边塞、战阵攻守，下逮阴阳、算数，靡不精究。"[1]他开创性地编撰了中国古代第一部综合性地图集——《广舆图》。

罗洪先曾任过翰林院修撰和给皇帝讲授经书的讲官，这使他有机会能够遍观天下图籍和掌握国家文献资料。但是他对当时的图籍很不满意，在《广舆图·序》中称："尝遍观天下图籍，虽极详尽，其疏密失准，远近错误，百篇而一，莫之能易也。访求三年，偶得朱思本图，其图有计里画方之法，而形实自是可据，从而分合，东西相俟，不至背舛。于是悉所见闻，增其未备，因广其图至于数十。……山中无力佣书，积十余寒暑而后成。"[2]

罗洪先以朱思本的《舆地图》为祖本和蓝图，"访求三年，偶得朱思本图……""其所为画方之法，则巧思者不逮也。然考郡史，不戴姓名，其图亦不多见，岂所谓本之则无矣乎？呜呼！又安知吾之诸图之不为长物也"[3]。朱思本《舆地图》，是图广七尺、幅面四十九平方尺的单面巨图，使用起来不方便。罗洪先将此图改绘成分幅图，据说他是从他夫人绣花的"缩样"那里受到的启发，心中豁然开朗，便把大幅的地图，分绘成小幅、多幅地图，形成地图集的形式，以便于保存和流传，使之成为一部内容丰富的地图集。

《广舆图》约完成于嘉靖二十年（1541），初刻于嘉靖三十四年（1555）。初刻本开本近正方形，地图版框为纵横 34.5 厘米 ×35.5 厘米，内容包括朱思本、罗洪先序言各 1 篇，首先为舆地总图，其次为分省舆地图和九边图。有两直隶、十三布政司图 16 幅，九边图 11 幅，洮河、松潘、虔镇、建昌、麻阳诸边图 5 幅，黄河图 3 幅，漕河图 3 幅，海运图 2 幅，朝鲜、朔漠、安南、西域、东南海夷、西南海夷图各 1 幅，以

---

①［清］张廷玉《明史》卷二八三·列传第一百七十一·儒林二，中华书局，1974 年。
②［明］罗洪先《广舆图·序》。
③ 同上。

及图表、统计资料等共计 117 页。

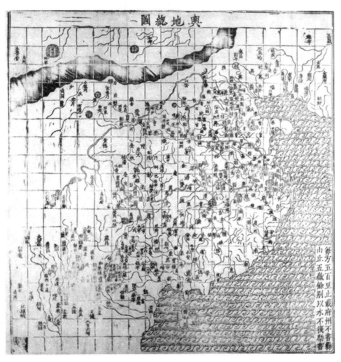

《广舆图·舆地总图》初刻本

罗洪先采用计里画方之法，舆地总图每方五百里，分省图每方百里，其他图画方不等。该图集绘制极为精细，新创山、河、路、界、府、州、县、驿等二十四种图例符号，标注在全图之首，使地图图例符号由象形过渡到几何图案。每幅图的背面附有图叙表解，补充说明这个省区的沿革、形胜、各级行政区范围大小，还有田赋数字。罗洪先在序中提及："凡沿革附丽，统驭互更，难以旁缀者各为副图六十八。"他所说的"副图"并不是地图，而是指沿革政区变迁等内容的说明文字和图表。这些文字和图表分别附在各图之后，成为图集内容的重要组成部分。

《广舆图》开篇是"舆地总图一"和"两直隶十三布政司图十六"，为政区图。首幅地图《舆地总图》海岸线轮廓、河流走向、城邑位置均

比较正确，全图的府州地名及名山、湖泊、河流名称均有标注。图上未绘画长城，黄河源绘成三个湖泊，并注明为星宿海，长江仍以岷江为主源，西北部的灰黑色宽带表示为沙漠。湖泊及海水均绘有水波纹，五岳名山用形象法表示。《广舆图》第二部分是边防图，包括"九边图十一"和"洮河、松潘、建昌、麻阳、虔镇诸边图五"。《广舆图》第三部分是专题地图，包括"黄河图三""漕河图三""海运图二"。第四部分是邻国和周边地区图，包括朝鲜、朔漠、安南、西域及东南海夷图、西南海夷图、四夷总图等。1561年以后的刻本中又增加了日本和琉球两图。

学界多认为，《广舆图》是西方制图方法传入中国之前，由中国人所绘制的最为科学、精确的地图，开创了中国人编制综合性地图集的先河。

《广舆图》不仅在中国受到高度重视，在世界范围内也有着重要的影响。17世纪中叶，由外国传教士卫匡国（M.Martini）在欧洲出版的第一本《中国新图志》（*Novus Atlas Sinensis*）就是以《广舆图》为蓝本的，著名的荷兰《布拉厄大地图集》（*Johan Blaeu Le Grand Atlas*）的亚洲部分也是以《广舆图》为基础而绘制的，不少欧洲地理学家对《广舆图》都极为称道，甚至可以说一直到17世纪末叶，欧洲出版地图中的中国部分都是以罗洪先的《广舆图》为依据的。

秘藏 400 年的中国海图

2008年1月，美国佐治亚南方大学副教授罗伯特·巴契勒（Robert K.Batchelor），在牛津大学做访问学者期间，意外地在鲍德林图书馆发现了一幅久经岁月剥蚀的中国人绘制的航海地图。

2008 年在牛津大学鲍德林图书馆发现的中国古航海图

约翰·塞尔登（John Selden，1584 ～ 1654），英国律师、东方学学者、法学史家、议员、宪法理论家，著有《闭锁海洋论》。约翰·塞尔登曾在英国议会负责出口事务，并素来对收藏东方古物有兴趣。1639年，塞尔登组建了一个著名的图书馆，并在他去世后的 1659 年成为鲍德林图书馆馆藏的一部分。

在鲍德林图书馆接收的塞尔登私人藏品中，包括一大批用东方语言书写的手稿、古希腊的大理石雕刻、一只中国罗盘以及一部描述墨西哥印第安部族阿兹特克人（Aztec）历史的名著《孟多萨法典》（*Codex Mendoza*），还有一幅中国明朝中叶的航海地图，被称为《塞尔登中国地图》（*Selden Map of China*）。而中国学者将此图命

约翰·塞尔登的画像

名为《明代东西洋航海图》，这也是中国历史上现存的第一幅手工绘制的彩色航海图。

1665 年，东方学家海德（Thomas Hyde）接任牛津大学鲍德林图书馆馆长一职。海德是希伯来语和阿拉伯语专家，不懂中文。1687 年 6 月，他邀请沈福宗帮忙鉴识中国图书并对其进行分类。沈福宗（1657～1692）生于南京，比利时耶稣会士柏应理（Philippe Couplet）的门生，可能是历史上第一个到达英国的有名有姓的中国人。沈福宗应邀请到鲍德林图书馆，为中文藏书编写了首份目录，他还和海德一起对《塞尔登中国地图》做了标注工作，海德从沈福宗那里了解到《塞尔登中国地图》上中文注记的内容，并随手在图上做了一些拉丁文注释。

1685 年，沈福宗在伦敦与英国国王詹姆斯二世会面。詹姆斯二世让英国宫廷画师克内勒爵士（Sir Godfrey Kneller）在温莎堡为沈福宗画了一幅真人大小的全身油画像，由皇家收藏。

加拿大汉学家卜正民在大英博物馆的海德档案中，还找到一张沈福宗手绘的长城地图，地图在长城以北西伯利亚至北海的大地上，绘有 24 处河流与高山。

《明代东西洋航海图》重新发现后，地图学者一般认为此图是在 1606 年之后和 1624 年之前的某个时候绘制的。历史学家蒂莫西·布鲁克（Timothy Brook）认为是英格兰的一位商人约翰·萨里斯（John Saris）于 1608 年获得地图，并于 1609 年 10 月将其带回英国的。罗伯特·巴契勒指出，根据地图上的某些特征，这幅地图应该是在 1619 年左右绘制的。香港海外交通史研究学者陈佳荣认为此图的编绘时间约在 1624 年（天启四年）。

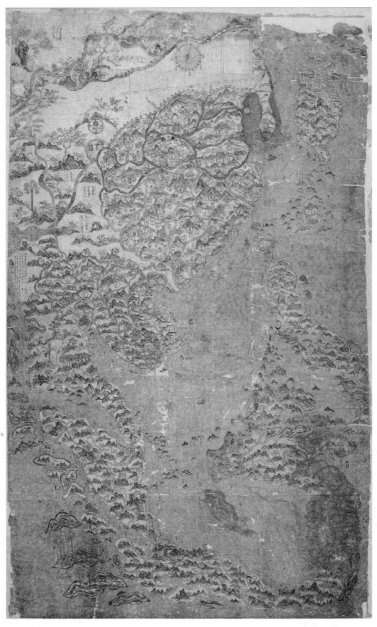

《明代东西洋航海图》

英国的学者们认为，这幅地图很有可能是 16 世纪末至 17 世纪初英国东印度公司驻万丹（Banten）商馆人员从前来贸易的福建商人手中购取的。万丹，中国明代中后期载籍称之为下港，位于今印度尼西亚爪哇岛西端。16 世纪初从爪哇岛淡目（Demak）逃出的一批穆斯林教徒在此聚居成村。在哈萨奴丁（Hasanuddin）及其子茂兰莱绍夫（Molana Yusof）统治时期，万丹逐渐崛起，并在 1570 年左右成为东南亚群岛地区的重要商埠。到 1600 年，万丹已成为东南亚最重要的胡椒生产及销售的商品集散地，当地常年聚居着大批来自欧洲、西亚、华南、马来半岛和香料群岛的商贾，其中以福建海商和英国东印度公司的商人最为活跃，双方经常携手合作经营胡椒收购和出口生意。

塞尔登在遗嘱中提及，这张地图来自"一名英格兰指挥官"。卜正民据此推论，这个人可能是东印度公司第八次远航的指挥官萨里斯（John Saris）。[1] 1611 年，萨里斯离开英格兰，沿着印度洋一带做生意，隔年到达万丹（Banten），不久又前往香料群岛探寻香料。1613 年，萨里斯来到日本平户港，他认识了在日本定居的中国侨民领袖兼资深商人李旦，李旦是海盗郑芝龙的赞助商。

卜正民说，1604 年萨里斯被派到万丹，1608 年担任该地商馆馆长，1609 年返回英国，待在万丹前后 5 年。塞尔登大概是通过英国东印度公司的地图绘制顾问哈克吕特（Richard Hakluyt）从英格兰出版商珀柯斯（Samuel Purchas）那里取得地图的。萨里斯极有可能是从一位万丹的华商处取得地图的，而这位华商以万丹港为基地进行贸易，因为想看到自己的贸易版图呈现在家中的墙壁上，于是出价请人绘制了地图。

香港大学学者钱江推测，海图的作者或许就是一位常年跟随船舶在海外各贸易港口经商的乡间秀才，也可能是一位民间画工，或者是一位转而经商的早年落第举子。[2]

北京大学考古文博学院教授林梅村认为，《塞尔登地图》大约绘制

---

[1] 〔加〕卜正民著，刘丽洁译《塞尔登的中国地图：重返东方大航海时代》，中信出版社，2015 年，第 148 页。

[2] 钱江《一幅新近发现的明朝中叶彩绘航海图》，《海交史研究》2011 年第 1 期。

于 1633 年至 1644 年，此图其实就是《郑芝龙航海图》。1633 年，郑芝龙舰队在金门料罗湾大捷，从荷兰人手中收缴了一些海图。郑芝龙不仅通晓多国语言，其部下还有许多战俘及外国佣兵，因此《郑芝龙航海图》可能借鉴了那些西方海图。①

2016 年，诺丁汉特伦特大学地图研究人员发表了一篇论文，他们基于对结合介质和颜料的光谱分析，认为《明代东西洋航海图》是在苏门答腊岛的亚齐岛绘制完成的。

《明代东西洋航海图》纸本彩绘，高 158 厘米，宽 96 厘米，绘制的地域北起西伯利亚，南至今印尼爪哇岛和马鲁古群岛（香料群岛），东达北部的日本列岛和南部的菲律宾群岛，西抵缅甸和南印度。图上绘有中国与周边国家的陆地与海洋概貌，对航海所途经海区的各类地形地貌如城镇、山峰、河流、岛礁、峡门和植被等，用不同色彩和图案做了明晰的标识。

地图的上方正中画上了一个比例尺，以及一幅航海罗盘方位图，准确无误地标识出东、西、南、北、东南、西南、东北、西北八个方位。地图大致勾勒出了明王朝的疆界，以绿色的粗线条在米黄色的底色上画出明朝各行政区之间的边界。在中国疆里部分包含的行省有北京、南京二直隶，十三承宣布政使司，外加辽东、河州及今中国台湾等共十八部分。十五省内列出府名及部分直属州名，古九州岛名，重要山岳、江湖名及廿八宿名。域外分别标出日本及南洋各区地名。绘图者在明朝各省、府、州、县的名称上画圈标识，各省或重要的城镇名称以红线粗笔画大圈，下属州、县名称则冠以褐色小圈。此规则不仅应用于明朝版图的绘制，在绘制东亚和东南亚的各商埠、古国时同样采用了。

这幅地图突破了传统的天朝中心绘法，全图将海外地区与明代版图并重，首次突出了东洋、南洋地区，反映了明末海外交通的主要范围。所采用图形是中国古代地图中在东南亚地区方面最早采用西式绘法的图

① 林梅村《〈郑芝龙航海图〉考》，《文物》2013 年第 9 期。

形，所绘地形比较准确，大致符合南洋诸地原貌。整幅地图描绘的重点，放在了华南、中国台湾以及海外的日本列岛、琉球群岛、菲律宾群岛、印支半岛、马来半岛、印尼群岛、南亚次大陆等海域。地图的中心及描绘重点被置于华南沿海、东亚及东南亚诸贸易港埠和岛屿。

这幅地图以彩色绘制，以中国传统山水画的白描技法在地图上勾勒出了重叠的山峦、树林、宝塔和楼阁，然后施以淡彩，或以红、黄等色加以点缀，用以表示不同地区的地貌，另加山水图形。为了满足航海需要，绘图者在图上的某些部分做了一些文字说明，并加方框予以强调。

此图所绘的当时由漳泉出发的主要海外交通路线多达 22 条：漳泉—五岛；漳泉—琉球；琉球—兵库；漳泉—吕宋；广州—吕宋；吕宋—文莱；吕宋—苏禄；吕宋—马军礁老；吕宋—万老高；漳泉—七州—猪蛮—池汶；马辰—池汶；马辰—援丹；猪蛮—咬留吧—顺塔；顺塔沿苏岛西岸离马六甲海峡；漳泉—七州—旧港—咬留吧；旧港—马六甲出海峡；漳泉—交趾—柬埔寨—暹罗；漳泉—罗湾头—彭坊—马六甲；马六甲—古里；古里—忽鲁谟斯；古里—佐法儿；古里—阿丹。

图中无论东洋、西洋海道，均由漳州、泉州起航。[①] 在地图中部，琼州（海南岛）下方，在今西沙群岛、中沙群岛的位置以刀把状绘出群岛，标有地名"万里长沙"，在此下方今南沙群岛的位置绘有红色群岛，以圆弧标有地名"万里石塘"，右边注有"屿红色"字样。在"万里长沙"的东南方向，即今东沙群岛的位置绘有群岛，以圆弧标有地名"南澳气"。

通常认为，现今可见到的最早的完整标绘南海诸岛四群岛的地图，当推清代陈伦炯撰于雍正八年（1730）的《海国闻见录·四海总图》。而编绘制作于天启四年（1624）的《明代东西洋航海图》的发现，将此记录，从清代向前推至明代，时间上则整整提前了 106 年。

---

① 陈佳荣《新近发现的〈明代东西洋航海图〉编绘时间、特色及海外交通地名略析》，《海交史研究》2011 年第 2 期。

《明代东西洋航海图》（局部）

　　《明代东西洋航海图》对于中国大陆部分的描绘，为计里画方、平面拉伸的网格状地图，显然参考了当时传统中国地图的主流版本。美国学者巴契勒指出，这幅地图是葡萄牙和中国两个不同系统的地图结合的产物，中文部分取材于徐企龙撰《文林妙锦万宝全书》卷二所载《二十八宿皇明各省地舆总图》（1619）。地图上以当时西方地图常用的罗盘来标记方位，但罗盘完全采用中国式的标记体系，图注全为中文。这说明，地图的绘制者受到西方地图绘制法的启发，同时把新知识转化到中国地图绘制体系中。地图对于海洋和海岸线的描绘，远比大陆部分要准确得多，显然是根据精确的航海资料来绘制的，并借鉴了西方绘图方法，同时采用了中国民间航海地理数据。林梅村教授指出，1633年，荷兰绘图大师威廉·布劳出任荷兰东印度公司绘图师，《明代东西洋航海图》可能参考了威廉·布劳于1618年绘制的《亚洲新图》。①

① 林梅村《〈郑芝龙航海图〉考》，《文物》2013年第9期。

第十三章
金銮殿上的传教士

　　明末清初，西方科学开始向中国传播，欧洲的传教士们纷纷来到中国，他们在传播基督教的同时，还带来了先进的天文、数理、地理、机械等科学、技术知识。这一时期，欧洲的地图，以及先进的制图理念和技术也被传教士们输入中国。

明末清初来华传教士利玛窦、汤若望、南怀仁

　　16、17世纪，西方大航海时代日渐完善起来的新地理学方法，突破旧有的地理认识，全面取代了以托勒密为代表的传统测绘方式，开始向近代科学地理学、地图学迈进。来华传教士就是这一趋势的参与者和推动者。中国古代土生土长、独自发展的地理学、地图学，因为利玛窦等传教士的到来，开始受到了西方地理学、地图学的影响。①

---

① 唐锡仁、黄德志《明末耶稣会士来华与西方地学的开始传入》，《明清之际中国和西方国家的文化交流——中国中外关系史学会第六次学术讨论会论文集》，1997年。

同时，这一时期也处在由传统的中国地理制图认知系统向近代地图学体系过渡的阶段。处于这一过渡阶段的中国传统制图体系，在来华传教士多范围、多层次、多方面、多角度的丰富多彩的地图测绘活动中，既体会了中西文化交流的广度与深度，又感受到前所未有的挑战。

几百年过去了，历史留下了这些人的名字：意大利传教士罗明坚（Miehel Ruggieri，1543～1607）、利玛窦（Matteo Ricci，1552～1610）、龙华民（Nieelo Longo-bardi，1559～1654）、高一志（Alphose Vagnoni，1566～1640）、熊三拔（Sobbathinusde Vrsis，1575～1620）、艾儒略（Giulio Aleni，1582～1649）、毕方济（Franeiseus Samibiaso，1582～1649）、卫匡国（Martino Martini，1614～1661）、西班牙传教士庞迪我（Diegode Pa，1571～1628）、葡萄牙传教士阳玛诺（Emmanuel Diaz，1574～1659）、法国传教士金尼阁（Nieolas Trigault，1577～1628）、瑞士传教士邓玉函（Jean Terreng，1576～1630）、德国传教士汤若望（Johann Adam Schall von Bell，1592～1666）、比利时传教士南怀仁（Ferdinand Verbiest，1623～1688）。

利玛窦最早把欧洲地图传到中国。1601 年 1 月，利玛窦在北京向万历皇帝敬献了一部地图集《万国图志》。1602 年秋，利玛窦编绘出《坤舆万国全图》，刊行后深受欢迎。

1623 年（天启三年），意大利传教士艾儒略的《职方外纪》问世。全书之首冠以《坤舆万国全图》，下分五卷，历述五洲各国之地理，每洲之前还冠以洲图。

1623 年（天启三年），葡萄牙传教士阳玛诺和意大利传教士龙华民，运用欧洲的地图、地理知识，在北京制成了一个用彩漆描绘的木质地球仪，展示了世界主要的大陆、海洋和岛屿。

1642 年，意大利传教士卫匡国越过重洋，来到中国澳门。1658 年，卫匡国在阿姆斯特丹出版了《中国新地图集》，共收图

17 幅，包括 1 幅中国全图，15 幅分省地图以及 1 幅日本附图。

1655 年荷兰文版卫匡国《中国新地图集》

　　1674 年（康熙十三年），传教士南怀仁绘制完成了《坤舆全图》。整个地图分成 8 长幅，东西两半球各占 3 幅，头尾文字注记占 2 幅。该图采用球极平面投影，图上经纬线均以 10°划分。

　　明末清初来华的传教士，凭借他们天文历法、地理制图的科学知识，对中国朝廷内部产生了一定影响。虽然传教士的新式地图也受到一部分官员的喜爱，然而并未真正成为官方制图的主流。不过，经过较为漫长的时光过滤，欧洲的这一套制图理论、技术，最终在中国落地生根、开花结果。

罗明坚的地图

1989 年，意大利国家档案馆馆长罗萨多在意大利国家地理学会杂志上发表论文《有关明代中国的第一地图集——罗明坚未刊手稿》，披露了意大利罗马国家档案馆所存罗明坚的中国地图手稿。这表明，欧洲传教士绘制的第一份中国地图，是意大利耶稣会士罗明坚绘制的中国分省地图集。

罗明坚

罗明坚（Miehel Ruggieri，1543～1607），1543 年生于意大利那不勒斯。1572 年他加入了耶稣会。

1579 年 7 月，罗明坚奉派抵中国澳门，他开始学习汉语，了解中国的风俗习惯。到达澳门后两年四个月，便能认识 15000 个汉字，可以初步阅读中国的书籍，三年多后，便开始用汉语来写作了。

罗明坚在澳门建立了一座传道所，并开始用中文为澳门的中国人宣教。

1581 年，罗明坚曾三次随葡萄牙商人进入广州，并很快取得了广州海道的信任，允许他在岸上过夜。

1583 年，罗明坚先后同巴范济、利玛窦三次进入广州，并通过与两广总督陈瑞、肇庆知府王泮等中国地方官员的交涉，最终于 1583 年 9 月 10 日进入肇庆，居住在肇庆天宁寺，开始传教，并着手建立在中国内地的第一个传教根据地。

在中国期间，罗明坚先后到过浙江、广西传教。

1588 年罗明坚为请罗马教宗"正式遣使于北京"，返回欧洲。当他

《罗明坚中国地图集》封面

到达罗马时，正好赶上教皇四易其人，请求派代表团出使中国的这一使命未能完成。后来，罗明坚生了病，就退居在家乡意大利的萨莱诺城。

1607 年 5 月 11 日，罗明坚在他的家乡病故。在欧期间，罗明坚把中国典籍《四书》中的《大学》的部分内容译成拉丁文在罗马公开发表，并第一次在西方出版了详细的中国地图集——《中国地图集》。

罗明坚与利玛窦同时被称为"西方汉学之父"，他在研究中国语言文字、西译中国典籍、以中文写作方面，以及在向西方介绍中国制图学方面，都开创了来华耶稣会士之先。

《罗明坚中国地图集》中的《大明国图》

1993 年，意大利国家出版社出版了由意大利国家档案馆馆长罗萨多主编的《罗明坚中国地图集》，全书共 137 页，其中有罗萨多撰写的导言和毕戴克教授等学者的研究成果，还有按照原尺寸复制的 79 页手稿，包括 28 幅地图和 37 页文字说明。

罗明坚的《中国地图集》共有 28 幅地图，其中有些是草图，而有些绘制得很精细。这个地图集第一次较为详细地列出了中国的分省地图，介绍了中国的 15 个省份，对农业生产、粮食产量、矿产、河流、各省之间的距离、各省边界和方位，以及"皇家成员居住的地点、诸如茶叶等特殊作物、学校和医科大学以及宗教方面的情况"都进行了分析性的详细介绍。

在文字说明中，罗明坚首次向西方介绍了当时欧洲人十分关心的中国行政建构，从"省"到"府"，按照府、州、县的等级顺序，逐一介绍每个省的主要城市的名称，对各地驻军的场所"卫"和"所"也有介绍。罗明坚不是首先从北京或南京这两个帝都，而是从南方沿海省份逐步展开了他的介绍，体现了当时西方人更关心与他们贸易相关的中国南部省份的特点。①

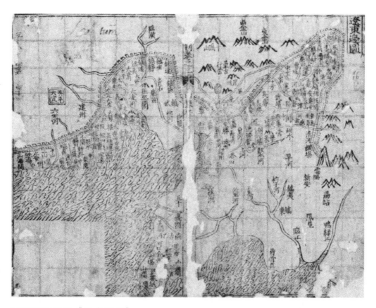

罗明坚绘制的《辽东边图》

---

① 张西平《欧洲传教士绘制的第一份中国地图》，《史学史研究》2014 年第 1 期。

《罗明坚中国地图集》所收《辽东边图》，上有罗明坚所画方格网，图上有用红色手写的纬度数目，当时中国人绘制的地图上还没有出现经纬度标示法。

中国当代学者宋黎明通过重新研究罗马国家档案馆、罗马耶稣会档案馆以及罗马国家图书馆所藏的《罗明坚中国地图集》手稿，发现罗明坚在不同时期绘制了多种中国地图集，最早的为 1583 年绘制的，最迟的为 1606 年绘制的。[①]

中国学者汪前进的研究表明，《罗明坚中国地图集》主要是依据《大明一统文武诸司衙门官制》一书所编绘，《大明一统文武诸司衙门官制》为敕纂，并被内府或官方刻印，《国史经籍志》卷一载："制书类　御制　中宫御制　敕修　记注明政"在"敕修"下列：大明官制二十八卷。[②]

传教士的敲门砖

意大利传教士利玛窦（1552～1610）。

1552 年，生于意大利马切拉塔，他原名玛提欧·利奇（Matteo Ricci），"利玛窦"是他自己取的中文名字。

1571 年，利玛窦进入耶稣教会，作为见习修士，他在罗马大学学习了神学与哲学以及数学、宇宙学和天文学。

1577 年，利玛窦离开罗马前往热那亚，再从海道至葡萄牙搭乘每年航行一次的商船前往印度。

1578 年 9 月，利玛窦作为传教士来到亚洲，他到达印度西南海岸

---

① 宋黎明《中国地图：罗明坚和利玛窦》，《北京行政学院学报》2013 年第 3 期。

② 汪前进《罗明坚编绘〈中国地图集〉所依据中文原始资料新探》，《北京行政学院学报》2013 年第 3 期。

的葡萄牙飞地果阿，在果阿和柯钦（今柯枝）花了四年时间，学习和教授神学。

1582年（万历十年）8月，传教士罗明坚同利玛窦一起来到澳门，在那里，利玛窦开始学习汉语。澳门与广州这座贸易大城仅隔一个海湾。

1583年，经多番请求，广东总督同意利玛窦和他的会友罗明坚进入辖区首府肇庆，他们谒见了肇庆知府王泮。

他们在肇庆逗留了7年，建立了一个布道所。尽管民众对他们抱有怀疑态度，时而还有心怀敌意的群众发起阵阵攻击，但他们还是被公认为饱学之士。

从那时起，世界地图成了利玛窦进入中国的敲门砖。

指点地图的利玛窦

利玛窦在布道所接待室的墙上，悬挂了一幅世界地图，他叙述说：

在世界上所有大图之中，中国与他国最少通商，确实可以说，他们简直与外国没有来往，因此他们对世界上的情况一无所知。诚

然，他们也有类似本图的地图，他们却认为那图能代表全世界，而他们所谓的天下仅限于本国的十五个省。他们在地图上沿海绘了一些岛屿并给这些岛屿取了他们听说过的王国名称。所有这些岛屿并在一起还不及中国最小的一个省那么大。由于所知有限，他们为什么吹嘘其本国的疆土就是全世界，称其本国为"天下"，意指苍天之下的一切，其原因也就一清二楚了。当他们听说中国仅是大东方的一部分时，他们认为这种说法与他们的看法截然不同。简直是无稽之谈。他们希望能详细研读此图，以便做出更合理的判断……

　　我们必须在此提到另一个发现，因为它能帮助我们博得中国人的好感。对他们来说，天是圆的，地是方的，他们还坚信，他们的帝国正好处于大地的中央。他们不喜欢我们的地理学将中国置于东方一隅的见解。他们无法理解大地是个球体，由陆地和海水组成，而这个球体的性质又是无边无际的。地理学家因而不得不改变绘图设计。为了使中国正好呈现在地图中央，幸福岛的子午线被略去了，地图两边还各留空白。这正合他们的意，使他们感到心满意足。说实在的，在那时，在那种特殊的情况下，若要更容易使中国人接受信仰，就不能忽然想起什么发现。

　　由于对地球的大小一无所知，对自己又是自吹自夸，中国人一直以为在世界各国中唯有中国值得钦佩。他们自以其帝国光荣伟大，行政制度完善，人民博学多才，相比之下，他们把其他一切民族都视为蛮夷，而且还视为不可理喻的禽兽。对他们来说，世界上任何其他地方都不能自诩为君主、王朝或有文化。他们由于如此无知而骄傲得不可一世，待到真相大白时，他们就会更加感到屈辱。①

利玛窦把从欧洲带来的巨大的世界地图挂在肇庆布道所的厅堂里，来拜访他的中国士大夫，都对这张世界地图赞赏不已。这张世界地图，取自尼德兰雕刻师兼商人奥特柳斯于 1570 年绘制印行的世界地图——

---

① 〔意〕利玛窦等著，何高济等译《利玛窦中国札记》，中华书局，1983 年。

奥特柳斯的地图集《寰宇大观》。

1584 年（万历十二年），王泮迁为广东按察司副使，分巡岭西，仍驻肇庆。这一年，王泮见到奥特柳斯那张世界地图后，建议利玛窦以其为蓝本，绘制一张新的中文版世界地图。

于是，利玛窦应王泮的要求，修改并刊刻了题为《山海舆地全图》的中文世界地图。"长官跟利玛窦神父商量，表示要请他在议员的帮助下，把他的地图写成中文，并向他保证这件工作会使他得到很大的声望和大家的赞许。"[①]

《山海舆地全图》图幅比西文原图要大，并且增加了一些关于各国不同宗教仪式和基督神迹的中文说明。作图过程中，由于有中国官员的参与，加之之前在中国的传教经验，利玛窦将中国置于地图中央。

王泮自己出资刊刻了几百份《山海舆地全图》，分发给两广的官员和读书人，引起了极大的反响。除了赠予当地的友人外，他还赠与了其他省份的好友。利玛窦后来在回忆录中写道，王泮"不愿卖给任何人，而只把它当作重礼，赠送给中国有地位的人，其中有一幅为南雄同知王应麟所得"。

《山海舆地全图》上标注有经纬度，绘有东西半球、陆地、海洋、南北极、赤道等，使中国人看到一种表示世界全貌的新型方法。利玛窦为迎合中国人的心理，在世界地图中，把经过加那利群岛的子午线的投影转移，从而将中国的位置绘在地图的正中，图上也尽量使用中国的旧地名。

自 1584 年（万历十二年）至 1603 年（万历三十一年），利玛窦的世界地图得到了多次修订、增补，反复刊刻。

1595 年，利玛窦自韶州来到南昌，在江西对世界地图做了进一步的扩充与完善。

在利玛窦赠给建安王朱多㸅的礼品之中，便有"一书为《寰宇图

---

① 〔意〕利玛窦等著，何高济等译《利玛窦中国札记》，中华书局，1983 年。

志》，其中有欧罗巴、利未亚、亚细亚、亚墨利加和墨瓦蜡尼加地图，连同九天图和四行图以及其他历算内容，乃此国从未得见者，而皆以其文字释之"。在利玛窦 1596 年寄回欧洲的信中也曾提到"正着手绘一幅世界地图，上附有许多注释与说明"。

《寰宇图志》也称《万国图志》，是依据奥特柳斯的《寰宇大观》等著作编撰而成的。据《职方外纪》所录庞迪我、熊三拔奏疏说："又臣国尚有刊刻《万国图志》一册，其中各国图说至为详备。""以其文字释之""附有许多注释与说明"，表明南昌版世界地图中，对于"五大洲说"的介绍更为丰富。南昌版世界地图原件已失传，但其摹本却收录在章潢的《图书编》第 29 卷中，分别名为《舆地山海全图》《舆地图》（上、下两幅）。《图书编》中还收有利玛窦"地球图说"一文，其内容与日后的北京版《坤舆万国全图》所附"天地浑仪说"相近，但远不及后者内容充实。文中论及五大洲时提到："兹以普天下舆地分五洲，曰上下亚墨利加，曰墨瓦蜡泥加，曰亚细亚，曰利未亚，曰欧逻巴，其各州之国繁伙难悉，约皆百以上。"

《万国图志》，今天虽然已经不存于世，但是在明末另外一本名为《异林》的书中首次发现了《舆图志》的 12 条逸文。

明宁王朱权七世孙朱谋玮著有《异林》，该书卷 16 "夷俗"连续引"利玛窦《舆图志》"，共计 12 条。《舆图志》即《万国图志》。

1595 年，应天巡抚赵可怀曾翻刻了王泮版本的地图，取名为《山海舆地图》，并予勒石。万历三十九年（1611），姑苏驿站坥后曾重修，然而《山海舆地图》图碑此后却不知去向。

1599 年，利玛窦第二次来到南京，据《利玛窦中国札记》载："那时当权的官长（吴中明）要求利玛窦神父修订一下他原来在广东省所绘制的世界舆图，给它增加一些更详尽的注释。他说他想把一份挂在他的官邸，并放在一个地方供公众观赏。"

吴中明，字知常，号左海，歙县人，时任南京刑部主事、南京礼部主事。利玛窦在万历二十八年刻成修改过的地图《坤舆万国全图》，吴中明在序中说："利山人自欧罗巴入中国，着《山海舆地全图》，缙绅多传之。余访其所为图，皆彼国中镂有旧本，盖其国人及拂郎机国人皆好远游，时经绝域，则相传而志之，积渐年久，稍得其形之大全。然如南极一带，亦未有至者。要以三隅推知，理当如是。山人澹然无求，冥修敬天，朝夕自盟以无妄念、无妄动、无妄言。至所著天与日、月、星远大之数，虽未易了，然其说或自有据，并载之以俟知者。"

1600 年底，利玛窦离开南京，来到北京。

1602 年，利玛窦对南京吴中明的世界地图刊本进行了增补，并为全图作序。这个增补版本由李之藻负责刊印，这就是著名的《坤舆万国全图》。刻图设计为由十二块拼成的屏风型（300 厘米 ×200 厘米），于 1602 年 8 月 7 日在北京出版。其中对中国信息的描绘，取自《广舆图》等多种中国资料。它被认为仅有少数副本残存下来，一个在梵蒂冈图书馆，另一个在日本京都帝国大学。此外，还有另一幅完好无损的样品保存在巴黎的克莱蒙特学院。

1602 年，李之藻在北京再次修订利玛窦的世界地图《坤舆万国全图》。

1603 年，李应试再刻利玛窦世界地图，绘制成《两仪玄览图》。

利玛窦在来中国的途中就沿途测量了一些点的经纬度，他还在北京、南京、杭州、广州、西安等地进行了经纬度测量。

1603 年秋，应李应试、邹衍川、阮余吾诸人要求，又制作新图《两仪玄览图》："窦不敢辞，谨参互考订，以副吾友之美意。"当时在北京会院的六位中国修士钟鸣仁、黄明沙、游文辉、倪一诚、丘良察、徐必登，也参加了此版的编制工作。

利玛窦的地图提出了"五大洲"的概念，《明史》记载："万历时，其国人利玛窦至京，为《万国全图》，言天下五大洲。"他将 15 世纪、16 世纪欧洲地理大发现航海探险中发现的新地域均绘在地图上，将南美洲和北美洲介绍给中国。

利玛窦世界地图的西文资料，学术界多认为主要来自奥特柳斯、墨

卡托、普兰修的世界地图。

利玛窦的地图

1584 年（万历十二年），利玛窦在肇庆绘制了中文世界地图的第一版，图名为《山海舆地全图》，这版地图的原版已佚。

利玛窦《坤舆万国全图·序》回忆："壬午（1582）解缆东粤。粤人士请图所过诸国，以垂不朽。彼时窦未熟汉语，虽出所携图册与其积岁札纪，翻译刻梓，然司宾所译，奚免无谬。"这里的粤人士即指肇庆知府王泮，利玛窦是应他的要求译制地图的。司宾是福建秀才，是利玛窦入华后的第一位汉语老师兼翻译。

肇庆版《山海舆地全图》比西文原图大，为迎合中国人的心理，将中国移至图的中央，欧洲、非洲与南、北美洲分列两旁。注释则根据中国习惯和传教需要，加以增删。1584 年地图刊刻后，利玛窦用白丝绸装裱后寄到澳门地区和罗马，献给耶稣会总会长和教皇。王泮藏原版于府中，不以印本传售，只馈赠中国要人。后来，利玛窦本人曾几次修订过这张地图。该图在南昌、苏州、南京、北京、贵州等地翻刻过十余次，先后取名为《世界图志》《世界图记》《舆地全图》《两仪玄览图》《坤舆万国全图》等。

应天巡抚赵可怀从原广东南雄太守王应麟处得此舆图，遂在苏州胥门外驿站摹镌刻石。他并自撰一跋赞美此图，不过尚不知原图作者。可惜刻石与跋文现已不存。

1593 年秋，无锡儒学训导梁辀，在南京"睹西泰子之图说，欧罗巴氏之镂板，白下诸公之翻刻有六幅者"，镂刻《乾坤万国全图古今人物事迹》。梁辀所见"西泰子图说"，为肇庆版《山海舆地全图》。

1595 年（万历二十三年），利玛窦从南京来到南昌，在这里结识了晚明儒学大师章潢。章潢（1527～1608），字本清，江西南昌人，明代理学家、教育家、易学家。

1613年（万历四十一年）章潢刊印的《图书编》，收有利玛窦《舆地山海全图》，采用了椭圆投影法，与奥特柳斯的西文世界地图外形相似，后附《地球图说》说明："此图即泰西所画，彼谓皆其所亲历者。"

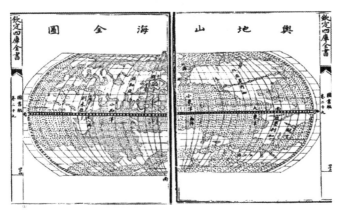

章潢刊印利玛窦《舆地山海全图》（万历四十一年，1613）：《图书编》卷29，《文渊阁四库全书》，子部275册，第552、553页。

《图书编》还收了利玛窦的《舆地图》上、下，为南、北半球的俯视图；《昊天浑元图》，为东西半球图；《九重天图》和《天度黄道赤道昼夜长短图》。《图书编》卷29还刊有利玛窦《地球图说》，介绍了五大洲包括上、下亚墨利加（即南、北美洲）："兹以普天下舆地分五洲：曰上、下亚墨利加，曰墨瓦腊泥加，曰亚细亚，曰利未亚，曰欧逻巴。其各州之国繁伙难悉，大约皆百以上。"

1599年（万历二十七年），利玛窦再次进入南京，时任南京吏部主事的吴中明请利玛窦对之前的地图进行修正、增补，并亲自作序，即为南京版《山海舆地全图》。其实此版舆图的修订工作开始于南昌，完成于南京。吴中明作序赞之："利山人自欧罗巴入中国，着《山海舆地全图》，荐绅多传之。余访其所为图，皆彼国中缕有旧本。"吴中明分刻此图于南京吏部署中，并允人印刷，故影响更大。传教士曾将南京版舆图

寄往澳门地区和日本。此版利玛窦世界地图在广东、江西等地的知识分子中间传播，原图今已不见，但地图的摹本被收录于一些文人所编撰的文集或类书中。

1602年（万历三十年）刊刻的冯应京编纂、戴任续成的《月令广义》，卷首收入利玛窦的《山海舆地全图》。

冯应京（1555～1606），安徽泗州人（今江苏省盱眙县），进士出身，官至湖广监察御史。利玛窦好友，与徐光启、李之藻并称"西学三柱石"。

冯应京

冯应京编撰的地理气候论书籍《月令广义》明万历三十年秣陵陈邦泰刊本，首卷收入利玛窦的《山海舆地全图》，吴中明为此图写的说明中说："利山人自欧罗巴入中国，着《山海舆地全图》，盖其国人及佛郎机国人皆好远游，然如南极一带，亦未有至者，以三隅推理当如是。山人冥修敬天，其所著，天日月星，远大之数，或自有据并载之。"

1602年（万历三十年），程百二等辑《方舆胜略》，外夷卷一载有《山海舆地全图解》。

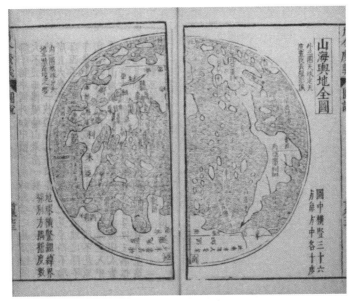

利玛窦《山海舆地全图》，载《月令广义》万历三十年秣陵陈邦泰刻本。

1604 年，贵州巡抚郭子章，因利氏原图大不便观览，乃缩小翻刻，而将图中说明、序、跋移入书内，并分五洲以列各国地名及其注释。他还将书寄至北京赠送给利玛窦。利玛窦赞扬此书："俨若托勒密之《地理》（指托勒密《地理学指南》）。"

1609 年（万历三十七年），刊印的王圻《三才图会》收《山海舆地全图》。王圻及其儿子王思义撰写的百科式图录类书《三才图会》，内容上至天文，下至地理，中及人物，所谓"三才"，是指天、地、人这三界。

《山海舆地全图》，明王圻《三才图会》版，1609 年刻本。源于利玛窦 1600 年制作的南京版世界地图。《三才图会》的《山海舆地全图》未署作者名，但地图与《月令广义》中利玛窦《山海舆地全图》为同一图。

1922 年，北平悦古斋主人韩懿轩 16 岁的儿子韩博文，在晓市上看到一幅很大的地图，摊贩说是宫里出来的东西，要价 20 大洋。韩博文仔细观察这个地图，只见地图分六幅，第一幅右上角有"坤舆万国全图"六个字及长篇题识，全图彩绘世界之地貌，中国正居其中，还有大量的地名标注。看后，韩博文不动声色地将《坤舆万国全图》买下，带回悦古斋给韩懿轩看。韩懿轩请好友晚清进士金梁过目，确认了此图是利玛窦绘制的世界地图，应为清宫内藏。

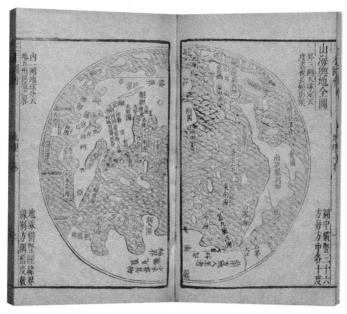

《三才图会》中的《山海舆地全图》

消息不胫而走，一个美国人听说后，特意来到悦古斋要求高价收购此图。商务印书馆经理孙伯恒得知后，立即告知了北平历史博物馆筹备处。时任馆长的裴善元立即派人与悦古斋磋商，并请金梁从中帮忙以重金将该图收购。

随着抗战爆发，《坤舆万国全图》随其他的文物南迁，流转到中央博物院筹备处，也就是现在的南京博物院的前身。1949年后，这幅地图最终留在南京博物院。

1602年（万历三十年）秋天，利玛窦在北京应营缮司主事李之藻的要求，重新刻印了一张世界地图，取名《坤舆万国全图》，李之藻用工部资源协助刊刻。

利玛窦在自序中介绍了《坤舆万国全图》的刊刻过程：1602年秋，李之藻在京深感前版之狭隘，未尽西来原图十分之一，欲再增补之。于是利氏"乃取敝色原图及通志诸书，重为考定，订其旧译之谬，与其度数之失，兼增国名数百，随其楮幅之空，载厥国俗土产，虽未能大备，比旧亦稍瞻云"。

　　除利玛窦、李之藻自序外，《坤舆万国全图》还载有陈民志、杨景淳、祈光宗序文，以及转引前版吴中明之序，并附九重天图、天地仪图、日月食小图、黄道赤道错行小图、量天尺图，以及关于图中世界各国的说明，此外还附有其他一些说明、各国附注、纬度表，以及耶稣会章等。李之藻印刷多份《坤舆万国全图》遍赠其友。还有不少人送纸求印。此外，刻工还私梓同样一版印售，后因大雨屋塌版毁。《坤舆万国全图》所印总数不下数千份。

　　1608年（万历三十六年），利玛窦受万历皇帝之请，重修1602年的《坤舆万国全图》。

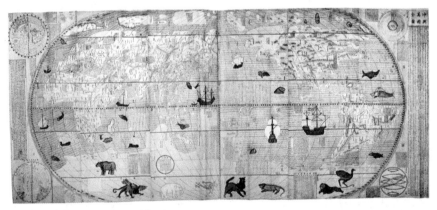

南京博物院藏《坤舆万国全图》

　　南京博物院藏有1608年利玛窦彩色摹绘本《坤舆万国全图》，由宫中太监摹绘，原作6幅屏条，后缀连为一图，再后又重新装裱为横幅。整幅世界地图纵192厘米、横380.2厘米，用多种颜色描绘而成，南、北美洲用粉红色，亚洲呈现淡淡的土黄色，欧洲和非洲近似于白色，山脉以写景法描绘，用淡绿色勾勒，河流以双曲线绘写，海洋用深绿色画出水波纹，五大洲的名称是红色字体，国名和地名都用墨笔书写，以字体大小作为区别。各大洋中还绘有 16 世纪不同类型的帆船（商船）9艘，且各不相同。在各个海域中，又绘有鲸、鲨、海狮等海生动物 15种。南极大陆也绘有陆上动物 8 种，有犀牛、大象、狮子、鸵鸟、恐龙等。

目前在世界各地发现的《坤舆万国全图》，分别收藏在梵蒂冈宗座图书馆、美国明尼苏达大学的詹姆斯·福特·贝尔图书馆、日本京都大学、日本宫城县图书馆、日本内阁图书馆，以及由法国巴黎的私人收藏。

1949 年 2 月，在沈阳故宫西七间楼、西配宫利玛窦的《两仪玄览图》被发现了。

利玛窦世界地图《两仪玄览图》，8 幅木刻版，1603 年（万历三十一年）由李应试在北京刻制。这是利玛窦的最后一版世界地图。

李应试，湖广人，曾任参军，随其父——名将李如松援朝御倭。他是利玛窦入京初期结交的一位好友。1603 年夏，李之藻任福建学政，携带《坤舆万国全图》刻版南下。当时该图刚发行一年，不少人士闻而未见。于是李应试与邹衍川、阮余吾等人，要求利氏绘制更大一些的新图。对此利玛窦表示："窦不敢辞，谨参互考订，以们吾友之美意。"

《两仪玄览图》的第一幅右上角，题有"两仪玄览图"5 个字。第五幅上有李应试的题记，起首一行为"刻两仪玄览图"；题记最末一行为"万历癸卯秋分日……葆禄李应试识"等字样；另外三行题字为"五羊钟伯相、黄芳济、游文辉、倪一诚、丘良禀、徐必登咸以与西泰先生（利玛窦）游……李应试因识于此。"第六幅上的题字可作佐证："万历三十一年（1603）癸卯仲秋……利玛窦书"。地图取名《两仪玄览图》，有学者认为，利玛窦大概取自《易经》中"太极生两仪"的理念，以及陆机《文赋》"贮中还以玄览"的含义，为这幅地图取名的。

除利玛窦与李应试外，当时在北京的六位中国修士，也参加了此项工作。李应试在图上写道："五羊（广州）钟伯相（钟鸣仁）、黄芳济（黄明沙）、游文辉、倪一诚（倪雅谷）、丘良察、徐必登，咸以性学从西泰（利玛窦）先生游，其贞瑜鼓行多似之。于是役也预焉。"

《两仪玄览图》八条屏幅合成椭圆形大圆，总宽为四米半，以带系其边，可展可合，系以 1602 年利玛窦的《坤舆万国全图》为蓝本绘制，但两者内容表现形式不同，本图主要表示了五大洲、山峰、山脉、河流等，并将山形涂以绿色。

《两仪玄览图》汉字注释旁，被加注了满文注音。满文注音的内容主要包括海洋名称，如大东洋、北海、大明海、地中海等；洲名如亚细亚、欧罗巴、利未亚、南亚墨利加、北亚墨利加等；地理标志如赤道昼夜平线、短线、昼长线、地南极界、地北极界等。

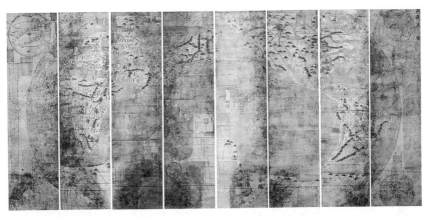

辽宁博物馆藏利玛窦《两仪玄览图》

这些满文，是后金内府加写的。此图在明代为辽宁都指挥司所有，1621 年努尔哈赤率军攻占辽阳，缴获此图。1625 年，后金由辽阳迁都沈阳（盛京），该图自此一直藏于沈阳故宫，现藏于辽宁省博物馆。

1620 年，朝鲜江原道人黄允中出使明朝，从北京带回利玛窦的世界地图《两仪玄览图》。1936 年，黄允中的后代、日本早稻田大学学生

黄炳仁，在家中发现了《两仪玄览图》藏本，这个藏本与辽宁省博物馆的藏本是同一木刻印本。20 世纪 40 年代，黄氏家族将该图捐给了当时的崇田大学博物馆（现为韩国崇实大学基督教博物馆）。

秉持着大地为圆球的观念，利玛窦在《坤舆万国全图》序中写道："又仿敝邑之法，再作半球图者二焉。一载赤道以北，一载赤道之南。其两极则居两圈当中，以肖地之本形，便于互见。"

1599 年，利玛窦绘制《东西两半球图》，1604 年被冯应京首次翻刻，1610 年又辑入程百二、汪有道、胡邦直、冯霆等撰《方舆胜略》。

《方舆胜略》张京元跋云："西泰子归心中夏，易见今上，以其图悬之通都，真是得未曾有。乃复弹思竭力为两小图，遍贻海内。解不解在乎其人，不能强也。"

此图在中国最先将世界地图绘制成东西两个半球，将世界五大洲、三大洋绘于两个圆球之中，将椭圆形投影改为圆形投影。

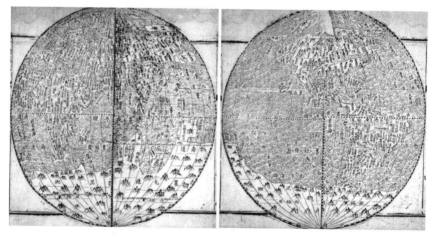

《东西两半球图》，利玛窦于 1599 年绘制，1604 年冯应京翻刻，1610 年辑入《方舆胜略》。

地球仪曾在元初传入中国，主要反映地球表面海陆分布状况，属于原始阶段的地球仪。明末利玛窦入华后，制作了不少地球仪赠送给中国友人。他所制的地球仪，反映了地理大发现的新知识，使中国人对经纬度的认识有了质的飞跃。中国古代不知经度，利玛窦介绍了经度网和包括赤道、南北回归线、南北极圈在内的整个地球纬度网。利玛窦的地球仪还介绍了地圆说。利玛窦在《乾坤体义》中注云："地形之圆乃欧罗巴诸儒千年定论，非窦创为是说。"利玛窦第一次系统地把古希腊的地圆学说介绍到中国来。

艾儒略的地图

艾儒略（Giulio Aleni，1582～1649），意大利耶稣会传教士，1582年出生于意大利北部布雷西亚城（Brescia）的一个贵族家庭，在威尼斯长大。

1610年，艾儒略经印度果阿来到当时葡萄牙控制的澳门。在澳门期间，他在耶稣会学院教授数学，同时为了进入中国传教而苦学汉语。

1613年，艾儒略沿肇庆、韶州、南京一线北上到达北京。当年，他曾被派往河南开封，与当地的犹太人后裔接触，以求研究他们保存

艾儒略像

的经书，但是遭到拒绝。在北京，艾儒略结交了徐光启，并在不久后随辞职返乡的徐光启前往江南。

1616年，南京爆发了南京教案，20位在华耶稣会士遭到严厉处罚，艾儒略至杭州的杨廷筠家避难，直到1618年形势渐渐好转，他才开始在杭州传教，并接纳了杨廷筠、李之藻两位重要人物入教。此后，他的足迹遍及北京、陕西、山西、江苏、浙江等地。

1624年12月29日，艾儒略随叶向高入闽，此后他的传教工作大多集中在

泉州。

艾儒略在华期间共出版了 22 种著作，范围涉及天文历法、地理、数学、神学、哲学、医学等诸多方面，成为西学东渐中的重要桥梁，当时享有"西来孔子"的美誉。

1623 年，艾儒略著的《职方外纪》，是继利玛窦《坤舆万国全图》之后的详细介绍世界地理的中文文献，是第一部用汉语编著的简明世界地理著作。由艾儒略增译、杨廷筠汇记，1623 年首刊。此书是依据利玛窦的《万国图志》一书加以修订编撰的。

艾儒略在《职方外纪》自序中叙述了此书的来历："吾友利氏赍进万国图志，已而吾友麗氏，又奉翻译西刻地图之命，据所闻见，译为图说，以献都人士，多乐道之者。但未经刻本以传迤，至今上御极而民物重新，骎骎乎王会万方之盛矣，儒略不敏，幸厕观光，嘅慕前庥，诚不忍其久而湮灭也，偶从蠹简得睹所遗旧稿，乃更窃取西来所携手辑方域梗概，为增补以成一编，名曰职方外纪。……而淇园杨公雅相孚赏，又为订其芜拙，梓以行焉，要亦契余，不忘昔者，吾友芹曝自献之夙志，而代终有成所愿。"

艾儒略《职方外纪》中有的地图与利玛窦图相近，也新增加了部分地图。地图上的相关文字，与利玛窦虽有沿袭之处，但文字叙述更加详尽，应当别有渊源。意大利学者德保罗认为，《职方外纪》最重要的西文原本，为马吉尼（Gio-vanni Antonio Magini）1598 年意大利文版的《现代地图》（*Moderne Tavoie di Giografia*）。

《职方外纪》卷首插有"万国全图"，分为西半球、东半球两幅，是在利玛窦《坤舆万国全图》基础上修订而成的。卷一之首是"五大洲总图度解"，卷一正篇是亚细亚（亚洲），卷二是欧罗巴（欧洲），卷三是利未亚（非洲），卷四是亚墨利加（南北美洲）和墨瓦蜡尼亚（大洋洲），卷五为四海总说及简介，简介包括海名、海岛、海族、海产、海状、海舶、海道等内容。各洲包括"总说"及有关国家简介两部分，各

卷首还附有各大洲地图。卷五首附北舆（北极）地图和南舆（南极）
地图。

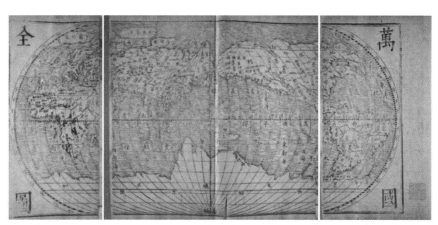

艾儒略《职方外纪·万国全图》（1623）

据浙江大学历史系黄时鉴教授介绍，意大利米兰的昂布罗修图书馆
和布雷顿斯图书馆，另藏有两种艾儒略绘制的《万国全图》。

昂布罗修图书馆藏《万国全图》，是 1909 年发现的，一度被误认
为是利玛窦 1584 年所作的世界地图，后来才被确认为是艾儒略的作品。
这幅《万国全图》也被称作"《万国全图》A 本"，A 即取自 Ambrosiana
的首字母。

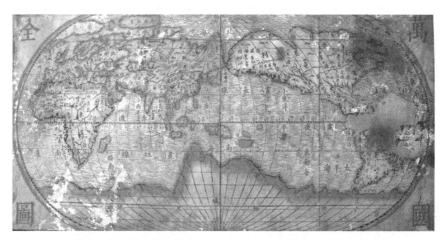

意大利昂布罗修图书馆藏《万国全图》

意大利米兰国立布雷顿斯图书馆（Biblioteca Nazionale Braidense），也藏有一件《万国全图》，编号为 AB.XV.34。此图也被称为"《万国全图》B 本"，B 为 Braidense 的首字母。此图为一文二图的三连张，包括上方的《万国图小引》文字、中间的《万国全图》和下方的《北舆地图南舆地图》。

艾儒略在《职方外纪》中还介绍了哥伦布（"阁龙"）等发现新大陆的情况，只是颇带传奇色彩。

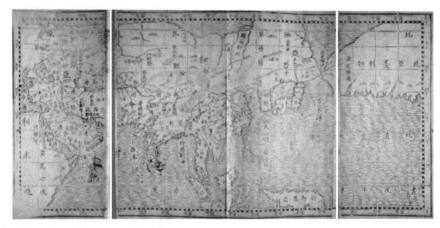

艾儒略《职方外纪·五大洲总观》

初，西土仅知有亚细亚、欧逻巴、利未亚三大州，于大地全体中只得什三，余什七云是海。至百年前，西国有一大臣名阁龙（哥伦布）者，素深于格物穷理之学，又生平讲习行海之法，居常念天主化生天地，本为人生据所……毕竟三州之外，海中尚应有地。

一日行游西海，嗅海中气味，忽有省悟，谓此非海水之气，乃土地之气也，自此以西，必有人烟国土矣。因闻诸国王，资以舟航粮糗器具货财，且与将卒以防寇盗，珍宝以备交易。

阁龙遂率众出海，辗转数月，茫茫无得，路既危险，复生疾病，从人咸怨欲还。阁龙志意坚决，只促令前行。忽一日，舶上望楼中人大声言，有地矣！众共欢喜，颂谢天主，亟取道前行，果至

一地。初时未敢登岸，因土人未尝航海，亦但知有本处，不知海外
复有人物。且彼国之舟向不用帆，乍见海舶既大，又驾风帆迅疾，
发大炮如雷，咸相诧异，或疑天神，或疑海怪，皆惊窜奔逸莫敢
前。舟人无计与通，偶一女子在近，因遗之美物、锦衣、金宝、装
饰及玩好器具，而纵之归。明日，其父母同众来观，又与之宝货。
土人大悦，遂款留西客，与地作屋，以便往来。阁龙命来人一半留
彼，一半还报国王，致其物产。

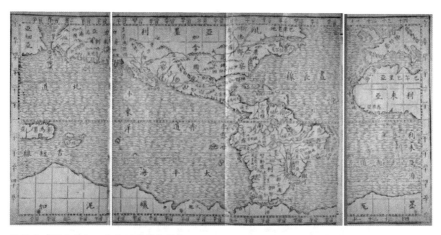

艾儒略《职方外纪·南北亚墨利加图》

潜移默化

　　利玛窦的世界地图，潜移默化地影响着明代对中文世界地图的绘
制。在利玛窦之后的明朝人的地图视野中，存在着一些不同程度地保留
着以"中国"为中心的绘图取向，同时加入了利玛窦地图里海外诸国包
括美洲的元素，呈现出过渡性质的"世界图像"。

　　1593 年（万历二十一年），常州府无锡县儒学训导梁辀镌刻的《乾坤万国全图古今人物事迹》，受到利玛窦所绘地图的影响，在绘图上依然采用传统的形象画法刻印，以"中国"为天下中心，对利玛窦地图提及的一些域外各国，以小岛的形式散列在中国四周。梁辀在地图上端的序文中提到："此图旧无善版，虽有《广舆图》之刻，亦且挂一而漏万。故近观西泰子之图说，欧罗巴氏之镂版，白下诸公之翻刻有六幅者，始知乾坤所包最巨。故合众图而考其成，统中外而归于一……内而中华山河之盛，古今人物之美，或政事之有益于生民，或节义之有裨于风化，或理学之有补于六经者，则注于某州、某县之侧……而荒外山川风土异产，则注于某国、某岛之傍。一皆核群书，稽往牒，庶几一览，则乾坤可罗之一掬，万国可纳之眉睫……"

《乾坤万国全图古今人物事迹》（1593）（局部）

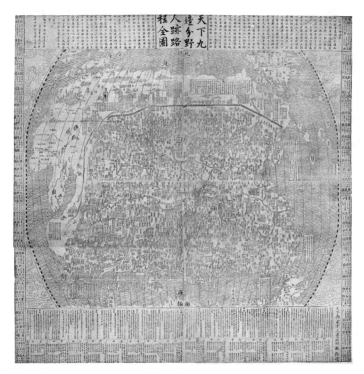

《天下九边分野人迹路程全图》（1644）

1644 年（崇祯十七年），金陵曹君义刊行的《天下九边分野人迹路程全图》，以喻时的《古今形胜之图》为蓝本，图之"中国"部分位于图之中央，详细地刻绘了明两京十三省的行政区划，约占图幅总面积的二分之一。对其他利玛窦地图所载的部分外国，则在其相对位置上加以表示，不再以岛屿的形式散列在"中国"四周。

全图以中国为中心，详细地刻绘出明代西京（即北京）、南京和十三省（即山东、山西、河南、陕西、浙江、江西、湖广、四川、福建、广东、广西、云南、贵州）的大致形势，以及长城和名山大河。府、州、县、卫和土司等用不同符号表示；长城和山脉采用立体形象绘出；河流、湖泊和海洋均加绘波纹。重要的历史人物事迹和主要府、州、县的历史概况，分别用文字注记在相应的位置上。黄河在图中表现得十分突出，河源画成葫芦状。海岸线的轮廓失真较大。

此图较为粗略的国外部分，介绍了域外 33 个国家的物产、习俗，以及它们距北京或应天府（今江苏南京）的里程。欧洲、亚洲、非洲，以及南美洲、北美洲一些国家的名称亦有标注。

此图绘有 36 条未标注经度的经线，左右两缘上下各分成 0°～90° 纬度差，大致以非洲中南部及中国淮河为上下分界，欧洲、地中海和非洲西南部的地理位置轮廓基本属实，南、北美洲分别置于右下、右上两隅，地理位置严重失真。

中西并蓄还是画虎类犬？这是值得深思的问题。

种种原因，导致明末时期，利玛窦引进的西式制图法，已经基本被弃置不用，明朝的地图绘制出现了大倒退。

卜弥格的地图

1612 年，卜弥格（Micha Boym，1612～1659）出生于波兰勒阿波城一个笃信天主教的贵族家庭，他的家族原为匈牙利人，后迁到波兰，父亲是波兰国王的御医，卜弥格从小受到了良好的教育。

1639 年，卜弥格加入耶稣会，他擅长数学和生物学，耶稣总会认为宜派往中国北京，进入钦天监工作。

1643 年，卜弥格由里斯本乘船前往澳门。当时来华的传教士，都必须从里斯本出发，因为当时的东方护教权是由葡萄牙负责的，往大西洋、美洲的是由西班牙负责的。

1644 年，卜弥格来到澳门，在那里学习了汉语。

1645 年（南明弘光元年），卜弥格来到中国大陆，正值上一年（1644）北京的明朝政权覆亡，在南方又拥立了一个小朝廷南明王朝。清王朝开始了统一全国的征战，战争使卜弥格无法深入中国内陆。

卜弥格自画像

1647 年，卜弥格到海南岛传教，被安排在琼州附近安定城里新成立的耶稣会士使团工作。在海南岛差不多一年的时间里，卜弥格进行了大量的科学考察和研究工作，着手收集素材，开始进行中国植物、中国地理和中医中药的研究。他搜集了许多有关中国动植物特别是医用动植物的材料，绘制了许多关于动植物和中国生活场景的图像，这为他以后撰写《中国植物志》和有关中医的著作做了充分的准备。

1650 年（南明永历四年，清顺治七年），清朝已经统治了大半个中国，继南明弘光、隆武政权之后的永历小朝廷到了广西。卜弥格从海南来到澳门，接受了耶稣会副区长、葡萄牙籍传教士曾德昭（Alvare de Semedo）的派遣，前往广西永历朝廷传教。

1651 年，卜弥格受永历皇太后之托，携皇太后上罗马教皇书和耶稣会总长书及永历朝廷秉笔太监庞天寿上罗马教皇书，出使罗马，以求得到罗马教廷和欧洲天主教势力对永历朝廷的援助，同行者有他的助手陈安德。

《中国植物志》插图

　　1652 年，卜弥格抵达罗马。可是，卜弥格的出使却非常不受重视，甚至受到教廷的怀疑，罗马教廷召开了三次会议，商讨如何处理卜弥格出使一事。教廷官员一直不接见他，拖了整整三年多。耶稣会派了在华的卫匡国回到欧洲告诉梵蒂冈，说卜弥格追随的南明王朝基本上完了，卜弥格穿着明朝的官服几次要求觐见，最后教廷还是礼节性地见了他。当时他带回的一些材料，包括他绘制的中国地图资料，全部被放在罗马的耶稣会档案馆中。

　　1655 年，教皇亚历山大七世终于签发了答永历皇太后和庞天寿书，卜弥格得复书后，顾不得回波兰老家省亲，立即启程返华。

　　1656 年 12 月，卜弥格在维也纳出版了拉丁文著作《中国植物志》，对开本，75 页，介绍了 21 种中国或亚洲的植物和 9 种中国的动物，标有中国名称，并附有卜弥格画的 23 幅插图。卜弥格曾在海南岛生活了一段时间，那里是中国植物品种最多的一个地方，他在书中对植物及其用途、入药的加工方法都做了很详细的介绍。《中国植物志》是欧洲历来第一本介绍中国植物的著作，也为卜弥格其后的《中国地图册》做了准备，《中国植物志》中许多动植物的图像，是《中国地图册》中插图的镜像复制品，并且有许多文字记述较为接近。

1656 年卜弥格在维也纳出版的《中国植物志》

1656 年，卜弥格带着当时的教宗给永历皇帝的母亲王太后和太监庞天寿的信返回中国。

1658 年（南明永历十二年，清顺治十五年），卜弥格抵暹罗。此时清朝在中国的统治已基本稳固，永历朝廷已被清军赶到了云南边境。

1659 年 8 月（南明永历十三年，清顺治十六年），卜弥格徘徊于中国边境，得知南明已全部被清军征服，他一路劳顿，百感交集，终于病倒，于 1659 年 8 月殁于广西与交趾的边境。一直跟着他的助手陈安德最后把他草草地埋藏在中越边境。

卜弥格的一个重要贡献是较早地绘制了中国地图，并将其带回欧洲。卜弥格所绘制的地图册原拉丁文书名是《大契丹就是丝国和中华帝国，十五个王国，十八张地图》（*Magni Catay quod olim Serica et modo Sinarum est Monarchina*，*Quindecim Regnorum*，*Octodecim Gegraphica*），

一般简称《中国地图册》（*Atlas Imperii Sinarum*）。《中国地图册》被私
人收藏了 70 年，后来，里亚蒙特格尔（Riamonteger）把它买了过来，
于 1729 年交给了梵蒂冈图书馆。1920 年，法国著名汉学家伯希和见到
后，曾加以整理。

卜弥格《中国地图册》中的中国总图

《中国地图册》，约作于 1650～1652 年卜弥格赴欧洲途中。《中国
地图册》的手稿中，标题与地名，全都标上了中文和拉丁文两种文字，
只有"正文的版面"上写的才全都是拉丁文，所以也称《中国拉丁地图
册》。由于《中国地图册》未能刊行，长期湮没，自然产生不了大的影
响。但通过对此图的研究，可以看出 17 世纪中叶西方传教士对于中国
的地理认识和制图水准。

《中国地图册》共有 18 张地图，分别为中国总图、15 个行省图、
辽东地图、海南地图。地图标绘经纬度，并有中西两种体系的图例，标

示府州等行政登记、矿产、长城、耶稣会士居所等。图旁注明该地特产，叙说各地风景、地理、学术、风俗等，并有帝王、官吏、兵卒的画像。图上有一些拉丁文注解，地名详至县级，有拉丁文注音。另有目录和文字说明的手稿。

梵蒂冈图书馆藏《中国地图册》中的"山西省"图太原一带

卜弥格的《中国地图册》的说明部分，即《中国帝国简录》和《中国事务概述》，分别从中国的起源，中国的地理位置，中国的名称以及中国和契丹的关系，中国皇帝和政治制度，中国的幅员、人口、江河、农业、贸易，中国的文字、书籍和文化，中国的宗教，基督教在华传教史，基督教在南明朝等十个方面用文字对中国加以介绍。可以看到，卜弥格关注的不仅仅是中国的地理状况，还有和中国历史、宗教等相关的信息。《中国地图册》全景式地反映了卜弥格关于中国事务的认识，堪称一部关于中国事物的小型百科全书。

《中国地图册》介绍了将近 400 个金属的矿藏。在其中的第一幅

图——中国总图上，卜弥格明确指出，中国那时候有 29 个金矿、63 个银矿、13 个铅矿、29 个锡矿、136 个铁矿、37 个铜矿和 11 个汞矿。其余 17 幅地图，则分别介绍了当时 15 个行省以及 2 个地区拥有的各种金属矿藏的数量。

卜弥格也是欧洲最早确认马可·波罗用过的许多名称的地理学家之一，这种确认指的是马可·波罗提到过的那些地方、河流和山脉，在卜弥格那个时代的中文名称是什么。

为了将中国的地理知识传布到欧洲，卜弥格绘制的《中国地图册》，无疑参考、依据了一些当时中国地图资料的原本。北京大学李孝聪教授认为，《中国地图册》的中国总图，整体上源自《备志皇明一统形势分野人物出处全览》，此图左下角印有"万历三十三年仲秋吉日闽后学庠生×××"（模糊不清）字样，表明是 1605 年在福建制作的。图左边印有"××××××李抱真泽州刺史"字样。泽州即今山西省晋城，李抱真是唐代宗时的名将。地图现藏于波兰克拉科夫市图书馆，宽约 170 厘米，长约 200 厘米，系用木版刻制后印在高丽纸上的。地图所标方位为上北、下南、右东、左西，图上标明了当时中国各城市位置和各省省界、长城、沙漠湖海、山川等。虽然各个地理实体相互间的里程并不准确，有些外国地方城市的方位也不对，但明朝内地 15 行省的轮廓、城市方位、海岸线和河流走向都大体符合实际情况。西北角的地名有吐鲁番、哈蜜（现为哈密）、火州等。哈蜜以北的大湖名"几速脑儿"，似为今"斋桑泊"。西部标有大宛、大食、波斯、拂菻、铁门关等。西部偏南标有北印度、中印度、西印度、南印度等。西南标有安南国、真腊国、老挝、缅甸等。 图的东、东南和整个南部均为海洋。东海中标有大琉球、小琉球、彭胡、瀛洲、扶桑等。东南海中有长沙、字罗里、彭亨、左法儿等。西南海中有马剌甲、阇婆等。据考证，这幅地图可能是 17 世纪初到过中国的耶稣会教士带去的。

有学者认为《中国地图册》总图上朝鲜、中国台湾部分的地名，可能来自利玛窦、艾儒略等，而其图形则是西方地图中的流行画法。辽东部分则由其分区图《辽东地图》改绘而成。

关于其分区地图，有中国学者认为主要出自 1586 年宝善堂刻本《大明文武诸司衙门官制》。《中国地图册》的西方材料来源，主要有古典时代的老普林尼等记载中国丝绸之路的记载，蒙元时代马可·波罗从地名到各种事物的引述，大航海时代的耶稣会教士利玛窦、金尼阁、曾德昭等人的引述。

在卜弥格之前，欧洲也有人绘制过中国地图，但这些地图的绘制者因为没有到过中国，他们所描绘的中国所处的地理位置和实际情况相差很远，卜弥格第一个改正了他们制图中的错误，他的这些地图的精确性和科学价值，为后世西方了解中国的地理位置、行政划分和绘制中国地图都提供了可靠的依据。

卫匡国的地图

地图学家卫匡国

1614 年 9 月 20 日，意大利耶稣会会士、地理学家、制图学家和历史学家马丁诺·马丁尼（Martino Martini）诞生于意大利北部特兰托城。特兰托地处威尼斯通往德国的要道上，中国的丝绸、瓷器和其他商品运到威尼斯，然后再从威尼斯经过特兰托运往德国等欧洲国家。所以他从小就对中国有所了解，并对中国文化产生了浓厚的兴趣。

1640 年，马丁诺·马丁尼从葡萄牙里斯本起航来华，十一月六

日，抵达印度西海岸的卧亚（今果阿），1643 年（崇祯十六年）抵达澳门，不久被派驻浙江兰溪传教。

马丁诺·马丁尼抵达澳门时，恰逢满族军队进攻北京，大明王朝摇摇欲坠。以大明为合法政府的马丁诺·马丁尼为取悦尚在执政的大明朝廷，给自己起了一个中文名"卫匡国"，意为"匡扶正义，保卫大明国"。

1643 年底，浙江东阳发生白头军起义，不久占领兰溪，卫匡国离开兰溪到杭州、上海等地，搜集历史资料和测定重要城邑的地理位置，为准确绘制中国地图和编写中国历史做准备。1644 年 5 月中旬，他侨居南京。后来清军南下，他又从安徽芜湖经徽州，于 1645 年 6 月避居钱塘江上游的分水县，不久暂住杭州，然后回到兰溪新建教堂。

1648 年至 1650 年，卫匡国在杭州、宁波两地，与宁波名士、教徒葛思默·朱（朱宗元）合作翻译苏阿莱士的神学著作，并着手编绘中国地图。

1650 年春，卫匡国到北京觐见顺治帝。随后，受中国耶稣会会长之命，他以特派员身份赴罗马教廷呈说关于中国传统的敬孔祭祖等问题。1650 年底，他携带了一大批文件和五十多种中文著作离开杭州，经宁波到福建。

1651 年初，他从福建漳州航海到吕宋，原本想在那里换船，直赴欧洲，不料遭荷兰人拘留，被迫改乘一艘荷兰武装民船，经荷兰人占领的望加锡到达巴达维亚（今印尼雅加达市），在那里他被捕入狱，经过一年多时间，1653 年 2 月他又搭乘荷属东印度公司的船队，穿越马六甲海峡，横渡印度洋，经过非洲好望角，然后沿着非洲西海岸北上。到达英吉利海峡时，远航船遭遇大风，他又被迫绕道爱尔兰和大不列颠北部海面，于 8 月 31 日抵达挪威卑尔根。

在三年的海上旅途生活中，卫匡国整理和审阅了大批很有价值的中国文化和史地资料，进行了艰巨的著述工作。登上欧洲大陆后，他从德国汉堡到荷兰首都阿姆斯特丹，然后周游各地，拜访了当时著名的地图学家和地图出版商约翰·布劳（Joan Blaeuu）以及其他学者，把中国的历史和地理，向西欧学术界进行了介绍，受到欧洲各地学者极大的欢迎。

1654 年，卫匡国在荷兰、德国、比利时和意大利等国，同时用拉丁文出版了《鞑靼战纪》，在罗马和德国出版了《中国耶稣会教士纪略》，在德国奥格斯堡出版了《新世界图》和《中华帝国图》。

1655 年，卫匡国在荷兰阿姆斯特丹用拉丁文、荷兰文、法文、德文等出版了他的大型对开本《中国新地图册》，共计地图 17 幅，文字介绍 171 页。书中描绘了组成当时中国的 15 个省，每个省独立编章并在每章前附上一张彩色地图，介绍了不同时期的边界、特点、名称及其居民、自然环境和主要的经济产物。

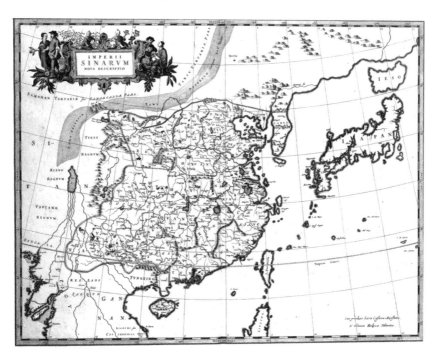

卫匡国《中国新地图集·中国总图》

卫匡国在《中国新地图集》的前言中，描述了中国的地理疆界，分析了它们名称的起源，介绍了中国的自然屏障、气候和地形，讲述了物

产，最后还说明了各地的人文地理状况。

这是欧洲出版的第一部用投影法制图的中国地图集，也是第一部将中国的自然、经济和人文地理概况系统地介绍给欧洲的地图集。法国学者德东布在《法国国立图书馆发现的一张 16 世纪的中国地图》一文中说："卫匡国的地图除了法文版之外，还有荷兰文和拉丁文版，而且也是约翰·布劳 12 卷本大地图集中的一卷。法国国立图书馆现在收藏有该图 1655 年的拉丁文、法文和德文本，1663 年和 1667 年的拉丁文、荷兰文和法文本。其中的 16 幅中国地图基本都完全一样。约翰·布劳又于 1658 年刊行大开本的卫匡国地图，现在尚保存有三份……都是为了进献君主而在阿姆斯特丹特制的。"①

在《中国新地图集》一书的 17 幅地图中，卫匡国画出了经纬线，并在最后的经纬度表中明确标注了书中提及的所有地区的准确位置，总共有 2100 个地区，其中除了中国的，还包括日本和朝鲜的。书的最后，列出了书中每个省所涉及的所有地区的经纬度，不仅以一览表的形式标明了中国每个省、每个府的位置，更主要的是提供了书里提及的所有地方的经纬度数据。经纬度表里的数据，是卫匡国亲自计算得到的。为此，卫匡国多次写信，向他在罗马教团的老师基歇尔请教和探讨一些问题，比如磁针在经纬度测量中的使用，又比如采用穿过北京的子午线作为零度子午线，并以此为依据计算中国所有地区的经纬度等。

南怀仁的地图

南怀仁（Ferdinand Verbiest，1623 ～ 1688），比利时人，天主教耶稣会修士、神父，1658 年来到中国。他是康熙皇帝的科学启蒙老师，

---

① 〔法〕德东布《法国国立图书馆发现的一张 16 世纪的中国地图》，耿升摘译，《亚细亚学报》第 262 卷第 1 ～ 2 期，1974 年，载于《中国史研究动态》1981 年第 6 期。

精通天文历法，擅长铸炮，是当时钦天监（国家天文台）业务的最高负责人，正二品，官至工部侍郎。

南怀仁像

南怀仁是清初最有影响的来华传教士之一，为近代西方科学知识在中国的传播做出了重要贡献。

南怀仁曾编撰了数种地理学著作，绘制了数种地图。1674年，南怀仁的《坤舆图说》在北京刊行。该书为解说同年所刻的《坤舆全图》而作。

《坤舆全图》，南怀仁绘制于1674年。

南怀仁于 1674 年（康熙十三年）完成了《坤舆全图》的绘制。该图系木刻、着色，由两个半球图组成。东半球为亚洲、欧洲和非洲；西半球为北美洲和南美洲。半球图的直径为 150 厘米，即比例尺为 1：17000000。整个地图分成八长幅（每幅约为 180 厘米 ×50 厘米），东西两半球各占三幅，头尾文字注记占二幅。该图采用球极平面投影，这是在欧洲 16 世纪晚期和 17 世纪初期流行的地图绘制方法。图上经纬线均以 10°划分。本初子午线通过顺天府，东、西半球线连续标度。纬度以赤道为零度，有南、北纬之分。图上还有南、北回归线和南、北极圈线。

《坤舆全图》的幅面很大，除主要部分表示各大洲（亚细亚洲、欧逻马洲、利未亚洲、亚墨利加洲、墨瓦蜡尼加洲，以及新阿兰地亚即今澳洲）之外，南怀仁还在图的四周分布了 14 大段注记文字，解释自然现象，尤其是气象现象。

南怀仁还参与实际的勘测工作。他与利类思和安文思制作过一个测量路程的器具里程计。他也注意到经纬度的测量，在《仪象志》和《仪象图》中，他描述了在陆上和海上测量经纬度的方法。

南怀仁在两次随驾康熙巡幸各地期间，沿途进行天象观测以及各地北极高度的测量，这些工作成为日后大规模的地图测绘工作的先导。南怀仁还主持过京郊万泉河的疏浚、京城内外牌楼街道高度的测量工作。

第十四章
船长的图谱

当欧洲地图制作师的鹅毛笔下，南、北美洲轮廓渐渐成形，非洲、亚洲的外形更见清晰时，他们依然凭借想象，把地球上的南极空白地位填满。[①]

想象其来有自。古代希腊人相信，在地球南方，一定存在类似赤道以北的大块陆地。公元43年，一位地理学家蓬波尼乌斯·梅拉约，在现存最古老的拉丁文地理书《论世界地理》中，把想象的南大陆描绘得非常之大。

15世纪末，那些自称按托勒密学说绘制的地图，仍旧绘有大片的南大陆，称为"据托勒密所称的未知地"。

詹姆斯·库克船长在塔希提岛，1773年。

---

① 〔美〕丹尼尔·J.布尔斯廷《发现者·人类探索世界和自我的历史》，上海译文出版社，1995年，第406页。

当麦哲伦船队穿过后来以他的名字命名的海峡，终于进入太平洋时，地图制图师仍然相信，位于南美洲最南端、面积巨大的火地岛，就是那块神秘大陆的北海岸。

神秘的南大陆，尚未显露真容的南大陆，地球仅余的未知部分，你到底在哪里？

欧洲人在澳洲以南发现了一些陆地，使众所向往的大陆更加推向南方。

1642年和1644年，荷兰航海家阿贝尔·塔斯曼（Abel Tasman，1603～1659），受荷兰东印度公司总督安东·范迪门的派遣，两次远航，前往探测"南大陆"，发现了澳大利亚南面的唯一的岛州塔斯马尼亚岛、新西兰、汤加和斐济。在1644年的第二次航行中，塔斯曼穿过了托雷斯海峡，然而他当时没有意识到澳大利亚大陆就在南方。

因此，直到一个世纪后，英国探险家詹姆斯·库克船长重新发现了这些地方，塔斯曼的功绩才得以被正式承认。

1722年4月5日，荷兰海军上将、荷兰西印度公司探险家雅各布·罗格文（Jakob Roggeven）率领的一支舰队，发现了位于南太平洋中的一个小岛。罗格文在航海图上用墨笔记下了这个岛的位置，由于这一天正好是基督教的复活节，他在旁边记下"复活节岛"，从此"复活节岛"之名为世人所知。

1774年3月，英国探险家詹姆斯·库克船长的探险队，再次登上"复活节岛"。

詹姆斯·库克（James Cook），人称库克船长，英国皇家海军军官、航海家、探险家和制图师，他曾经三度奉命出海前往太平洋，带领船员成为首批登陆澳洲东岸和夏威夷群岛的欧洲人，创下欧洲船只首次环绕新西兰航行的纪录。

2004年9月下旬，正值澳大利亚的初春，在墨尔本市中心的菲茨罗伊公园（Fitzroy Gardens）里，笔者有机会参观了著名的"库克船长的小屋"。

库克船长

　　绿树环绕，花草繁茂，小屋的墙上爬满了绿藤。小屋由三部分组成，左面的一间是一平房，中间是二层小楼，右面是一偏房。门前竖立着库克船长的铜像。

墨尔本菲茨罗伊公园，库克船长的小屋，拍摄于 2004 年。

1728 年，詹姆斯·库克出生在英国约克夏郡。1755 年，库克的父亲詹姆斯在英格兰米德尔斯堡的马顿，建造了"艾顿小屋"。1934 年，当墨尔本建市 100 周年大庆时，澳洲知名的实业家拉塞尔爵士出资 800 英镑，将库克船长在英国的故居买下，作为礼物送给墨尔本市民。人们便把这座故居小心地拆分开，把每一块建材编号，装在 253 个箱子里，总重量达 150 吨，由英国海运到墨尔本，再照原样组建而成，安置于墨尔本市区的菲茨罗伊公园。

1755 年库克的父亲詹姆斯建造的"艾顿小屋"，后来迁往澳大利亚墨尔本。哈罗德·胡德作于 1920 年。

作为访问大洋洲的中国测绘学会代表团成员，笔者在库克小屋前驻足良久。

库克不仅是航海家，更是一位著名的地图学家。库克最伟大的成就，是绘制了新西兰、澳大利亚东海岸、太平洋岛屿的科学、准确的地图。

库克深入地球南部探险，航程经历了不少地球上不为人知的地带。他亲持测绘仪器，绘制大量地图，地图的精确度和规模，皆为前人所不能及。

库克还为不少新发现的岛屿和地方命名，他绘制的大部分岛屿和海岸线地图，都是首次出现在地图集和航海图集内的。

　　在三次伟大的航海中，库克走过了大片的处女海，精心保存了他的船队所经过位置的详细记录。

　　詹姆斯·库克船长的人生轨迹，铺满了他亲手制作的精美地图。船长所绘地图，蔚为大观，俨然构成他不凡一生的地图谱系。

从学徒到测图师

　　1728 年 11 月 7 日，库克出生于英国约克郡马顿（Marton，今米德尔斯伯勒市郊）。库克在家中八名兄弟姊妹中排行第二，他的父亲同样名叫詹姆斯·库克（1694 ～ 1779），原籍为苏格兰凯尔塞附近的艾德纳，是一名农场工人。母亲名叫格雷丝·佩斯，来自约克郡蒂斯河畔的索纳比。

　　1736 年，库克的父亲获聘到位于大艾顿（Great Ayton）的艾雷霍姆兹农场（Airey Holme）工作，库克一家也迁到那里居住。库克天资聪颖，在农场主人托马斯·史考托的资助下，得以在当地波斯特盖特学校接受了五年教育。

　　1741 年，库克离开学校，返回农场，协助升任农场主管的父亲。

　　1745 年，16 岁的库克搬到 32 公里外的斯特尔兹（Staithes）生活，并在威廉·桑德逊开设的杂货店担任见习店员，在那个海边的渔村，库克开始对扬帆出海产生了兴趣。

詹姆斯·库克

　　在杂货店干了 18 个月后，库克认为自己并不适合在那里工作，在桑德逊的引荐下，他转到邻近的港口市镇惠特比投靠约翰·沃克和亨利·沃克兄弟。

　　沃克两兄弟除了从事煤业贸易，也是惠特比有名的船主。受沃克两兄弟雇用，库克起初在他们的船队中，任职商船队见习学徒，负责定期往返英格兰沿岸各地运载煤炭。

库克花了好几年的时间，在运煤船上游走于泰因河和伦敦之间。他还学习了代数学、几何学、三角学、航海学和天文学各方面的知识。

1752 年，库克完成了为期三年的见习学徒训练后，转到往返波罗的海的商船工作。在通过考试后，库克在商船队中屡获擢升，并在 1752 年出任双桅横帆运煤船"友谊号"的大副。

1755 年 6 月 7 日，刚刚获擢升为"友谊号"船长的库克，响应了参与七年战争的动员，参加了皇家海军。

1755 年 10 月至 11 月，库克在 HMS"鹰号"任大副，参与"鹰号"分别捕获和击沉一艘法国战舰的行动，并在事后获指派兼任水手长。

1756 年 3 月，库克首次临时执行指挥职务，负责在"鹰号"巡弋期间，担任附属单桅快速帆船"库鲁撒号"的船长。

在 1756～1763 年的七年战争期间，库克前往加拿大服役，在那里他学会了如何调查和制作图表。

1757 年 6 月 29 日，库克通过航海长考试，取得掌管和驾驶英国军舰的资格。他加入"索尔贝号"，担任海军上校罗伯特·克雷格的航海长。这年 10 月，转到"彭布罗克号"担任航海长，去北美加拿大一带服役。

1758 年，库克率领皇家海军"彭布罗克号"在加拿大加斯佩湾测绘一个月，绘制出一张精美的海图，这一测绘成果不久后得到应用，保证了英国舰队在布满险滩急流的圣劳伦斯河的航行安全，并为沃尔夫将军在魁北克围城战役中击败法军提供了地理方面的协助。[1]

在七年战争期间，库克屡次擢升。他对北美圣劳伦斯湾曲折难行通道的熟练探测，协助了英国占领魁北克并取得最后胜利。在军中，他天才般地展现出测量学和地图学方面的杰出才能，负责在围城战役期间，绘制圣劳伦斯河河口大部分地区的地图，供英方陆军主将詹姆斯·伍尔夫在亚伯拉罕平原展开有名的突袭做参考。

---

① 〔英〕罗宾·汉伯里－特里森主编，王晨译《伟大的探险家》，商务印书馆，2015 年，第 47 页。

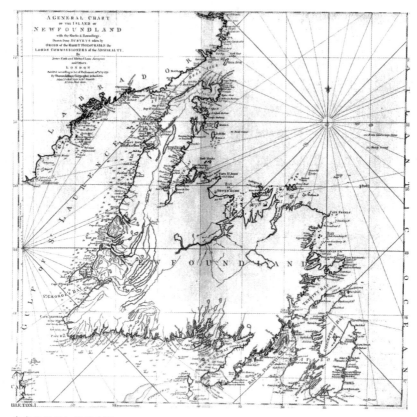

库克绘制的纽芬兰地图

　　1760 年，英国取得七年战争的胜利，战争结束后，库克回到纽芬兰，纽芬兰总督托马斯·格雷夫斯（Thomas Graves）聘任库克为海事测量师，负责为纽芬兰岛的海岸制作地图。

　　连续五年，库克指挥一艘纵帆船，夏天进行海岸测量，冬天则在英国度过以增补他的海图。

　　1763 年至 1764 年，库克测量纽芬兰岛西北岸，随后在 1765 年至 1766 年测量比尔仁半岛（Burin Peninsula）至雷角（Cape Ray）的南岸地区，最终在 1767 年完成了西岸地区的测量。

　　在五年时间当中，库克首次为纽芬兰海岸绘制了大规模精确的地图，他不时游走于英国和纽芬兰两地之间，春夏两季的时候负责测量地形，进入秋冬以后就乘船返回英国，并在途中绘制航海图。

1766 年，他在纽芬兰观察到一次日食，并自愿将计算结果提供给伦敦皇家学会，这是没有前例的。

库克在恶劣的天气和环境中，勤奋地从事测绘工作，进一步磨炼和提升了制图技巧，获得了海军部和英国皇家学会的青睐。

库克绘制的纽芬兰地图，甚至成为此后近 200 年来船只出入该地的主要参考，一直到 20 世纪，才被更新和更精确的地图所取代。

事实上，库克是一个怀有大志和野心的航海家，就在他完成纽芬兰的测绘任务后不久，他在日记中为自己写下了目标：

"我打算不止于比前人走得更远，而是要尽人所能走到最远。"

（I intend not only to go farther than any man has been before me, but as far as I think it is possible for a man to go.）

奋进在南太平洋

1767 年 11 月 15 日，库克从加拿大返回英国。

1768 年 5 月 25 日，时年 39 岁的库克擢升为海军上尉。这时，他得到了一个意想不到的机遇。

据科学家推算，1769 年 6 月 3 日将发生金星凌日现象，在地球上几个相隔较远的地点观察这种现象，可以得到地球距离太阳的更准确的数字，获得天文航海所需的更先进的资料。

因此，伦敦皇家学会计划到塔希提岛进行一次远航。英国政府认为，此次航行可以作为为驶向太平洋最南端未发现地区所做新努力的掩护，其目的是寻找传说中的南大陆边界。如果正像有些人所设想的陆地并不存在，那么这次航行也可一劳永逸地令这种神话消失。

在此次远航指挥官的人选中，自认为是当时航海最高权威的亚历山

大·达尔林普尔，很希望能领队远航。

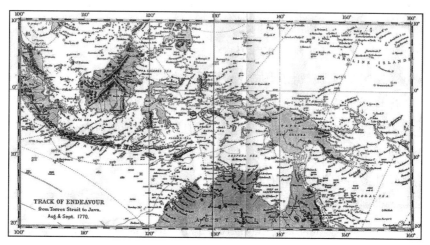

"奋进号"第一次环球航行的轨迹，詹姆斯·库克船长 1768 ～ 1871 年绘制。

亚力山大·达尔林普尔是英国海军部的文职地理学家、制图师，他念念不忘想象中的地球"南大陆"，满怀信心地断言，太平洋最南端那儿肯定有一个大洲，并说从赤道到南纬 50°，所有未载入海图的地区，几乎都是陆地，"其幅员要比自土耳其向东到中国边界的整个开化地区还要大"。

在当年海盗出没的时代，要冒险航海两年，前往海图所未载的区域，处于"野蛮"民族之中，这对深居简出的学者或雄心勃勃的舰长来说，并不算好差使。

英国海军刚刚在安森勋爵的领导下进行了全面改革，为海军指挥定出了新的专业标准，这时任命贵族出身的文职人员领导探险队，就不是一件容易的事儿了。

因为未能妥善处理公司在太平洋群岛中的各种关系，达尔林普尔曾被英国东印度公司解雇，他还患有严重的痛风病，所以无论从哪方面来说，他都适宜担任这项费力的工作。

英国海军大臣霍克勋爵起初同意让达尔林普尔以文职观察员的身份

随航，而达尔林普尔的目标是舰上的指挥官，但这一职位按新的标准必须由海军军官担任，达尔林普尔只得怏然离去。

于是，机遇降临在名不见经传的海军上尉詹姆斯·库克身上，霍克勋爵选择了他来担任指挥官。

1768 年 5 月 25 日，詹姆斯·库克接到任命他为探险队指挥官的命令，两天后，他登上了"奋进号"。

"奋进号" 386 吨，原为运煤船，曾经在北海上使用过 4 年。经过重新改装并命名的这艘白色船只，货舱很大，可以储存大量长途航行所需的物资。但它是一艘平底船，因此在紧急情况下，如果没有一个水足够深的港口，也可能会造成搁浅。

改装的"奋进号"可以容纳近百名官兵。这艘船是船员们未来 3 年航行的主要居所。对于在主甲板上生活的普通海员来说，船上的条件并不好。而且只有船的尾部有一些小房间，可供军官和水手居住。

船队大约有 70 人，其中包括木匠、水手长、船员和海军陆战队队员，他们从 1768 年 5 月 25 日开始领取工资。

2003 年 10 月，停泊在米德尔斯堡港的"奋进号"。

1768 年 8 月 25 日，"奋进号"起航，通过普利茅斯海湾和英吉利海峡驶向大西洋。在马德拉群岛稍作停泊后，随即驶向南美洲，穿过合恩角，最后抵达塔希提岛。

库克船长的船队在塔希提岛

1769 年 4 月 13 日，考察队抵达位于南太平洋上的塔希提岛。塔希提岛是波利尼西亚群岛 118 个岛中的最大的一个，总面积约一千平方公里，现在是法属波利尼西亚首府所在地。1767 年，英国上尉萨莫尔·瓦利斯（Samuel Wallis）成为发现塔希提岛的第一个欧洲人。

库克主要逗留在塔希提岛，但他也到访了附近多个岛屿，并把各个岛屿统称为社会群岛。为了观察金星在 1769 年的过境，库克在塔希提岛制作了岛上的地图。库克在航海周记中写道："今天凌晨，我由班克斯先生和一个当地人陪同出发，打算检查岛上的路线，并画出海岸和港口的地图草图……我画的草图虽然不是很准确，但足够表现出不同海湾和港湾的情况以及岛上的数字，我相信没有任何重大错误。"

在塔希提岛，库克一行与当地岛民建立起良好的关系，他们在岛上架设了观察台。

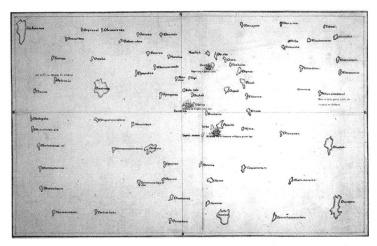

詹姆斯·库克绘制的《社会群岛岛屿图》，塔希提岛位于地图中心，1769 年 8 月。大英图书馆收藏。

　　1769 年 6 月 3 日，天空中出现了极为难得的金星凌日，队员们都竞相去观看这一稀罕的天象。英国科学家在岸上用两台临时天文望远镜进行天文观测，计算日地距离。然而，观察结果并不如原先预期的那样准确和成功。

　　观察结束后，库克根据海军部发出的密函指示，接受考察队的秘密任务，要在南太平洋寻找广阔且"未知的南方大陆"。

　　1769 年 7 月 13 日，库克下令起航向南驶去。他们花了一个月时间绕过了社会群岛，然而南方大陆依然踪影全无。

　　8 月上旬一过，天气开始变冷了，"奋进号"继续向南航行。到了11 月初，已通过了南纬 40°，然而南方大陆仍然是毫无踪影。天气越来越坏，海上的风浪也越来越大，库克心里很清楚：如果继续南行，后果不堪设想。于是他下令改为向西航行。

　　1769 年 10 月 6 日，又经过一个月的航行，洋面上出现了漂浮的海草和木头，天空中有海鸟成群飞翔，显然前面即将出现一片陆地。库克根据地理位置很快判断出，这就是荷兰探险家在一个世纪前发现的新西兰。

一天以后，他们终于看到了被森林覆盖的群山，这里显然是个很大的岛。围着海岸绕了很大一阵子，"奋进号"最后在一个深水湾中抛下了锚。他们登岛后，见到了岛上的土著毛利人。库克在岸上短暂停留并考察后，发现这里不大可能是南方大陆的延伸部分，于是决定继续南行。

"奋进号"又一次驶过了南纬40º，仍未发现南方大陆。于是库克下令向北航行，最后驶到了新西兰的北角，稍作休整和补足淡水后继续前进，并于12月下旬绕过了北角。

这时海上狂风大作，巨浪滔天，"奋进号"不断剧烈抖动着前进，最后终于抵达了新西兰的西海岸。

库克为新西兰起了地名，源于荷兰文的"Nova Zeelandia"，经翻译后，以英文正名为"New Zealand"。探索新西兰期间，经库克命名的地方众多，当中包括波特兰岛、贫穷湾、丰盛湾、霍克湾、水星湾和南阿尔卑斯山脉等地。取名的灵感来自景观的形状、颜色、特征，以及船员的经验。

为了绘制好这一地区的海岸线图，库克不管风浪如何巨大，仍然迎着风浪向南探索。他坚持按自己测量的结果，来绘制每一英里（约1.6公里）的海岸线。

随着"奋进号"的实地测量，渐渐地，地图上的新西兰外形，越来越不像是一片大陆，而更像是一个弯刀状的岛屿。而库克的航船，则按逆时针方向围绕着这个岛屿航行。

1770年1月14日，掉头向东的"奋进号"完成了一个圆形航线。库克忽然发现，前面有个很宽很深的海峡，一片绿色多山的陆地，在向南边延伸。这显然表明，新西兰不是单一的岛，而是两个岛。

"奋进号"开进一个小港内停泊整修，港内鸟语花香，清泉淙淙，库克将这里命名为夏洛特皇后湾，并宣布夏洛特皇后湾为英国所有。

在夏洛特皇后湾修整了几天后，"奋进号"又扬帆向东，穿过了一个狭长的大海峡，这就是现在的库克海峡。

库克想弄清楚新西兰的确切形状到底是什么样子，"奋进号"按顺时针方向朝南绕新西兰的其余部分继续航行，结果完成了一个8字形的海岸航行线。

新西兰地图，大西洋或太平洋地图的一部分。詹姆斯·库克和查尔斯·珀沃（Charles Praval）绘制，1768～1771年。

　　1769年10月至1770年4月，库克在新西兰沿岸航行了3927公里，并且从船上或岸上测绘了新西兰全域的海岸线。

　　1770年3月底，库克再次回到了夏洛特皇后湾，他画出了第一张清晰的新西兰群岛图。这张图线条明朗，极为准确，为后来许多航海家所称道。

　　库克这样评价他的制图成果："我画出的地图，将最好地指出这些岛屿的数量和范围，从帕利斯尔角（Cape Palliser）开始，由东开普省北角，沿着北岛（Aehei no mouwe）进行。我相信关于这两个海角之间的海岸，我的投影和路线以及距离都相当准确。毋庸置疑，我采用的测绘技术和方法，足以满足各方面的需求。"

的确，库克绘制的地图相当准确，以现在的标准看，也只有些微小的错误。考虑到当年的技术、设备和遇到的气候条件，库克绘制的新西兰地图，是非常了不起的成就。

南半球冬季即将来临，库克始终未找到南方大陆，手下的海员也希望返航回家，权衡再三，他们还是决定返航。

他们将很快遇到澳大利亚这个未经绘制的大陆，库克很想先去看看这块陆地的情况，因为当时还没有一个欧洲人看到过澳大利亚的东海岸。

19 天之后，海平线上隐约露出了陆地的阴影。他们又来到了一块新的大陆。库克下令继续沿海岸向北航行，以找到一个好的海湾停泊。

1770 年 4 月 28 日，"奋进号"终于找到了一个风平浪静的海湾停泊。他们在这里发现了许多鲷鱼，库克于是给它取名为鲷鱼湾，后来又更名为植物湾，因为在这里他们采集了大量的植物标本。

在植物湾，库克每天在海岸上升起英国国旗，以此表明这个地区归于英国所有，后来他又宣布整个澳大利亚东海岸为英国所有。为了纪念"奋进号"第一次抵达澳大利亚大陆，他把这天的日期刻在了一棵橡胶树上。

在沿澳大利亚东海岸的航行中，库克认真地描绘了海岸线图。在海岸线图中，很明显他已经注意到了悉尼这个优良港湾，可是由于时间太紧，他来不及仔细考察，便匆匆而过了。

1770 年 5 月下旬，"奋进号"进入了太平洋上最大的暗礁区——大堡礁。这里的暗礁星罗棋布，随处可见浅滩和刀山似的珊瑚群，沿着热带海岸延伸约 1609 公里。

进入这片暗礁区后，"奋进号"在一个巨大的珊瑚礁上搁浅了。海水开始退潮，船重重地压在危险的珊瑚礁上，再这样下去，船很可能破裂。等到海水涨潮时，海潮一股一股地冲击着船的左舷，整个船身开始倾斜起来。忽然船舱裂开了一个口子，海水从口子里钻了进来，库克下令开始用两部抽水机来抽水，可很快漏进船舱的水便开始漫过抽水机。

紧急关头，库克命令船员合力起锚。过了一个多小时，船体终于浮了起来，水也不再漏进船舱里了。原来起锚时因为用力过猛，锚索竟勾起了一块珊瑚石，这块珊瑚石像一个塞子一样堵住了船上的破洞。

库克长长地舒了一口气，他赶紧下令靠岸。在一个河口，船员们对"奋进号"进行了修理。在这个后来被称为奋进河的河口，探险队整整度过了7个星期。

1770年8月6日，整修完的"奋进号"又出海航行了。

1770年8月21日，他们抵达了澳大利亚的北端约克角。这里很接近东南亚了，库克决定通过托里斯海峡到东印度群岛去。很快他们便抵达了荷属港口巴达维亚（今雅加达）。

经过两年多的远航，"奋进号"被损坏得很严重，而船员们很不适应东南亚潮热的气候，一场瘟疫流行起来，很快便死去了73人。库克悲痛不已，赶快返航回国。

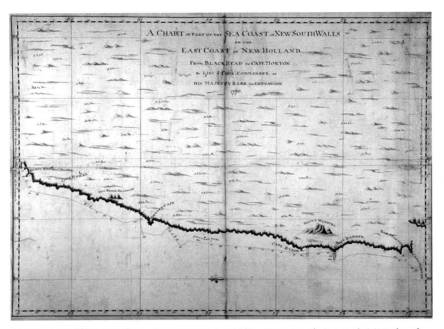

《新南威尔士州海岸的一部分，从黑头到海角》，1769～1770年，在南太平洋的航行中，詹姆斯·库克船长绘制，1770年4月17日出版。大英图书馆收藏。

1771 年 7 月 13 日，经过了 3 年远航的"奋进号"，终于回到了英国。

1771 年 8 月 29 日，返回英国不久的库克，擢升为海军中校。库克这一次航海，给世界地图增加了 5000 余英里（约 8047 公里）的海岸线的地理状况。返国后，他将自己的航程周记整理成书出版，一时间颇受欧洲科学界的重视。

据说，这次随船远航的植物学家约瑟夫·班克斯出身名门，在坊间甚至比库克还得盛名，以至于他一度有希望取代库克，指挥第二次的远航。但班克斯在航程开始前选择了退出。而约翰·雷茵霍尔德·福斯特及其儿子格奥尔格·福斯特取而代之，成为第二次旅程的随船科学家。

"决心号"的决心

1772 年，库克再次受英国皇家学会所托，展开第二次探索传闻中"未知的南方大陆"的航海。

在第一次探索中，库克已经证明新西兰并不接壤任何大陆。虽然他几乎勘察了整个澳洲大陆东岸，但从测绘的资料所得，澳洲大陆的规模仍然不及那块神秘大陆，因此那块大陆是否存在，在当时仍然是一个谜。

一般相信，如果这块"未知的南方大陆"是存在的，就应该比澳洲大陆位处更南的地方，而亚历山大·道尔林普等皇家学会的成员则始终相信，这块南方大陆是确实存在的。

第二次航行，除了由库克指挥的旗舰"决心号"（HMS Resolution）外，还有由托拜厄斯·弗诺负责指挥的"探险号"（HMS Adventure）同行。探险队离开普利茅斯，沿一条途经马德拉群岛和开普敦的航线航行。

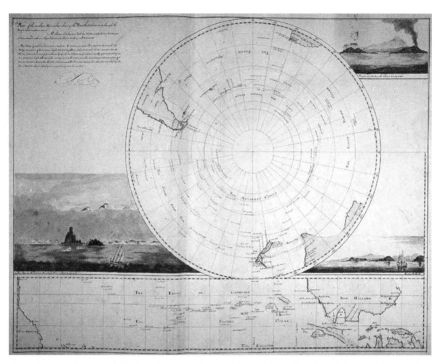

南半球的一部分，画有可见火山背景的海港，显示了库克船长第二次航行中通过太平洋和南大洋的所有地方。1772～1775年，库克船长绘制。大英图书馆收藏。

1773年1月9日，在非洲南部洋面搜寻时，他们发现了大片冰山，其中一些冰山方圆约3公里，高60英尺（约18米）。

1773年1月17日，库克船队创下横跨南极圈的创举。当船队驶进南极海域约110公里时，由于冰块的阻碍，不得不放弃对这一地区的搜索。

1773年2月9日，"决心号"和"探险号"由于大雾而走散，分头向新西兰行进。在失散期间，弗诺的"探险号"曾驶往位于澳大利亚大陆东南角以南的塔斯曼尼亚一带。

1773年3月，库克的"决心号"驶过新西兰南岛西南岸，期间发现了乔基岛，并为该岛绘制了地图。

1773年3月23日，"决心号"到达了新西兰的达斯基湾（Dusky Sound）。

1773 年 1 月 9 日，在库克的第二次航行中看到的冰山群岛的景象，威廉·霍奇斯（William Hodges）绘制。库克船长出生地博物馆收藏。

1773 年 5 月 17 日，"决心号"和"探险号"在新西兰夏洛特皇后湾的预定会合点重新会合。

1773 年 8 月，"决心号"和"探险号"重新会合后抵达塔希提岛补给，这时船上的新鲜食品已被吃完，"探险号"船员们感染了坏血病。由于塔希提岛的新鲜食品也极度匮乏，库克不得不去社会群岛为返回新西兰做充分的准备。

两艘船再次失去了联系。未能与库克会合的弗诺只好指挥"探险号"返航，但船员在动身起程前，与当地的毛利人发生了争执，造成部分船员死亡。"探险号"最终在 1774 年 7 月 14 日返抵英格兰。

1773 年 9 月，"决心号"转抵一处曾经有西班牙和葡萄牙航海家到访过的群岛，库克把这个群岛命名为赫维群岛（即库克群岛旧名）。

1773 年 10 月，库克一行到访了汤加，因为岛上的土著友善热情，被库克称为"友谊群岛"（Friendly Islands）。

1773 年 12 月，"决心号"第二度驶入南极圈。

1774 年 1 月 26 日，"决心号"第三度驶入南极圈。

1774 年 1 月 30 日，"决心号"成功驶至南纬 71° 10′这片离南极洲不远的海域，那里是整个 18 世纪中航海家所到过的最南处。

1774 年 2 月，库克到访大洋洲复活节岛，3 月转到马克萨斯群岛，4 月重返社会群岛和大溪地。

1774 年 6 月，库克成为首位发现太平洋中南部库克群岛的一个椭圆形珊瑚岛纽埃的欧洲航海家，他虽然多次尝试登岸，但均被岛上怀有敌意的岛民阻止，于是库克把该岛命名为"野人岛"（Savage Island），最后他们也只好返回附近的汤加补给。

1774 年 7 月，库克转抵曾经有欧洲航海家到访的瓦努阿图，而且以苏格兰的赫布里底群岛的名字，把群岛命名为新赫布里底。

1774 年 9 月，库克成为首位发现新喀里多尼亚的西方航海家，库克选用的地名则取自苏格兰古地名喀里多尼亚。

1774 年 10 月 10 日，库克在返回新西兰夏洛特皇后湾途中，发现了诺福克岛。诺福克岛是以他的其中一位赞助人——第九代诺福克公爵夫人来命名的，但库克命名时，还不知道公爵夫人已于 1773 年逝世。

1774 年 11 月，库克的"决心号"从新西兰出发，向东驶经南美洲南端合恩角进入大西洋。

1775 年 1 月 17 日，库克抵达位于南大西洋的南乔治亚岛。该岛事实上早已于 1675 年由英国商人安东尼·德拉罗雪（Anthony de la Roché）发现，但库克等人则是首批登陆该岛的欧洲人。库克抵达后，他宣布该岛为英国领土，还负责勘察和绘制了该岛的地图。除了南乔治亚岛外，库克又以其随员查尔斯·克拉克（Charles Clerke）的名字，把附近新发现的礁岛命名为克拉克礁岛（Clerke Rocks）。

1775 年 1 月 31 日，库克进一步发现了附近的多个小岛屿，于是以英国海军大臣、航海探险支持者桑威奇勋爵的名字，把群岛命名为"桑威奇群岛"（今南桑威奇群岛）。

南乔治亚岛与桑威奇群岛，是库克在整个航程踏访的众多岛屿中，唯一覆盖满冰雪的岛屿。

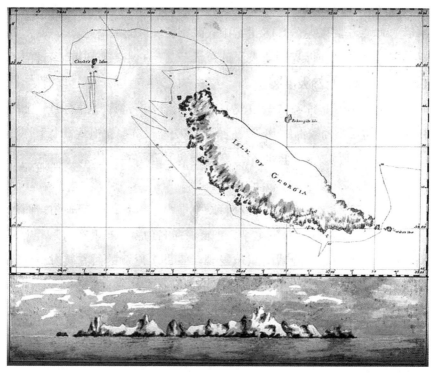

《乔治亚岛的地图》，包括乔治亚岛与克拉克群岛和皮克斯吉尔（Pickersgill）的斯莱皮恩（Isleplan）。库克船长第二次航行中绘制的海图，1775年1月。大英图书馆收藏。

　　1775年3月21日，横越南大西洋的库克船队抵达南非开普敦桌湾，在当地停留5周，维修了索具后，"决心号"途经圣海伦娜岛和费尔南多·迪诺罗尼亚群岛，最终在1775年7月30日返抵英格兰普利茅斯。

　　库克在日记中总结了他的航海成就：

　　　　我在高纬度地方环航并横渡了南大洋，从而排除了存在一个大陆的任何可能性，除非在航海所不能达到的极地附近；我两次航行到太平洋热带海洋，不仅确定了一些旧日发现的位置，而且还有许多新发现，我想即使在那一带也没有什么可以发现的了。因此我自以为这次航海的目的在各个方面都已完全达到；我充分探索了南半球并终于了结了过去将近两世纪来有些航海强国和各个时代的地理学家时常关注的寻找南大陆的心愿。[①]

尽管库克返国后提交的报告，令人们对发现"未知的南方大陆"的憧憬沉寂下来，但他在第二次航海中的重要成就是成功制作了不少相当精确的南太平洋航海图，这些航海图一直到 20 世纪中期，仍为航海人士所使用和信赖。

在第二次航海中，库克船队携带了 4 架航海用的经线仪，其中只有由英国钟表匠拉科姆·肯德尔（Larcum Kendall）制作的一架 K1 型经线仪令人满意。这部经线仪直径长 13 厘米，状似一个大型的怀表，是仿照约翰·哈里森的 H4 型钟制作的。这款钟表曾经用于商船"特福德号"于 1761 年至 1762 年前往牙买加的旅程，并被证实该钟在长途的海路旅程中，仍然能够准确显示皇家格林尼治天文台的标准时间。因此，通过运用肯德尔的 K1 型经线仪，库克比起以往能够更快和更准确地测出经纬度，并制作出更多、更精细和准确的航海图。库克在航海日志中更是对 K1 型经线仪赞不绝口，称它为"我们的永不失误的向导"和"可靠的朋友"。

1775 年 8 月 9 日，库克返国后擢升为上校舰长，时年 47 岁的他还获准从皇家海军荣誉退役，并在格林尼治荣军院荣任第四上校。

不过，库克想继续航海事业，他接受荣誉退役的安排，但同时要求将来如果获召出海，可以随时卸下荣军院的职务。

1776 年 2 月 29 日，库克当选为皇家学会院士，同年还获得学会颁授的科普利奖章，以表扬他对科学界的贡献。

两次的航海经历，令库克逐渐成为英国家喻户晓的航海家，著名画家纳撒尼尔·丹西尔－霍兰（Nathaniel Dance-Holland）为他作画，传记作家詹姆士·包斯威尔为他设宴，在上议院的辩论中，他甚至被高门世族誉为"欧洲第一航海家"。

[①]〔美〕丹尼尔·J. 布尔斯廷《发现者·人类探索世界和自我的历史》，上海译文出版社，1995 年，第 418 页。

最后的航行

库克的最后一次航行，是去搜寻传说中的通往亚洲的西北航道。

第二次航行之后，库克以海军上校军衔领取年金，退居格林尼治荣军院，一边闲居，一边着手写他的回忆录。

库克船长绘制的南太平洋海图

但库克作为一个伟大探险家，并不适应这种幽居生活，他很快就感到了单调和郁闷，对这种风平浪静的生活感到厌倦。

库克曾经凄然地说："我的命运总是把我由一个极端推向另一个极端。几个月来我觉得整个南半球都显得太小了。"

1776年2月，海军部的一些官员了解到这一情况，又派给库克一项任务，让他领导一次寻觅西北航道的探险。

所谓西北航道，就是指北大西洋和太平洋之间的神秘航道，它同所谓的南方大陆一样，长期以来一直也是个未解之谜。

库克欣然接受了这一任务，并很快做了周密细致的准备工作。他准备了常用的航海仪器，还带了一本因纽特人语词典。

他乘坐的船仍然是那艘为他屡建奇功的旧船"决心号"，而另一艘重298吨的"探险号"，则由查尔斯·克拉克船长指挥。

1776年7月12日，库克从英格兰起航，开始了他第三次也是最后一次的航海。

1777 年 10 月，库克将"探险号"带来的英国的土著欧迈（Omai）送回塔希提。

1776 年 12 月，"决心号"和"探险号"先后抵达开普敦，经过短时间休整后，两只船折向东南方向横越印度洋，驶向夏洛特皇后湾，中途经过塔斯马尼亚岛时，库克在那里留下了一批猪供饲养繁殖，很快使这个地方的猪饲养业发展起来。

1776 年 12 月 24 日，平安夜，向北进发的库克船队发现了圣诞岛（即基里巴斯）。

1778 年 1 月 18 日，"决心号"和"探险号"于可爱岛（Kauai）威美亚登陆，首次发现了夏威夷群岛，成为首批登陆夏威夷群岛的欧洲人。

在夏威夷停留几天后，"决心号"与"探险号"继续北上，并很快接近了阿拉斯加。当时正值北半球的冬季，寒风凛冽刺骨，海上也时时出现风暴，有时也大雾漫天，这给航海带来了很多困难。尽管如此，库克仍穿过白令海峡，进入北极区，但天气越来越恶劣，最后两只探险船为北冰洋上的巨大浮冰所阻，继续北上根本就不太可能。在这种情况下，库克下令返航回夏威夷，以待次年夏天再去寻找这条西北航道。

1778 年 3 月 7 日，库克等抵达俄勒冈沿岸海域，他除了把最先看到的一处海角命名为恶劣天气角（Cape Foulweather）外，又在附近大约位于北纬 44° 30′ 的一处岸边登陆。可是，该处地如其名，库克一行因天气恶劣，被迫向南折到大约北纬 43° 的地方，此后待天气恢复正常，再重新沿着海岸向北上溯。

库克的船队在不知情的情况下，驶过胡安·德·富卡海峡，随后驶进今温哥华岛西部的努特卡海峡（Nootka Sound），最终在育谷（Yuquot，又名"友谊湾"）一个属于努特卡族（最早在温哥华岛定居的民族之一）的村落附近停靠。

1778 年 3 月 29 日至 4 月 26 日期间，"决心号"和"探险号"两船

停靠在努特卡海峡一处被库克命名为船湾（Ship Cove）的地方，这个小海湾即今日的决心湾（Resolution Cove），位置处于今布莱岛（Bligh Island）南端、育谷以东约八公里，两地之间被努特卡海峡所隔。

库克的船员与育谷村民虽然曾有一些不愉快的经历，但双方关系还算融洽。在贸易方面，在夏威夷的时候，库克他们只要用一些小饰物，便可以换取所需物资；但在育谷，他们却要使用更贵重的物品，对方才愿意进行贸易。一般而言，金属品都是育谷村民能接受的物品，但他们很快便对铅、白镴和锡制品失去兴趣。而库克从对方那里得到的只有一些海獭毛皮。

库克一行在育谷期间，基本上都是由当地村民操控双方贸易，育谷村民甚至曾登上库克的船舰观察，但库克等人却不得进村。库克也无法知道谁是当地的长老，但有学者推测，当地长老有可能是在18世纪80年代至18世纪90年代期间，活跃于皮草贸易的马奎纳（Maquinna）。

离开努特卡海峡后，库克等继续向北上溯至白令海峡，沿途一边探索一边绘制海岸地图，并在阿拉斯加记录了后人所知的库克湾。

在这次的航海旅程中，库克为北美洲西北岸绝大部分海岸线绘制了航海图，成为第一位为这个地区绘制地图的航海家。

从此以后，世界地图首度确定了阿拉斯加的延伸部分，至于俄罗斯以东和上加利福尼亚西班牙聚落以北之间一大片空白的太平洋海岸线，也因为库克的考察成果而得以填补和连接起来。

1778年8月8日，库克的船队驶过威尔士亲王角，进入白令海峡。8月14日，驶入北极圈。不过，做出几次尝试的库克始终无法继续往北行驶。

1778年8月18日，"决心号"和"探险号"驶至北纬70° 44′的海域，这是库克在整个旅程中到过的最北的地方，但也是在这个时候，因受到冰山和冰封的海面阻隔，库克只能决定向南折返。这时的库克开始感到泄气，而且还可能得了胃痛的病，他对船员的态度变得越来越无理，还要求他们进食被认为不能食用的海象肉。

库克在回程时途经阿留申群岛，期间曾在一些俄罗斯商旅的贸易基地稍作停顿。

1778年12月，"决心号"和"探险号"驶返夏威夷群岛过冬，在群岛一带巡弋约八个星期。

1779年1月17日，库克一行人于凯阿拉凯夸湾登陆，造访了群岛中最大的岛屿夏威夷岛。

库克到访的时候，当地人恰巧正在庆祝"玛卡希基节"，这是一个祭祀波利尼西亚神明龙诺和庆祝收成的节日。

碰巧的是，"探险号"的桅杆、帆和索具的形状，与部分用于节日祭祀的手工艺品相像；再加上库克一行登岸前，曾经顺时针环绕夏威夷岛一圈，而祭祀龙诺的队伍也是在岛上顺时针环岛巡游了一圈。

这一连串的巧合，使身为"探险号"舰长的库克，被部分岛民误认为是龙诺下凡，一时间岛民对他和甚至他的部分随员顶礼膜拜，将他们奉若神明。当地部族长老还向库克赠予头盔和斗篷，以凸显其在岛民眼中的崇高地位。

1779年2月4日，库克与他的船员，在夏威夷岛逗留了大约一个月后，重新出发，再一次向北寻找西北航道。然而，就在出发后不久，由于"探险号"的前桅损毁，库克被迫带领船队折返。

1779年2月11日，库克船队返回凯阿拉凯夸湾。

库克的回归，出乎夏威夷岛民的意料，也为他们所反感。因为祭祀龙诺的"玛卡希基节"已经完结，他们突如其来的回归，使岛民大感惊讶和错愕，他们原来对库克的虔诚信奉转化为愤怒。岛民拒绝为他们补给食物，也禁止他们砍伐木材，而且还随手抢走他们的物品，种种争执和不和，使双方关系变得紧张起来。

1779年2月13日晚，"探险号"上唯一的一只小艇，被当地岛民偷走。为了安全起见，库克没有让船员们马上登陆。

1779年2月14日清早，大怒的库克带领一批海员登陆凯阿拉凯夸湾，想抓夏威夷土著头领为人质换回小艇，双方冲突一触即发。

《詹姆斯·库克船长之死》，约翰·佐法尼作于 1779 年。

双方杀气腾腾，船上的探险队员拿出枪来助战。情况十分危急，库克开枪打死了一个土著，试图压住土著的攻击。

混战中，库克一方寡不敌众，退向凯阿拉凯夸湾滩头，他安排同伴登上小艇撤退，自己留守在最后。库克回头向船员喊话，命令停止射击。

早上九时，库克被岛民从后面打中头部而倒地，他虽然立即起来反抗，但随即又被按在地上，然后再被岛民用乱石掷打，继而被人用长刀深深地戳进背部，库克顿时掉进水里，鲜血染红了他身边的海水。库克死时脸部朝下，贴着被浪花冲刷的岸边，终年 50 岁。库克的尸体惨遭肢解，除他以外，同时遇害的还有 4 名船员，另有 2 名船员受伤，还有17 个夏威夷人丧生。

画家约翰·佐法尼（Johann Zoffany）1779 年创作了一幅油画作品《詹姆斯·库克船长之死》。有学者认为这幅画作或许更加如实地记录了库克死前的情景，也比其他版本显得更符合情理。

根据夏威夷人流传下来的说法，库克是被一名叫"卡拉尼玛诺卡豪

奥韦阿哈"（Kalanimanokahoowaha）的酋长杀害的，而他的遗体与其他
遇害海军陆战队员的遗体则当场被岛民拖走。库克虽为岛民杀害，但死
后尸首却获得当地部族首领和其他长老的保留，他们还以部族首领和最
高长老专享的规格，为库克举行了丧礼。在丧礼中，库克尸身的内脏被
悉数移除，尸身再被烘烤，以便除去肉体；至于剩下的骨头则被小心清
洁，以便保存下来做宗教供奉。

库克死后，"决心号"舰长一职改由"探险号"舰长查尔斯·克拉
克出任，而克拉克的遗缺则由"决心号"一级上尉约翰·戈尔（John
Gore）替补。

克拉克主持大局后，很快便成功缓和了与岛民的紧张关系，在他的
要求下，岛民在 2 月 20 日交还了库克的部分尸骸，当中包括已经损毁
变形和难以辨认的头部以及被切断的双手。库克的右手拇指和食指之间
有一道独特的疤痕，而岛民交出的右手与这一特征吻合，因此库克的同
僚均相信岛民交出的尸骸正是库克本人的。同日，岛民又交出疑似属于
库克的颌骨和双脚，还有属于他的一对鞋子和已损毁的滑膛枪。库克的
尸骸随后由船员安放于一具棺木内，复于 2 月 21 日下午时分举行了海
葬，并把棺木投进大海。

1779 年 2 月 22 日，"决心号"和"探险号"在克拉克的指挥下
重新出发，再一次前往白令海峡，试图继续履行库克寻找西北航道的
任务。

1779 年 8 月 22 日，克拉克自己却在距离堪察加半岛不远的海域因
结核病去世。

戈尔于 8 月 25 日正式接任"决心号"舰长一职，而"探险号"舰
长则由"决心号"二级上尉詹姆士·金恩（James King）出任。

此后，"决心号"和"探险号"放弃了探索西北航道的计划，并决
定启程返国。两舰由阿瓦查湾出发，一路沿日本、中国台湾、担杆列岛
和中国澳门南下至南中国海，然后由巽他海峡穿过印度洋，再经好望角
驶入大西洋，经过长时间的航行，最终在 1780 年 10 月 7 日返抵英国伦

敦，正式为前后超过四年的航程画上句号。

库克的死讯传到英国时，举国上下沉浸在一片悲痛之中。

非凡的成就

库克船长的航海实践，大大丰富了人们的海洋地理知识，加深了人们对海洋和发生在海洋中多种自然现象的认识，给人类探险考察和制图技艺带来严格的标准。他是继哥伦布之后，在海洋地理方面，拥有奠基性发现的了不起的航海家、地图学家。

库克船长虽然出身于草根，但在人类航海史上做出了非凡的成就。在前后12年三次探索太平洋的经历中，他走遍了太平洋不少未为欧洲人所知的领域，虽然他未能找到传说中"未知的南方大陆"和西北航道，不过在他的带领下，欧洲人仍然首次踏足了澳洲东岸和"桑威奇群岛"（即夏威夷群岛）等西方人未曾登陆过的地域，由他命名的地方更是遍布太平洋各地。

库克在第一次的航海中，全程没有一人因为坏血病而丧命，这在当时是一项少有的成就。库克在旅途中，尝试用不同的方法防止船员患上坏血病，他发现预防坏血病的关键，是要经常向船员提供充足的新鲜食物，尤其是青柠等含丰富维生素C的蔬果。库克

擅长制作地图的库克船长

把这方面的研究成果写成详细报告，并提交给皇家学会，这使得他在1776 年获得学会颁授的科普利奖章。

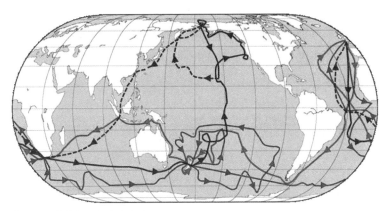

詹姆斯·库克船长航海路线图。

　　库克船长到访新西兰，被后人视为当地殖民地化的序幕。库克船长是第一位在太平洋地区与不同人士广泛接触和交流的欧洲人。尽管了解到太平洋各个岛屿相距千里，但他仍正确地认为各地岛民均有一定的关联。库克相信太平洋地区的波利尼西亚人应该起源于亚洲地区，这个看法后来得到英国人类基因教授布赖恩·赛克斯等学者的支持。

　　库克以精确的航海技术制作的航海图，为当时航海史上的一大突破。

　　要制作精确的航海图，航海家有必要充分掌握纬度和经度。通过运用背测式测天仪（Backstaff）或象限仪（Quadrant），航海家可以在水平线上测量太阳或星宿的角度，然后再准确得出纬度。不过，如要准确得出经度，航海家就必须清楚了解地球表面不同地点之间的时间差别，这使得经度的计算变得相当困难。简而言之，地球每日均会做 360° 自转，因此经度与时间相关，换言之，每一小时等如 15°，而每四分钟就等如 1°。

　　在第一次的航海旅程中，凭借自己的航海技术，并得到随船天文学家查尔斯·格林（Charles Green）的协助，以及运用新出版的《航海历书》，库克准确地测量出了经度。尤其是通过运用《航海历书》，他能够从计算月角距的方法入手。方法是：在日间，他先计算出月亮与太阳的角距离，以便从《航海历书》中判断皇家格林尼治天文台的实际时间；在晚间，则可以计算月亮与任何一颗八大星宿的角距离，以判断出皇家格林尼治天文台的实际时间。得出这个时间后，再量度太阳、月亮或其他星宿的海拔高度以得出所在地的时间，把两个时间相比较，便可得出所在地的经度。

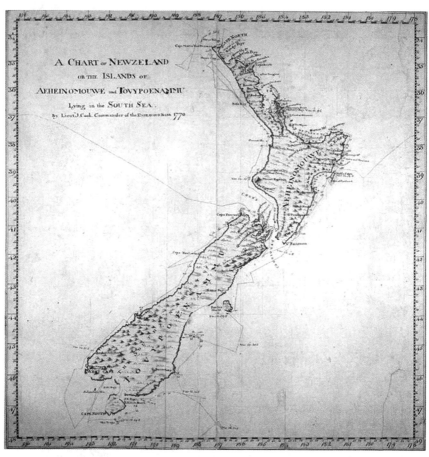

新西兰地图，詹姆斯·库克和查尔斯·珀沃 1770 年绘制。

在第二次的航海旅程中，库克带了由拉科姆·肯德尔制作的 K1 型经线仪。

在三次史诗般的远航中，詹姆斯·库克船长以特有的才能和特有的敏锐性，发现了比任何人都多的地球面积。

　　作为成就卓越的航海家，库克留下的记载着每日行程的航海日志，保存了航行位置的详细记录，为人们提供了大量精确、真实的航海信息，引领着航海科学探险的新时代。

　　作为优秀的制图师、杰出的测量员，库克制作了新西兰和澳大利亚东海岸、众多太平洋岛屿、北极和南极圈高纬度地区的准确地图，可以说，他填补了三分之一的世界地图。[①]

　　詹姆斯·库克船长堪称世界上最伟大的航海家，他具有无穷的精力和超强的组织能力，以及海图与海洋方面的广博知识，他以坚韧不拔的毅力，以非凡的勇气和活力，去从事伟大辉煌而又扑朔迷离的探险事业。

　　他创造了一个从此以后再也无人超越的传奇。

---

① 〔英〕罗宾·汉伯里－特里森主编，王晨译《伟大的探险家》，商务印书馆，2015 年，第 46 页。

第十五章
国家制图

国家制图，古已有之。

古代中国和罗马帝国，都有王朝出面制作地图的行为。

托勒密《地理学指南》的再发现以及连同拜占庭手抄本一起发现的地图，促使职业制图者的出现。托勒密已经知晓并描绘了整个世界，同时打开了数学绘图法之门。

欧洲的测量师在大地测量中使用平板仪，1751 年。

大航海时代，地图除了供航行、装饰之用外，还能帮助足不出户的学者、传教士和商人找到他们在世界上的方位。一旦世界能以经度和纬度来标示，那么任何地方的地理秘密，都可以在一张图表上标明，而此图适用于整个世界。这就是地图本身的奥秘。

以国家为主体，采用科学测绘技术，开展大规模的测量、制图，始于17世纪。

17世纪末，欧洲资本主义到了成年期，地图学也在迅速发展。为了瓜分和控制新发现的殖民地，以及出于满足领土扩张和战争的需要，必须进一步了解大陆腹地的自然和经济情况，于是大规模的三角测量和测绘大比例尺的基本地形图，在许多国家应运而生，并逐渐成为地图发展的主流。

望远镜的发明改进了罗盘仪、平板仪和经纬仪；微积分等数学的成就，促进了地图投影学的发展；具有计量概念的等高线，成为最具优势的地形表示方法；地图要素和符号比例分级概念逐渐加强。这一切奠定了近代地图学的初步基础。

古希腊就有三角测量法，是指在地面布设一系列连续三角形，采取测角方式测定各三角形顶点水平位置的方法。1615年，著名荷兰数学家威里布里德·斯涅耳（Willebrord Snell Van Roijen，1591～1626）应用三角测量方法来测量同经度两个地点之间的距离，计算出地球半径。1617年，他发表了《荷兰埃拉托色尼》（*Eratosthenes Batavus*）专门描述这一方法。斯涅耳测量了纬度相差一度的两个荷兰小镇阿尔克马尔和卑尔根之间的距离，结果为107公里，将这个数值乘以360，估计出地球周长约38520公里（国际大地测量与地球物理联合会1980年公布的子午线周长为40008.08公里）。斯涅耳的发现，促成了测量两个城市之间距离的更精确的算法的出现，强有力地推进了大规模的国家三角测量。

绘制基本地图，需要在大地控制测量基础上，采用统一的图

式图例和分幅系统，因此大都由政府或军事部门组织的专业队伍进行。各国纷纷成立了测绘机构，主管国家基本地形图的测绘。大规模的国家三角测量和地形图测绘，以西欧各国为最早。

基于著名荷兰数学家威里布里德·斯涅耳的测量数据绘制的荷兰海岸地图（1791），普鲁士地图绘制师弗兰兹·路德维希·盖斯费德（1744～1807）绘制。

1669～1671年，法国在皮卡德的领导下进行了精密的三角测量，测得巴黎至亚眠之间子午线的长度。1730～1780年，卡西尼家族在法国测绘出高精度的地图。1784年，他们又完成了格林尼治与巴黎之间的控制网测量。法国在大革命之后不久，就完成了全国1：56000比例尺的地形图，这在当时已是最精确的地形图。1818～1882年间法国又完成了1：80000的地形图，1898年以后，还局部测绘了1：50000和1：20000的新地图。

英国为了镇压苏格兰高地詹姆斯二世党的叛乱和满足新贵族分配土地的需要，在1747年至1755年间重新测量了苏格兰，制作了一批1英寸：1英里（约1：63360）的地图。1759～1809年，英国艺术协会设立奖金，任何人若以1英寸：1英里的比例完成一个郡的测绘图，就可获得100英镑的奖励。英国的军械测绘局成立之后，于1791～1870年间，开展了大三角测量，出版了第一版1：63360的单色地图，1887～1914年又完成了以25英寸：1英里（约1：25344）的大比例尺地图。1800年，英国在印度开始大规模三角测量，并完成了恒河流域1英寸：5英里（约1：316800）的地形图，后来甚至扩张到中国西藏的南部。印度测量局继承了这份衣钵，在西藏边境进行了大面积的测量。

欧洲另外几个国家也进行了大比例尺地图的测绘。1846～1886年，比利时完成了全国1：20000以及缩小到1：40000的地形图；1833～1865年，瑞士完成了1：100000的都市地图；1797年，俄国成立地图局，1805年出版了第一套国家基本地图，比例尺为1：840000，1845～1863年间，又出版了约1：126000的3俄里地图。

1870～1900年间，美国在开发西部的热潮中，测绘了一部分1英寸：4英里（约1：253400）和1英寸：8英里（约1：506000）的地图，约500万平方公里，这是美国地图史上的黄金时代。1879年，美国地质调查局成立，局部开展了国内大比例尺地形图的测绘，至第二次世界大战前，1：125000以上的大比例尺地形图，只测绘了领土面积的40％左右，其中只有10％可以满足现代要求。

清初，中国开展了在当时世界上规模最大的国家制图行动。为适应巩固和统一封建王朝的需要，清康熙皇帝亲自派张诚、徐日升两位教士在北京附近进行测图试验，并亲自校勘，认为远胜旧图。以欧洲传教士为技术骨干，从1708年4月，清王朝正式开始了全国范围的测图工作。首先完成了北直隶（今河北）沿长城内外的地形图，1709～1710年完成了从辽东到图们江、松花江、黑龙江等地的东北地图；1711～1712年康熙命"添人工作"，一队往山东，另一队出长城测定喀尔喀蒙古地（今蒙古人民共和国境内），归途经陕西、山西。到1717年先后完成了河南、湖广、江南（今江苏、安徽）、浙江、福建、江西、广东、广西、四川、云南的地图，积十年之努力，终于在1718年完成了《皇

舆全览图》的制作。

《皇舆全览图》的测绘，是以天文点与三角网结合进行的，测算经纬度 641 点，比例尺大约为 1：1400000，采用的投影是桑逊投影，以经过北京故宫中轴线的那条线为中央经线。[1] 而且第一次测绘了世界最高峰，并注为珠穆朗玛峰，奠定了中国近代地图测绘的基础。

1756 ～ 1761 年间，乾隆皇帝派人编成《西域图志》，又汇编了亚洲全图，该图北至北冰洋，南至印度洋，西达波罗的海、地中海及红海，采用梯形投影，比例尺大约为 1：1400000，可以算是当时最完善的亚洲全图了。

1891 年 8 月，在瑞士伯尔尼召开的第五届国际地理学会议上，维也纳大学地理系教授阿·彭克（Albrecht Penk，1858 ～ 1945）建议，由各国共同编制国际百万分一世界地图，得到了与会各国的赞同。随后，制订了地图投影、分幅编号、地图内容等的编绘方案，并制定了《国际百万分一世界地图编绘细则》。1913 年，在伦敦成立国际百万分一世界地图中央局，从这一年起正式开展编图活动。第二次世界大战后，联合国成立了，1953 年宣布撤销原"中央局"，将此项工作正式移交给联合国制图处来领导。七十多年来，世界上许多国家相继开展了百万分一世界地图的编绘出版工作。现在世界上大部分地区，均已编绘出版了百万分一世界地图，并不断更新再版。

18 世纪以后，由于积累了大量的陆地和海洋的各种比例尺地图，地质、气候、海洋、生物、农业、经济、人口等许多学科的专题制图日益发达，地图资料相当丰富。随着自然科学部门的分工和深化，科学考察任务增多，潮汐、气象、水文等定位观测资料不断得到积累，出现了大量的专题地图和地图集。

---

[1] 韩昭庆《康熙〈皇舆全览图〉空间范围考》,《历史地理》2015 年 12 月。

　　1838～1842 年，德国出版了《自然地图集》，包括了许多地理学家编制的专题地图，如地质、海洋、气象、地磁、植物、动物及人种分布图。1887 年，巴康和海尔巴特逊根据世界 29000个气象台的长期记录，制作了《巴特罗姆气候图集》。1899 年杜库查耶夫手绘了 1∶50000000 的《北半球土壤地带图》。1872 年，随着资本主义的发展，经济地图《欧俄主要产业地图》被编制出版了，这是点描法的先驱。1869～1872 年出版的《欧俄重要工业统计地图集》，是一本根据丰富的材料编制的地图集。1879 年，中国地理学家杨守敬（1839～1915）编制的《历代舆地沿革险要地图》出版，以内府舆图作为底图，用梯形投影和画方，沿纬度分带分幅，采用传统的朱墨两色，木版刻印，是中国历史上第一部完整的大型历史地图集。包括 44 个图组，分订成 34 册，大体以《水经注》为依据，对郡县与山川相对位置和历史疆域等进行了许多分析考证的工作。

　　1899 年，《泰晤士世界地图集》(*The Times Atlas of the World*) 初版问世，由英国巴塞罗缪公司和泰晤士报社联合编制出版，该图集由导论、序图、区域普通地图和地名索引组成。至 1955～1959 年，该图集分五卷出版，之后多次修订再版。

机密地图

公元前 227 年，中国的战国时期，燕国勇士荆轲，受太子丹之命，赴咸阳行刺秦王，献燕督亢地图，"图穷而匕首见"。督亢，古地名，战国时期燕国的膏腴之地。[①] 那时，地图已是国之机要与瑰宝。

荆轲刺秦王，后汉武梁祠石刻拓本。

公元前 3 世纪后期，秦朝建立起了包括全国数百万平方公里范围的地图体系。秦始皇统一六国后，缴获了各国地图，密藏于丞相府，建立了国家制图和藏图制度。[②]

公元 2 世纪，历史学家苏埃托尼乌斯在他的著述中指出，罗马帝国的世界地图仅供政府使用，个人私藏地图是犯罪的。这说明，早在帝国扩张时代，就有地图保密的政策。也许这有助于解释何以原始的托勒密地图未能留存，何以托勒密绘制的地图稿本始于 13 世纪。

7 世纪到 10 世纪，中国唐朝就开始注意收集邻国或者藩属国的地图情报。高丽、突厥、伽没路国都曾向唐朝贡献过地图。有机会到外国

① 见《战国策》《史记》。

② 见《史记·萧相国世家》。

的使臣、将领和巡视边疆地区的官员，还主动将自己的经历和见闻绘成地图。

公元 657 ～ 661 年（显庆二年至龙朔元年），王玄策作为唐朝使节第三次出访，他到过泥婆罗（今尼泊尔）、罽宾（今阿富汗东北一带）等地，以实地见闻编成《中天竺国行记》十卷、图三卷。

公元 658 年，唐朝中书令许敬宗出使康国（今乌兹别克斯坦撒马尔罕一带）、吐火罗（今阿富汗北部）归来后，献上《西域图记》六十卷。[①]

王玄策像

公元 667 年，侍御史贾言忠绘出辽东的山川地势图面呈皇帝。[②]

15 世纪早期，葡萄牙的航海家亨利王子和他的继位者，竭尽全力对他们新发现的非洲海岸建立并保持其商业垄断地位，所以要求对航海图严格保密，不泄露那些地方在何处以及如何到达的信息。

1469 年，由于财政困难，亨利王子的侄子阿方索五世找到一个解决办法，使探险成为有利可图的事业。

阿方索五世与下属、里斯本富翁费尔南·戈麦斯签订了前所未闻的协议，戈麦斯承诺，在今后 5 年内，每年至少再南下探索非洲海岸 100 里格，相当于 300 英里左右（约 483 公里），戈麦斯可获得几内亚贸易的垄断权作为酬报，国王也可从中分享一份。

15 世纪葡萄牙的保密政策很难推测，令人无可奈何，因为政策本

---

① 《新唐书·艺文志二》著录《西域图志》60 卷，注云："高宗遣使分往康国、吐火罗，访其风俗物产，画图以闻。诏史官撰次，许敬宗领之，显庆三年上。"

② 《旧唐书·贾曾传》："时朝廷有事辽东，言忠奉使往支军粮。及还，高宗问以军事，言忠画其山川地势，及陈辽东可平之状，高宗大悦。"

阿方索五世

身好像也是不公开的。当此后的历史学家，为葡萄牙深入迄今无人知晓的地方编写历史时，他们极想知道某次葡萄牙的航行未被记录下来的原因是由于当时的"保密政策"，还是并无这次航行。

出于外交以及其他一些不得已的原因，葡萄牙人的确有必要宣扬他们在美洲进行的一些探索。然而，对于非洲，他们也有充分的理由隐瞒他们所发现的海岸形状以及他们正在勘探的丰富宝藏。有关葡萄牙人最早在非洲探索的文献和地图，至今犹存的也许只是他们业绩中的极小部分。

戈麦斯与国王所签合约，使得非洲探险事业突飞猛进，葡萄牙人绕航非洲西南端的帕尔马斯角，进入贝宁湾与几内亚海岸东端的费尔南多波岛，然后南下越过赤道。亨利王子当年派遣海员花了30年所航行到达的海岸线长度，戈麦斯按照合约只花了5年时间。合约期满时，阿方索五世把贸易权传给了自己的儿子若奥，即1841年即位的若奥二世，使葡萄牙人开创了航海的下一个伟大时代。

若奥二世的条件得天独厚，从西非带回的财宝充实了他的国库。一船船胡椒、象牙、黄金和黑奴，数量之多促使葡萄牙人把几内亚湾大陆上的几个地方以这些货物命名。其后的几个世纪，人们都把这些地方叫作谷物海岸（几内亚的胡椒通称"天堂之谷"）、象牙海岸、黄金海岸和黑奴海岸。若奥二世沿海岸一直向南推进，当水手们到了赤道以南时，他们就看不见北极星了，因而必须寻找别的方法来确定纬度。为了解决这个问题，若奥二世组织了一个委员会，为首的是两名有学问的犹太天文学家和数学家。

1490年，多才多艺的亚伯拉罕·萨库托因西班牙迫害犹太人而来到葡萄牙。他的学生约瑟夫·比辛奥，1485 年受若奥二世之命出航，研究并应用按正午太阳的高度确定纬度的技术。为了完成这项任务，他必须记录整个几内亚沿岸的太阳倾斜度，以找出船只在海上的方位，这在赤道以南航行是非常必要的。萨库托在二十年前用希伯来文撰写的《万年历书》是当时最先进的一部航海著作。这本书经比辛奥译成拉丁文后，在半个世纪内一直是葡萄牙发现者们的航海指南。

若奥二世继续亨利王子未完成的事业，仍派航海探险人员沿西非海岸向更远的地方前进。15 世纪晚期，一名跟随迪亚士和达伽马出航过的舵手佩罗·达伦克，对葡萄牙朝廷炫耀，他不仅会驾驶轻帆船，还能指挥任何船只去几内亚然后返回。葡萄牙国王若奥二世立刻当众叱责了他，然后又叫他到一旁，私下解释说，他只是想阻止外国侵夺者利用葡萄牙人的经验来获利。

1481 年，葡萄牙人科尔特斯恳请国王若奥二世排斥外国人，特别是热那亚人和佛罗伦萨人等，不让他们在国内定居，因为他们惯于窃取皇室"有关前往非洲和其他岛屿的秘密"。

然而保密政策不易实施，因为葡萄牙还得依靠维斯普奇等外国人，来进行探险发现工作。几年之后，年轻的热那亚人克里斯托弗·哥伦布，出航帮助葡萄牙人在几内亚沿海的圣若热·达米纳港口建筑堡垒。一位荷兰裔比利时人费尔南·杜尔莫，甚至早在哥伦布之前，就与埃斯特莱托一道，被国王若奥二世派出去寻找西洋的岛屿了。

1505 年，葡萄牙国王曼努埃尔一世任命阿尔梅达为第一任印度总督，阿尔梅达从里斯本率 20 艘船出发远航，任务是征服印度、垄断香料贸易和传播基督教。虽然阿尔梅达几年之后死于南非土著人之手，但是他控制了整个东非海岸与阿拉伯和印度的贸易，在印度柯钦建立了殖民政权。在随后的几年里，葡萄牙人击败了竞争对手威尼斯人和阿拉伯人，掌握了印度洋的制海权，控制了香料贸易。

随着欧洲各大都市居民人口的增加和生活水平的提高，香料消费的数量日益上升。生产香料的国家相距遥远，香料变得越来越昂贵。当时最重要的香料是胡椒，因为人们离开它便无法生存：夏初由于缺乏饲料，欧洲农村习惯宰杀大批牲畜，这时得到的肉必须用腌制、烟熏或晒干的方法才能够保存下来，而胡椒就是这些工序中不可或缺的用以防腐的材料。除胡椒之外，更加昂贵的用以加工肉类的香料还有肉豆蔻、肉桂、生姜等。

葡萄牙人到达印度之前，威尼斯人和热那亚人靠着陆路的香料贸易发了横财。这回发横财的轮到了走海路的葡萄牙人。他们首要的任务是搜集航海地图等可靠资料，以指导航海者找到绕过好望角的漫长航线。而为了保持垄断，就要对这些资料严格保密，防止外泄。为了将这类情报秘而不宣，葡萄牙人采取了最有力的保密措施。

1504 年，葡萄牙国王曼努埃尔一世推行胡椒垄断计划，颁布法令，将所有航海资料保密，严禁地图中包含有关远于刚果的航线的任何说明。凡是泄露这类情报的早期地图，均被搜集、销毁或篡改。

葡萄牙人手中的地图，当然具备保密的资格。1500 年葡萄牙国王的地图里，已经出现了 1500 年在新大陆的地理发现。葡萄牙人的保密计谋，在短时期内奏效。直到 16 世纪中叶，其他国家要得到葡萄牙人对亚洲海上贸易的资料，仍得依靠古代作家和偶然出现的陆上旅行家，有时也从叛徒、间谍之流那里搜集一些零星的资料。

1501 年 8 月，威尼斯驻卡斯蒂利亚大使的秘书安杰洛·特雷维桑写信给他的朋友，抱怨取得葡萄牙的印度地图是多么困难："我们不可能获得整个航程的地图，因为国王下令，任何泄露地

葡萄牙国王曼努埃尔一世

图的人，都将被处以死刑。"

据说特雷维桑还是设法得到了葡萄牙的地图，这幅地图提供了葡萄牙到印度的海上航行的宝贵信息。[①]

尽管人们不知道威尼斯人如何把地图偷运回家，但是在第二年又发生了一件意大利人窃取葡萄牙地图的间谍案件。

1502 年，居住在里斯本的一位不知名的绘图师，在包括六块连接而成、大约八平方英尺（约 0.7 平方米）的羊皮纸上，手绘了一幅世界地图。

地图显示了葡萄牙在东方和西方的地理发现，包括未公布的葡萄牙贸易路线和刚刚发现的现代巴西海岸线，尤其描绘出了葡萄牙探险家佩德罗·阿尔瓦雷斯·卡布拉尔于两年之前（1500）发现的巴西海岸区域，地图还以惊人的准确性和详细度，描绘了大西洋和印度洋的非洲海岸。而这一切，恰恰是当时的葡萄牙国王曼努埃尔一世要求严格保密的所有内容。

这幅地图所包含的新的领土知识，使国家得以掌控巨大的战略和商业优势。这种地图被视为国家机密，间谍会做任何事情来获取这样的地图。

尽管葡萄牙的情报系统，是现代欧洲情报系统的开拓者，然而山外有山，这幅机密地图，还是很快就落到了意大利费拉拉公爵埃尔科莱一世的仆人和秘密特工阿尔贝托·坎迪诺手里。费拉拉是当时意大利北部的一个强大的城邦。坎迪诺先生把地图偷偷从葡萄牙带回了意大利。此后，这幅地图便被冠名为《坎迪诺平面球形图》。

坎迪诺是费拉拉公爵埃尔科莱一世在葡萄牙的卧底，他以进行纯种马交易的名义前往里斯本，没有人确切知道坎迪诺是如何获得这幅地图的。根据一个版本的记载，当时坎迪诺鼓动了一个制图者，潜入葡萄牙的地图库收集信息素材，专门绘制了一幅地图。根据另一个版本，其他

---

① 〔英〕杰里·布罗顿著，林盛译《十二幅地图中的世界史》，浙江人民出版社，2016 年，第 146 页。

历史学家认为，是坎迪诺用费拉拉公爵的财富购买了已经绘制完成的地图。不论哪个版本，都有记录显示，坎迪诺为此付出了 12 个杜卡特金币（约合 60 美元）的沉重代价，这在当时算是一笔巨款。

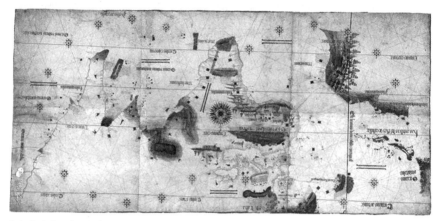

《坎迪诺平面球形图》

后来，《坎迪诺平面球形图》被保存在费拉拉公爵图书馆大约 90 年。

再后来，《坎迪诺平面球形图》被教皇克雷芒八世转移到摩德纳的另一个宫殿。1859 年，摩德纳的宫殿遭到洗劫，这幅《坎迪诺平面球形图》丢失了。

不久之后，当时的埃斯特美术馆馆长朱塞佩·博尼在一家肉店里发现了它。于是，这幅命运多舛的古地图《坎迪诺平面球形图》，从此就幸运地一直安静地躺在埃斯特美术馆的展柜中了。

1502 年的《坎迪诺平面球形图》，制图师以艳丽的手绘色彩、旧工艺的本能和技巧，创造了新的世界、新的数据。在这幅地图上，还存留了中世纪世界观的主要特征，耶路撒冷出现在世界的中心，威尼斯和圣乔治·达米娜被精心描绘，插图包括代表塞拉利昂山脉的狮子山、横卧的亚历山大灯塔、尼罗河的传奇来源月亮神山以及桌山和南非的德兰肯堡山脉。

《坎迪诺平面球形图》是现存最早的显示葡萄牙在东方以及西方的地理发现的地图。地图首度绘出了北极圈、赤道、热带和葡萄牙与西班牙的边境线。最令人惊奇的是，它还描绘出了巴西海岸线的状况，这一区域由葡萄牙探险家佩德罗·阿尔瓦雷斯·卡布拉尔在 1500 年首度发现。美洲依然没有被当作一个大陆，地图中只画出了佛罗里达海岸的一部分，以及新发现的加勒比海岛屿，印度和远东初具轮廓，细节着眼于葡萄牙在西非、巴西和印度的贸易站点。

在地理大发现时代，航海大国对航海地图严格保密。葡萄牙历史学家们声称，葡萄牙航海者早在他们的西班牙竞争者之前，确实已经"发现"美洲。他们论证说，因为保密，这种航海在那时自然是不会有记录的。美国历史学家塞缪尔·埃利奥特·莫里森说："然而仅葡萄牙人对于发现亚美利加洲的保密政策，就足以证明葡萄牙人发现亚美利加洲的证据不足！"

从留存下来的极少数的 15 至 16 世纪葡萄牙航海图、地图的记载，可以看到共谋保密的线索。葡萄牙人的保密政策，甚至让历史学家、海员们因帝国缔造者力图阻止泄密，而受到折磨和迫害。国家档案馆成为文件的墓地，里面的历史遗稿，要保藏到不再有用或不再危害国家时才能公开。

16 世纪末叶，荷兰人公开向葡萄牙在东方的霸权发起挑战。1677～1580 年，英国的弗朗西斯·德雷克爵士环球航行之后，人们发现葡萄牙的东印度群岛似乎不再是无懈可击了。荷兰人和英国人决定，由于种种原因，既然他们不再能从里斯本和亚历山大得到香料，那就直接到东印度群岛去获取。

荷兰人要沿着葡萄牙人的航线到东方去，必须要有可靠的航行地图，可是葡萄牙人将这些资料严加管理。尽管检查制度严苛，葡萄牙人的航海秘密，包括亚洲地图，还是以各种方式，逐渐泄露到了欧洲其他国家。

1595 年，荷兰人简·哈伊吉恩·冯·林索登发表了描绘世界地理情况的《旅行日记》。林索登曾作为葡属果阿的大主教的仆人在印度生活了七年，所以，他能在书中为取道绕好望角的航线，提供详细的航行指导。这本日记成了重要的情报来源。而葡萄牙保守了近一个世纪的秘

密，顷刻之间变成了常识。

林索登的《旅行日记》发表的当年，就被用来指导第一支荷兰船队前往东印度群岛。船队进行了为期两年半的远征，原先的 289 人中只有 89 人返回。然而，荷兰人仍获得了巨大利润。第二支远征队更幸运，净赚百分之四百的利润。

于是，荷兰人纷纷涌入东方海域。印度尼西亚的统治者和商人，往往利用荷兰人和葡萄牙人之间的竞争，提高物价和港务费。1602 年，荷兰人采取对策，将他们的各种私营贸易公司合并成一家国营公司——荷兰东印度公司。

15、16 世纪的西班牙人，也同样实施地图保密政策。西班牙曾经把官方的航海图，藏在用两把锁和两把钥匙才能打开的匣子里，一把钥匙由首席领航员保管（首任领航员是亚美利哥·维斯普奇），另一把由宇宙志负责人保管。

西班牙政府生怕官方地图会被故意毁坏，也怕不能将最新的可靠资料绘入地图，因而在 1508 年编制了一部权威性的地图集《钦定真本》，由最能干的领航员组成一个委员会监制。

可是防不胜防，出生在威尼斯的塞巴斯蒂安·卡伯特（约 1476～1557），在成为查理五世领航长时，就企图把"海峡的秘密"出售给威尼斯和英国。

那些成功的探险国家在国内成功的保密政策，在国外未必奏效。维斯普奇的航海日记，在哥伦布首次航海后的 35 年中，是所有航行至新大陆的航海记中印行得最多的一本。全欧洲出版了 60 种拉丁文和新兴的地方语版的《维斯普奇航海记》，甚至包括捷克语版本。可是在这些年中，此书却没有在西班牙或葡萄牙出版过。这一奇怪的事实说明，伊比利亚半岛的统治者们，不愿因挑起个人竞争者的兴趣而危及他们政府的垄断，甚至对本国人民也是如此。

1577～1580 年，英国人弗朗西斯·德雷克爵士的环球航行，足以激起民族自豪感。但是，这次伟大航行真正的原始记录，也出奇地毫无记载。德雷克和他表兄回到英国后，将他们自己的图解航海日志，献给伊丽莎白女王。其中有许许多多对外国竞争者有用的绝密资料，因而必然要被封存于一个安全的地方。结果航海日志从此不再出现。有关这次航行的其他记录，似乎都遭到了封禁。甚至这次冒险航行的记录，不能付印问世竟达十多年之久。

弗朗西斯·德雷克的肖像，1591 年。

　　保密对于无固定目的地的探险航行，无论在招募船员或鼓舞士气方面，都带来了一些问题。船长在看到船员航行至未被发现的海域时，特别要小心把船员们吓退；而在海上则又担心种种危险的事会引起船员叛变。德雷克事先不把全部设想向船员们透露，只让他船上的高级职员知道航行到下一港口时所必需的基本资料。理查德·哈克卢特的名著《英国的重要航海、航行和发现》1589 年出版，德雷克的环航世界没有被记述。十年以后，禁令似已解除，再版的此书附加了数页，叙述德雷克的著名航行。

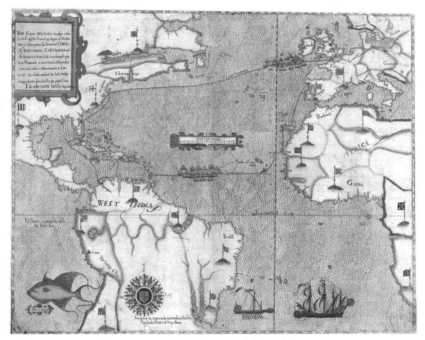

1585年由乔瓦尼·巴蒂斯塔·波阿齐奥绘制的德雷克航海地图

自从印刷机传入欧洲后，地图可以被方便地汇编成册并被广为复制，而且可以出售牟利。地理大发现时代的保密地图，没有毁坏在间谍和塞巴斯蒂安·卡伯特那样诡计多端的领航长之手，而是完全出乎意料地瓦解于印刷这一创造新商品的新技术。

早在13世纪，手工航海图的交易就已存在。到了14世纪，航海图绘制者生意兴隆。到15世纪中叶，这些航海图绘制者成为欧洲唯一活跃的职业绘图者。保密和垄断产生了航海图交易黑市，以次充好、剽窃原始图表的现象屡见不鲜。一般来说，政府正式绘制的航海图，要等到其内容已经成为普通常识时才会被公开。于是私营贸易公司开始自己编制"秘密"地图册。荷兰东印度公司雇用荷兰的最佳绘图师，编辑了大约180幅供公司专用的地图、海图和风景图，标明绕过非洲至印度、中国和日本的最佳航线。多年以后，这样一本地图集才在维也纳萨瓦的欧根王子藏书楼中出现了。

地图攸关国家安全利益。许多欧洲国家对地图严格保密，竭力避免地图落入敌手，对于展示通信、军事设施和交通战略信息的地图更是严加管控，地图绘制对象与地图本身一样，都必须保密。

1668 年，法国国王路易十四的战争部长弗朗索瓦·米歇尔·勒尔耶，开始出于军事目的召集制图师们，用木头和丝绸制作了一批法国东部边界城镇的三维立体地图模型，工艺精湛，纤毫毕现，令人惊叹，还特别关注了城市的防御工事和地形特征，如山丘和港口。巴黎和凡尔赛的将军们据此制订了实地军事演习计划。

军事模型博物馆里展出的 1703 年制作的地图模型

这些地图模型最初是由军事工程师在战场上制作的。1700 年，路易十四在卢浮宫里安装、收藏了部分地图模型。1743 年，军事工程师在里尔等地建立了两个中心作坊。在 1741 ~ 1748 年的奥地利王位继承战争期间和那之后，大量的模型地图被建立起来，以展示、代表新占领的地形地貌。1754 年，地图模型进行了更新。1774 年，当卢浮宫画廊重新把重点放在绘画上时，这些地图模型藏品很多都被毁坏了。1777 年，它们被搬到了荣军院，至今仍在那里。

在拿破仑的统治下，一系列新的地图模型被建立起来，包括卢森堡（1802）、拉斯佩齐亚（1811）、布雷斯特（1811）和瑟堡（1811 ~ 1813）地图模型。地图模型的生产一直持续到 1870 年左右。在 1668 年到 1870 年间，总共建造了大约 260 个地图模型，代表着大约 150 个

地点。

直至第二次世界大战时期，这些地图模型仍被法国政府作为最高机密加以保护。如今这些地图模型在法国巴黎第七区荣军院内的一个军事模型博物馆里被展出。[①] 这个博物馆保存了大约 100 个模型。目前，博物馆共展示了 28 种防御工事的模型，包括英吉利海峡模型、大西洋和地中海沿岸模型，以及比利牛斯山脉模型。

亨利王子的累积

15 世纪，欧洲的探险活动更为频繁，规模更大。水上通道不再限于地中海这个被陆地包围的海中的几条熟悉而有明确标志的航线。新的航道越过一望无际的大海，通向四面八方。这个世纪对大部分西欧国家而言，是英法百年战争与英国两大王族玫瑰战争的世纪，是经历内乱与外患的时期。1453 年，奥斯曼土耳其人攻占君士坦丁堡，威胁着地中海东部与巴尔干半岛诸国。西班牙此时也因为内战而四分五裂，其无政府状态持续了几乎一个世纪之久。

位于伊比利亚半岛西端的葡萄牙得天独厚，在注入大西洋的河流旁边，有许多城市和通往海洋的深水港口。与其他国家相比之下，这个有 150 万人口的统一的王国，在 15 世纪几乎没有发生过

这张肖像被认为是航海家亨利王子的真实写照。圣·文森特画，1470 年。

---

① 〔美〕马克·蒙莫尼尔著，黄义军译《会说谎的地图》，商务印书馆，2012 年，第 128 页。

任何内乱。

一项由国家组织、全国通力合作的长期探险事业，是 15 世纪葡萄牙的辉煌成就。葡萄牙在充分利用优势的基础上，还需要一位能够团结民众、组织资源、指导方向的领袖。没有这样的领袖，葡萄牙的所有优势都将化为乌有。

航海家亨利王子，就是一位引领葡萄牙开创近代探险事业所不可或缺的兼具英雄胆识与丰富想象的奇才。他具有苦行僧修行般的脾性，还有顽强的精神和超强的组织能力，对伟大理想充满热情。

亨利王子（Henry the Navigator，1394～1460），毕生致力于东征与探险。为他撰写传记的人，形容他的生活犹如僧侣，据说他终身不娶。他死时，人们发现他身穿苦行僧的粗毛衬衣。

1411 年，亨利的父亲若奥一世开始策划发动东征，讨伐直布罗陀海峡对面的非洲商业中心与穆斯林据点休达。年轻的亨利王子协助策划这次远征，奉命在北部的波尔图港督造一支舰队。经过几年的准备后，东征军在一片充满奇迹与先兆的气氛中向休达发动了进攻。

1415 年 8 月 24 日，葡萄牙舰队以压倒性的优势袭击休达，葡萄牙军披坚执锐，尤其是在得到英国弓箭手的支援后，一天之内，就占领了这个穆斯林的城堡。亨利王子第一次看到蕴藏在非洲的令人眼花缭乱的财宝。在休达所得的战利品，是由南方的撒哈拉非洲与东方的印度群岛这两地的商队运来的商品。其中除了诸如麦、米、盐等生活必需品外，还有产自异国的胡椒、肉桂、丁香、姜以及其他香料，当然还有常见的金银珠宝。

亨利王子回国后远离里斯本的王宫，南行至葡萄牙的南端，也就是欧洲的西南顶点——圣文森特角。

古代的地理学家给这个陆地的尽头、未知水域的边界，蒙上一种神秘的色彩。马里努斯和托勒密给它取了个基督教名字——神圣海岬。葡萄牙人把它译成葡语"萨格里什"（Sagres），并以此命名附近位于悬崖上的一个小渔村。这里现在是葡萄牙的西南端，访问者站立在萨格里什

荒无人烟的悬崖峭壁上，仍能看到城堡废墟上建于 15 世纪的灯塔，品味那位厌弃宫廷生活、离群索居的王子的感受。

亨利王子设在萨格里什的城堡总部，其行宫成了一个从事研究与发展的简单实验室，并长达 40 年之久。就在这里，他开始学习数学、天文学、地理学，他阅读的书中包括阿拉伯人翻译的古希腊几何学家奥克莱底斯、天文学家埃拉多斯迪奈斯和地理学家普特莱马依奥斯等的著作。这些著作点燃了后来痴迷于地理学和航海探险的亨利的强烈的求知欲。

萨格里什（Sagres）的灯塔

亨利王子成了航海家。他将骑士团一年的收入拿出来，装备了几支远航探险队，他不断派出远航舰队进入未知的世界，发动、组织并指挥对神秘边远区域的探险。他对航海的贡献不是亲自去探险，而是大力推动探险的进行。

亨利在萨格里什采取了许多措施鼓励造船，他在拉贡森附近建造了街道，还建造了要塞观象台和造船厂，到 1440 年，终于造出了适宜在大西洋上探险航行的多桅三角帆船。

1420 年前后，亨利王子在萨格里什半岛建立了第一所航海学校，并在那里教授航海、天文、地理等知识，为葡萄牙培养了大批熟练的航海者；此外，他还搜集书籍与地图，网罗船长、领航人员、水手、地图绘制者、仪器制造者、罗盘制作者、造船匠、木匠以及其他技术人才，与他们共商航海计划，评估种种发现，并准备深入更远的未知世界去探险。

亨利王子资助数学家和手工艺人改进航海和观测所使用的器具，制定种种远航计划，并对种种远航结果进行了分析研究，他引进了国外的先进航海技术改良装备，如改进从中国传入的指南针、象限仪（一种测量高度，尤其是海拔高度的仪器）、横标仪（一种简易星盘，用来测量纬度）。

亨利王子还使萨格里什成为地图绘制学的中心、地图绘制者的大本营，收集了很多地图，并且绘制出新的地图。他知道，若要探索未知世界，必须把已知世界的边界明确地标示出来。当然，这就得抛弃基督教地理学家所绘制的低劣摹仿品，代之以制作严谨的一幅幅地图。这就需要有一种逐步积累的方法。

亨利王子根据沿海航行指南图的精神，积累了许多海员传下来的点点滴滴的经验，用以填补未知的海岸。他鼓励、要求海员们保持记录和制作准确的航海日记与航海图，并为他们的后继者记下他们在海岸上见到的任何事物。他下令将一切详细情况准确地标示在航海图上，并带回萨格里什，这使地图绘制学成为一门由知识积累起来的科学。

于是，海员、旅行家和学者专家，从四面八方来到萨格里什，贡献出各自所见所闻的片断和新的事实。除了犹太人外，到萨格里什来的，还有穆斯林和阿拉伯人、来自热那亚和威尼斯的意大利人、德国人和斯堪的纳维亚人，而且

亨利王子在巴塔哈修道院的坟墓

随着探险事业的发展，非洲西海岸的部落民族也来了。亨利王子的兄弟佩德罗也于1419年至1428年间访问了欧洲各国宫廷，搜集并带回萨格里什一大批旅行家笔记的手抄本。佩德罗在威尼斯获得了一册《马可·波罗游记》，附有一幅地图，"其中有书中述及的世界各地"，亨利王子因而大受鼓舞。

卡西尼家族

1666年，法国建立了皇家科学院，国王路易十四的重臣柯尔贝尔担任第一任院长。作为政府中资深的高级官员，柯尔贝尔很早就注意到政府里居然没有精确的地图，他认为这是十分可悲的。他希望能有经过准确勘测后绘制出的地形图。从他开始，法国大臣们建立了一种新的地理学观念，绘制交通网络地图，帮助政府管理各省税收，协助土木工程，支持军事后勤。

新的地理学观念的践行者，是延续多年的卡西尼地图测绘家族。[①]

1667年，在柯尔贝尔的建议下，路易十四批准开始建设巴黎天文台。

1671年天文台圆满建成，两年前移居法国的意大利天文学家G.D.卡西尼，成为实质上的第一任台长。

在后来的100多年中，乔凡尼·卡西尼的后代——他的儿子雅克·卡西尼即卡西尼二世（1677～1756）、他的孙子塞萨尔-弗朗索瓦·卡西尼·德·蒂里即卡西尼三世（1714～1784），最后是与他同名的曾孙让-多米尼克（卡西尼四世），依据可验证的测量与量化的严格科学原理，相继进行了一系列全国性的测量，留下了182幅蕴藏丰富地理信息的卡西尼地图。

---

① 〔英〕杰里·布罗顿著，林盛译《十二幅地图中的世界史》，浙江人民出版社，2016年，第237页。

1671 年建成的巴黎天文台

卡西尼家族（从左至右）：卡西尼一世（Giovanni Domenico Cassini）、卡西尼二世（Jacques Cassini）、卡西尼三世（Cesar Francois Cassini）、卡西尼四世（Jean Dominique Cassini）、卡西尼五世（Alexandre H. G. Cassini）。

G.D.卡西尼通过绘制木星的行星图，以及用挂钟计时，确定了某一遥远地方的正午时间，即本初子午线上的精确时间。他的另外一个重要课题是如何精确测量出地球圆周。只有这样，制图者才能知道地球圆周360°中的每度有多长。

法国皇家科学院的科学家们，开始了对经度的研究。经度的测量与纬度的测量相差很大。为了测量经度，需要准确地知道相对于本初子午线上的正午时间，即某一既定地点的当地正午时间。有了这一点，再通过观测太阳，海员们就能够准确地计算出他们在距本初子午线以西或以东多少度的位置上。经度不仅对航海者十分有用，而且对所有的绘图者都是十分重要的。

1669～1671年，皇家科学院的天文学家兼数学家让-皮卡德（Jean-FélixPicard，1620～1682），领导开展了首次的精密三角测量。

让-皮卡德，是法国天文学家、测量学家和牧师，他是第一个在三角测量中，以合理的准确度来衡量地球大小的人。

一队队配备着精密仪器和木星、卫星运动规律表的勘测人员，开始在法国各地有条不紊地展开了测量工作。皮卡德率领他的测量队，通过13个三角测量网，从巴黎延伸到亚眠附近的绍尔钟塔，首次测出了这一段子午线的长度，求得子午线1°的长约为110.46公里的结果，推算出相应的地球半径为6328.9公里，和地球半径的现代值6357公里，只相差0.44％。

皮卡德与当时的许多科学家合作，如艾萨克·牛顿、克里斯蒂安·惠更斯、奥勒·罗默、拉斯夫斯·巴托林、约翰·胡德，甚至包括他的主要竞争对手G.D.卡西尼。

乔瓦尼·多梅尼科·卡西尼（Giovanni Domenico Cassini，1625～1712），卡西尼家族的第一个著名的天文学家和地理学

法国天文学家、测量学家和牧师让-皮卡德

家，因此通常被称为卡西尼一世。G.D. 卡西尼提出过用望远镜和钟摆相配合来测绘地图的方法。当法国大地测量家皮卡德（Rcard）去世后，1683 年就由他主持了著名的巴黎子午线的测量。通过仔细的天文观测和三角测量，一张精确的法国地图开始逐步成形。一些省份的面积比原来设想的要大些，另外一些省份则要小些。

国王路易十四应邀观看新地图时说："你的这件作品可耗费了我一大半的国力呵。"话虽这么说，路易十四对 G.D. 卡西尼的新地图还是十分满意。

当时牛顿和哈更思根据万有引力，提出地球应为椭圆体，这一观点引起了学术界的震动，G.D. 卡西尼本人持反对意见。为了证实这一点，他扩展了皮卡德设置的经线，准备由科利乌尔分别向南、向北测量出纬差 1 度的经长，并进行对比。由 G.D. 卡西尼从巴黎向南进行测量，而菲利普·德拉赫尔则在巴黎北部进行测量。

1684 年，该项目由于经济原因被取消，当时 G.D. 卡西尼已测到达布尔日，几乎完全位于法国的中心。

1700 年，测量项目得到恢复，G.D. 卡西尼与其他科学家以及儿子 J. 卡西尼，测量了从巴黎到地中海沿岸以西 13 公里的佩皮尼昂（Perpignan）的子午线，得到的结果错误地表明地球在两极延伸。

G.D. 卡西尼是最后一位不愿接受哥白尼理论的著名天文学家。他反对开普勒定律，认为行星运动的轨道不是椭圆而是一种卵形线。他拒绝接受牛顿的万有引力定律，反对罗默关于光速有限的结论。这种保守倾向对他的继承者影响很大。

卡西尼一世，乔瓦尼·多梅尼科·卡西尼

1711 年，86 岁的 G.D. 卡西尼突然双目失明。第二年，他就去世了。

J. 卡西尼（Jacques Cassini，1677 ～ 1756），是 G. D. 卡西尼的次子，著名天文学家、大地测量学家，1712 年开始担任巴黎天文台台长。

J. 卡西尼继承父亲遗志，参加过扩展皮卡德的经线长度测量。

卡西尼二世，J. 卡西尼

1718 年，J. 卡西尼在完成了从巴黎到敦刻尔克由 28 个三角形构成的一条三锁的测量，结果表明存在着经线向极地伸长的事实。

J. 卡西尼一味坚持其父亲的观点，反对牛顿的结论，所以竭力主张有待进一步的测量验证，他提出所测的一条经线尽可能靠近赤道，另一条则要接近北极圈，从而使得除在西欧测量之外，另有一支队伍赴秘鲁进行测量。

测角器，1723 年。

J. 卡西尼的一大贡献是测出了地球半径的长度。他通过两次测量和计算，分别给出了地球半径为 6375.998 公里和 6371.860 公里的结论。

按照现代地球模型的 6357 公里的极半径和 6378 公里的赤道半径来看，在 18 世纪能够取得这样的精度，实在是个了不起的成就。

J. 卡西尼测量地球半径

1720 年，J. 卡西尼在《关于地球的形状和大小》一书中，仍坚持地球是一个长椭球体的观点，及至 1740 年他所著的《天文学基础》《太阳、月亮、行星、恒星、木卫和土卫天文表》等著作中，都坚持反对牛顿引力理论，捍卫 G.D. 卡西尼的立场。

C.F. 卡西尼（Cesar Francois Cassini，1714 ～ 1784），是 J. 卡西尼的次子，地形测量师和制图家。他的"卡西尼地图"被称为法国第一张现代地图，壮丽辉煌，缜密精致，远远掩盖了自己在其他学科方面的作品。

1733 年，C.F. 卡西尼跟随父亲 J. 卡西尼进行野外测量，具体观测过木星、卫星，测定了沿经线的 1°之长。

1738 年，父子俩又建立了一条跨越法国南部的三角锁，从巴奥尼测到地中海沿岸的安蒂布斯，并一直测到罗访河口。

C.F. 卡西尼支持他祖父的观点，维护笛卡尔"地球是一个长球体（极半径大于赤道半径）"的结论。但他经过亲自实践，从大量测量结果中证明了这种看法的谬误，承认地球为两极扁平的椭球之说。

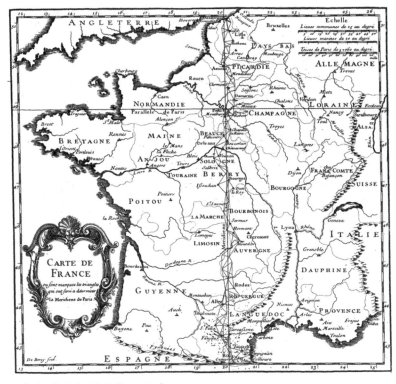

巴黎的经纬和法国的地图，1718 年。

卡西尼三世，C.F.卡西尼

1740 年，C.F.卡西尼对巴黎子午线的重新测量，以及对北欧城市拉普兰和科鲁的大地测量，确定了地球椭球的半径。

18 世纪中叶，法国已经建成了覆盖全国的测量控制网，为进行国家大比例尺地形测图创造了有利条件，随后测图工作逐步开展起来。

C.F.卡西尼用了 8 年时间测绘、出版了两幅地图。他说："几何学的部分由我们来负责，地形的表现和名字的拼写则交由领主和教士负责，工程师将地图交给他们，从他们那里获得信息，按照他们的指示工作，在他们面前对地图进行修改，而我们只有获得附在地图上确认地图记载信息正确无误的相关证明，才会予以出版。"

1744年，C.F.卡西尼完成了法国第一幅公开印行的地图《新法国地图》，这幅法国用三角测量的方法绘制的第一张新地图，作为几何描述法国的基础，引起了各方面的关注。

1745年，C.F.卡西尼综合了1740～1744年期间的测量结果，向皇家科学院提供了18幅更为详尽的地图，这些地图可以拼成一张比例尺为1：878000的法国全图。

C.F.卡西尼还提出，应该将各地分别测制的地形图、平面图，依照测定的经纬度，充实到统一的全国图上来，这对其他国家的全国性测图，起到了良好的示范作用。

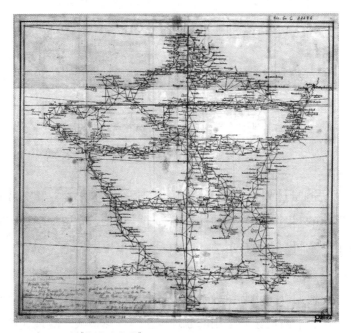

C.F.卡西尼的《新法国地图》

1745 年，C.F. 卡西尼提出卡西尼投影算法，使制图师开始摆脱对地球仪的依赖，可把一个圆球形或椭圆形变为平面，而经纬度仍能保持一定的精度，这是现代地图学的核心内容之一。

1750 年，在法皇路易十五的支持下，C.F. 卡西尼制订出"卡西尼地图"（Carte de Casssini）工程规划，具体实施全国大比例尺的地图测制。

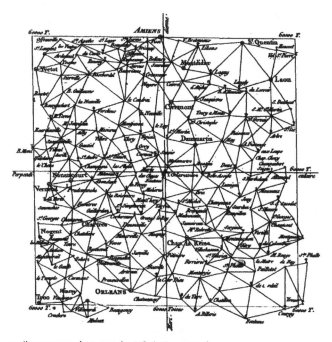

巴黎 1∶60000 卡西尼三角测量地图，1751 年。

卡西尼测量计划，开启了绘制国家地图的新方式。虽然最初的企图，是以新的制图来监督和控制王国领土，但由君主资助的这幅王国地图，在不经意间，不由自主地变成了一幅国家地图。

虽然这个计划历经变迁，而且卡西尼家族每一代人各有不同的追求方向，但他们以三角测量为主的测量大地的方法，影响了以后几百年的地图制作。卡西尼家族运用的原理，至今依然被大多数现代地图所采用，从世界地图集到英国地形测量局和线上地理空间应用，全都是遵循着卡西尼家族最先提出并实践的三角测量的测地方法。

从 1750 年起，法国开展了大规模的水准测量，C.F. 卡西尼不辞劳苦，事必躬亲，对所有地图细部都进行了流动性校验，以保证测图的精度，事实表明他的这项工作是卓有成效的。

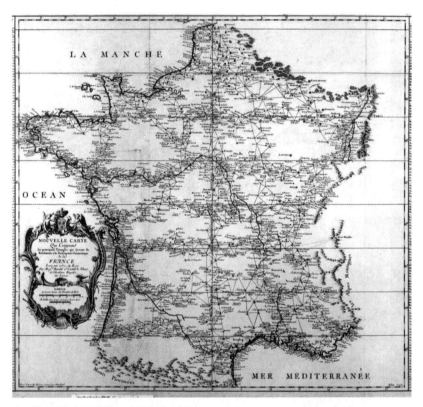

C.F. 卡西尼组织绘制的一系列法国地图之一

1771 年，57 岁的 C.F. 卡西尼接任巴黎天文台台长，这也是第一任正式的台长，之前的两任是路易十四直接点名的，这次的手续比较齐全。

1775 年，C.F. 卡西尼出版了专著《地球的几何描述》。

由于任务艰巨、耗资巨大，加上战争的干扰，C.F. 卡西尼的"卡西尼地图"工程断断续续地进行着。

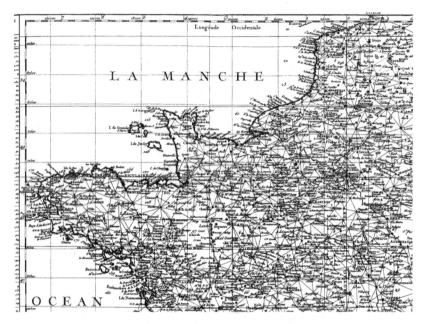

卡西尼的法国地图，1783 年。

1784 年，C.F. 卡西尼死于天花，这时"卡西尼地图"工程接近了尾声。后续的工作，由他的儿子 J.D. 卡西尼完成。

卡西尼四世，J.D. 卡西尼，朱利安·利奥波德·布瓦伊的石版画，1820 年。

J.D. 卡西尼（Jean Dominique Cassini，1748 ～ 1845），是著名的大地测量家和制图学家，1783 年继任巴黎天文台台长，他就出生在巴黎天文台内的一个小房间里。

1783 年，J.D. 卡西尼向英国皇家学会提出了一项计划，建议对巴黎和格林尼治之间的子午线进行三角测量，以便更好地确定经度。他的建议被采纳，因此，在英国进行三角测量调查工作的同时，法国和英国也进行了跨渠道测量，此举也为英国 1784 ～ 1790 年的"军械测量"的形成奠定了基础。

1789 年，J.D. 卡西尼继承父志，完成了"卡西尼地图"工程计划，编制和出版了覆盖全国的 180 幅比例尺为 1：86400 的地形图。倘若将这些地图拼接起来，可以构成一张长 34 英尺（约 10.4 米）、宽 33 英尺（约 10.1 米）的巨大的整图。这是率先完成的国家大比例尺地形图的典范，是超越所有国家的成功之作。

后来，J.D. 卡西尼又将这幅地图缩小改编，装订成地图集的形式，在卷首加了序言，追述了"卡西尼地图"工程的进程。图集的第一幅图是"巴黎及其附近"，形式新颖，内容丰富，达到了空前的水平，使科学家和出版商们为之倾倒。1791 年法国科学院出版的著名的《法国国家地图集》，也是以这套"卡西尼地图"为基础编成的。

1789 年 7 月，革命席卷了法国，一名参加夺取巴黎的巴士底狱、寻找武器和弹药的暴徒，两天后，又以"寻找物资"为名，洗劫了巴黎天文台。

1791 年，英法测量结果公布。J.D. 卡西尼访问了英国。

1791 年 4 月，J.D. 卡西尼的妻子去世，留下 5 个需要他独自照顾的孩子。当时，法国科学院正在设立一个测量从敦刻尔克到巴塞罗那子午线的项目，要求 J.D. 卡西尼领导测量工作。由于不得不照顾自己的孩子，他要求留在巴黎工作。他的请求遭到拒绝，阿卡德米任命德朗布尔代替他领导这一项目。与此同时，J.D. 卡西尼因为一些他认为很重要的问题，与在天文台的三个助手闹翻。

J.D. 卡西尼被聘为法国国民议会设立的教授，薪金是他以前的一半。但是科学院在 1793 年 8 月被解散，所以变化从未发生。

1793 年 9 月，法国国民议会收到一位激进的代表、演员、剧作家和诗人法布尔·德埃格朗蒂纳的报告，他希望国民公会重视"法国全图，即学院地图"，他抱怨这幅地图"绝大部分由政府出资制作，但却落入个人手中，被当作私有财产；而公众必须付出昂贵金额才能使用，

而且这群人甚至拒绝将地图送给有需要的将军使用"。

国民议会认同德埃格朗蒂纳的观点，下令将与地图有关的雕版与图纸查封并转交给战争部的军事办公室。战争部的部长艾蒂安 - 尼古拉·德·卡隆将军宣称："此举让国民议会从一群贪婪的投机者手中夺回了国家的成就，这是工程师们花费 40 年的工作成果，一旦丢失或抛弃这项成果，将会是政府资源的一大损失，又会增加敌人的资源，因此更应该完全由政府掌控。"

国民议会没收的地图，就是卡西尼地图。对 J.D. 卡西尼这样的坚定保皇派而言，地图国有化是一场政治灾难和个人的悲剧。他哀叹道："他们从我这里将它夺走，尚未全部完成，我还没有为它进行最后的润饰。在我之前，没有任何作者尝过这种痛苦。有哪个画家还来不及进行最后的润饰，就眼睁睁看着自己的画被夺走？"

卡西尼家族绘制的包括法国各地区和边界的详细地图，对保卫新政权，划定和管理省、司法辖区、商会、教区，产生了至关重要的作用。尽管这些经过测量印制出来的地图与皇室密不可分，但以之为蓝图，却可以形成法国是一个现代的共和民族国家的概念。

1793 年 9 月 6 日，J.D. 卡西尼辞职。

1794 年 2 月，J.D. 卡西尼因投诉国民议会没收他的地图，被关进监狱。

1794 年 8 月，J.D. 卡西尼获释。随后他回到图里的家中居住。虽然他的同事尽量让他回到巴黎，再次进行科学工作，但是他拒绝了，他认为他的家庭比较重要。J.D. 卡西尼退居后，曾被拿破仑一世选为参议员且封为伯爵。

1845 年，J.D. 卡西尼去世。

法国大革命之后不久，全国 1：56000 比例尺的地形图测制完成。1818 ～ 1882 年间，法国又完成了 1：80000 地形图；1898 年以后，还局部测绘了 1：50000 和 1：20000 的新地图。

卡西尼地图迈出了地图史上前所未有的一步，基于测地与地形测量制作的第一幅全国总图，充分体现了卡西尼地图追求的"量化精神"。卡西尼地图从17世纪中叶开始到其后的150年间，逐渐将制图工作转变为一门可以验证的科学，创新了一种标准化、以经验为根据的方法，并推广到全球各地。于是，制图师能够使地图和当地情况完全相符，这个世界被精绘为一系列几何三角形，使人们可以认识并进行管理。

卡西尼家族历经百年绘制的地图，第一次将天文观测和实地测量结合起来，论证了牛顿关于地球是扁椭球体的理论。天文学、星相学和宇宙学的神秘智慧融入地图制作的时代结束了，地理学慢慢变成了国家公务。帝国时代边界与主权的交错模糊消失了，取而代之的是国家主权在法定疆域内的每平方厘米的土地上所发生的完全平整、平均的效力。

历史造就了卡西尼家族的地图，也正是历史，牺牲了服务于君主专制的卡西尼地图的家族权利。

这个计划开始时，只是为了测量一个王国；这个计划结束时，却为此后绘制所有现代民族国家的地图，提供了坚实精确的模板。

英伦、印度大三角测量

国家地图的绘制，起初都是为了满足某些军事战略上的需要。

1745年，苏格兰高地出现了"詹姆斯二世党人"叛乱，这是由英国"光荣革命"后斯图亚特王朝的支持者组织的，1746年在库洛登战役中，叛乱分子最终被忠于政府的部队击败。这使坎伯兰公爵威廉王子意识到，当时的英国陆军甚至没有一张详细的苏格兰高地地图，以抓捕、审判叛乱分子。

1747年，国王乔治二世批准了大卫·沃森（David Watson）中校的建议，组织了苏格兰高地军事地图测量工作，沃森在主要助手、测量师威廉·罗伊、保罗·桑比和约翰·曼森的帮助下，完成了此项任务，测

制了一批坎伯兰公爵军用地图。威廉·罗伊随后入伍，后来晋升为将军，成为英国杰出的测量领导人。威廉·罗伊的技术能力和领导地位，是 18 世纪英国"军械测量"的标杆。

1746 年，英军与"詹姆斯二世党人"叛乱分子在库洛登战役中激战。大卫·莫里尔（Davind Morier）绘。

威廉·罗伊（William Roy）少将，苏格兰人，军事工程师、测量师，一位将科学新发现和新兴技术应用于大不列颠精确大地测量的革新者。他年轻时曾在爱丁堡接受过测量培训。1746 年，威廉·罗伊成为爱丁堡军械测量局办公室文职绘图员，从事土地测量工作。

1747 年，英皇乔治二世命令军械局成立一个部门，测绘英格兰南部极易遭受攻击的海岸地区，这个部门就是后来的军械测量局。自此以后，军械测量局就担负起英国测绘与地形制图的任务。

1763 年，鉴于受到法国入侵威胁需要加强防御，副总军需官威廉·罗伊建议开展 1 英寸：1 英里（1：63360）比例尺全国三角测量的工作。该建议由于时间、人力和成本原因遭到否定。

罗伊继续游说开展此项测量。然而，一件他意想不到的事情，成为促成此事的催化剂。

1747 ～ 1755 年威廉·罗伊测制的苏格兰军用地图，波洛克索斯部分（现在的格拉斯哥）。

1783 年，法国科学院的地图学家 J.D. 卡西尼认为格林尼治皇家天文台和巴黎天文台之间的子午线不准确，向英国皇家学会建议通过高精度三角测量解决这个问题。建议被采纳，因此，在英国进行三角测量调查工作的同时，法国和英国也进行了英吉利海峡的测量，这就是世界上首次进行国际测绘合作的"英法调查"测量工程。

1784 ～ 1790 年的英法测量，威廉·罗伊负责执行英国方面的行动，这是英国的第一次精密地形测量，也是罗伊去世后 1791 年"军械测量"的前身。

1784 年 4 月 16 日，威廉·罗伊和皇家学会的其他三名成员在初步调查后，确定了在霍恩斯洛希思（Hounslow Heath）建立起始基线的合适位置，在国王的凉亭（现位于希思罗机场的范围）和距离东南方向超过约 8 公里的汉普顿贫民区之间测量。

这是一个艰苦的过程，测量员们清理了地面上的灌木丛，并用仪器商杰西·拉姆斯登（Jesse Ramsden）制造的设备进行了初步测量。他们试图用三个长度约 20 英尺（约 6 米）的木制测量杆作业，三支杆一次撑在支架上，精度达千分之一英寸。第一根杆被运送到第三根杆的末端，一个操作重复 1370 次。

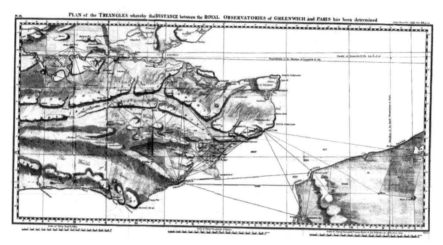

1784 ~ 1790 年英法测量的三角网

最终的测量结果表明，基线的长度为 27404.01 英尺（8352 米），这个基线测量的精度远超以往，为此皇家学会在 1785 年授予威廉·罗伊科普利奖章。

1787 年，仪器制造商杰西·拉姆斯登花费了三年的时间，成功设计制作了一件 3 英尺高的巨大的经纬仪。这件经纬仪，由一个标有调节刻度可移动的铜圈、望远镜以及为夜间照明使用的灯笼三部分构成。尽管拉姆斯登办事拖拉，鉴于大经纬仪对于精确测量至关重要，威廉·罗伊还是为随后的三角测量订购了这种新的经纬仪。

杰西·拉姆斯登（1735 ~ 1800），拉姆斯登经纬仪的制造商。

拉姆斯登经纬仪在 1787 年交付，第一次将弧度精确地分割成弧的一秒钟。规模庞大的经纬仪由伦敦运往海峡沿岸，在丘陵、尖塔和一个可移动的塔楼上工作。三角网格每个位置的顶点的角度，被多次测量，最后通过角度数据，使用球面三角法来计算三角形的边。

英法绘图工程持续进行。对不列颠群岛的地形测绘，由军械测量局全权负责，成了一项地地道道的军事工程。从沃尔威治皇家军事学院毕业的炮兵军官，被认为是完成这项任务的最佳人选，他们在绘图和数学等方面接受了一些特殊的培训。这便是今天英国人和游客们使用的导游图，被称为军械测量图的由来。

而跨英吉利海峡的测绘，是在英国皇家学会和工程部队的共同努力下进行的。英吉利海峡地图的绘制，技术要求更高。测量工作需要在晚上进行，英法两国的海岸线上灯塔林立，它们之间巨大的三角形被测量出来。

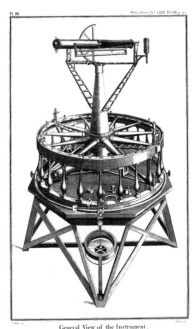

General View of the Instrument.

威廉·罗伊所用的第一个拉姆斯登经纬仪（1941 年受战争破坏）。

1787 年夏天，英吉利海峡地图的绘制终于完成了，"英法调查"的胜利，也是三角测量的胜利。而在英吉利海峡上进行的三角测量，也暴露了英法两国以往地图中的许多错误。

1790 年，威廉·罗伊在去世前几周，给皇家学会递交了最后的报告，再次表达了在整个不列颠群岛开展三角测量的抱负。

不过，直到威廉·罗伊 1790 年去世以后，军械测量局才开始进行三角测量。

1791 年至 1853 年间，因军械测量局主持了英国（包括爱尔兰）的

首次高精度三角测量，所以三角测量也被称为"军械测量"。

英国三角测量的目的，是建立近300个重要地标的精确地理坐标，这些地标可用作绘制地图的地形测量的固定点。此外，还有一个纯粹的科学目标，就是提供大地测量的精确数据，确定子午线和地球直径的长度。

1791年，军械测量局收到了改进型的拉姆斯登经纬仪，并开始在英国南部豪恩斯洛希斯（Hounslow Heath）五英里（约8公里）的基准测绘上使用。

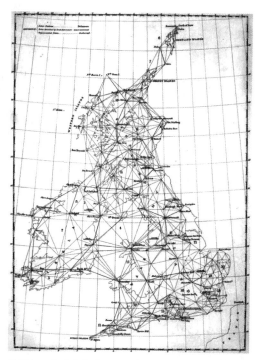

英国大三角测量地图，1860年。

1801年，第一张1英寸∶1英里比例描述详细的肯特郡地图出版，艾塞克斯地图稍后发行。肯特郡地图是私下发表的，并在郡边界上停了下来，而埃塞克斯地图则是由军械测量局发布的，并忽略了该县的边界，为未来的地形测量地图设定了标准。英国全国性1∶63360比例地图测量，在此后 20 年后只完成了英格兰及威尔士三分之一的面积。

1810 年，英格兰南部大部分地区的"1 英寸∶1 英里"地图测制完成。

1811 年至 1816 年期间，出于安全考虑，这些"1 英寸∶1 英里"地图被停止对外销售。

1819 年，军械测量局局长、陆军少校托马斯·科尔比（Major Thomas Colby）创造了纪录：在 22 天的勘测中，他步行 586 英里（943 公里）。

1824 年，科尔比和军械测量局的大部分工作人员来到爱尔兰，进行 1∶10560 比例的物业评估测量。

托马斯·科尔比聚精会神地协助专门测量仪器的设计，并成立了一套地点名称收集系统，重组地图绘制方式，令产品更加清晰和准确。他具有团队精神，经常亲自率队出外进行测量、扎营，并安排了干果布丁派对，庆祝测量项目的完成。

1830 年，随着首批爱尔兰地图的发行，《什一税通讯法》要求当局绘制英格兰及威尔士境内同类型的 6 英寸（约 15 厘米）地图。

1841 年，英国国会通过《1841 年地形测量法》，在测量用途下，增加地形测量的产业权利。这一年失火后的英国军械测量局总部，迁移至英格兰南普顿。

1846 年，军械测量局完成了爱尔兰 6 英寸（约 15 厘米）地图的制作，开始进行英格兰北部 6 英寸（约 15 厘米）地图的测量。而这时苏格兰大部分地区只有 3 英寸的地图。

1895 年，军械测量局完成了以 25 英寸∶1 英里的全国大比例尺地图。

1870 年，英国东印度公司组织开展印度大三角测量，旨在精确测量整个印度次大陆。

1800 年，威廉·兰顿（William Lambton）从新占领的迈索尔领土开始了一系列三角测量，最终测量遍及整个次大陆。

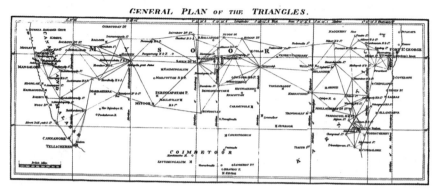

印度大三角测量，1811年。

1802年，印度大三角度测量由东印度公司的陆军军官威廉·兰顿负责。东印度公司认为这个项目将需要大约5年的时间，但最终结束于1857年，用了将近70年的时间。兰顿的接班人是印度测绘局局长乔治·埃瑞佛斯特（George Everest），而安德鲁·斯科特·沃克（Andrew Scott Waugh）是埃瑞佛斯特的继任者，1861年之后，这一项目由詹姆斯·沃克率领，最终由他在1871年完成。

1802年4月10日，印度大三角度测量开始，兰顿测量了马德拉斯附近的基线，基线长度为7.5英里（12.1公里）。凯特中尉被派遣在西部山丘选择德莱利山和塔达达莫尔山，以便连接沿海地带。从海岸到海岸的距离是360英里（580公里），这条测线完成于1806年。

参加测量的人员，最多时有700人。由于被调查的地形很复杂，测量师没有对整个印度进行三角测量，而是创造了他们所谓的"北"到"南"、"东"到"西"的三角测量链。印度大三角度测量初始基线的准确度很高，因为随后的测绘的准确性，在很大程度上取决于它。早期的勘测，使用了大型和庞大的经纬仪。后来的调查，使用的是更紧凑的经纬仪。

测量员用遍布次大陆的3000多个高精度的地面站，完成了印度的大三角测量，产生了巨大的科学影响，成果包括印度国土的划定，以及珠穆朗玛峰、K2和干城章嘉峰的高度测量。

皇舆全览

明末清初，一批欧洲传教士陆续来到中国，他们通晓天文、历算、地学等科学知识，擅长测绘技术，参与制造仪器，编译测量、制图书籍，传播了西方天文、地理知识，也引入了先进的测绘制图方法。

传教士利玛窦与徐光启合译了《测量法义》，撰写了《测量异同》。1631 年，传教士罗雅谷与汤若望撰订了《测量全义》，被收入《崇祯历书》。到清初，西方测量学的传入，为中国开展全国性经纬度和三角测量，奠定了理论基础。《同文算指》《灵台仪象志》和《测量高远仪器用法》等著作，包括了同时期欧洲测量科学技术的主要内容。

清朝康熙皇帝喜欢通过地理知识了解世界形势，他学习并且接受了西方的天文地理观念与知识。

1668 年（康熙七年），康熙皇帝向传教士利类思、安文思和刚刚进宫不久的南怀仁问及西方各国的风土习俗，于是几位传教士便合著了《西方要纪》，并进行了简要回答。康熙对于地理学有极为浓厚的兴趣，南怀仁便经常为他讲解利玛窦的《万国舆图》和艾儒略的《坤舆图论》《职外方纪》。

康熙皇帝画像

康熙皇帝与西方传教士接触后，在学习使用天文、数学仪器的过程中，对大地的测量产生了兴趣。康熙每次离京出巡，都会带上钦天监官员和测量仪器，一到驻地，就对当地的天文地理进行考察。

江苏籍传教士黄伯禄神父在《正教奉褒》一书中记载："康熙二十八年（1689）十二月廿五日上召徐日升、张诚、白晋、安多至内廷，谕以自后每日轮班至养心殿，授讲量法等西学。"该书中还说："即

或临幸畅春园及巡行省方，必谕张诚等随行，或每日、或间日授讲西学。"

康熙亲自学习西洋的测绘技术。他经常用测量仪器进行实地观测和测量。法国传教士白晋描述说，康熙外出巡幸时，经常随身带着传教士送给他的测量仪器，"他有时用照准仪测定太阳子午线的高度，用大型子午环测定时分，并推算所测地点的地极高度。他也时常测定塔和山的高度，或者是他感到有兴趣的两个地点之间的距离"。

耶稣会士洪若翰在致法国国王路易十四的忏悔师拉雪兹神父的信中，生动叙述了康熙的测量活动："皇帝曾亲自平整了三或四法里的河坡地。他有时用几何方法测量距离、山的高度、河流与池塘的宽度。他自己定位，对仪器进行各种各样的调整并精确地计算。随后，他再让人测量距离，当他看到他计算的结果和别人测量的结果完全相符时，就兴高采烈。"

康熙发现，在平定"三藩之乱"的战争中，地图发挥了重要的作用，也暴露出很多缺陷，有的地图粗略模糊，有的甚至错误百出。于是康熙萌发了测绘全国地图的设想。

据《张诚日记》记载，1690年1月26日，中国与俄国谈判签订《中俄尼布楚条约》之后，康熙要求张诚介绍俄国使团的来华路线，张诚按照西方绘制的地图给他讲述，康熙发现地图中关于中国的部分，尤其是关于中国东北的部分过于简略粗疏，因此决心依靠传教士，用西方的测量技术绘制一张全国地图。

1698年，法国传教士巴多明来华传教，沿途细察各省地图，发现很多府县城镇的位置与实地不符，甚至还出现奉天与北京处于同一纬度（北纬39°56′）等严重错误。他将此事上奏康熙皇帝，再次建议重新测绘全国各省地图，康熙意识到了中国旧地图中存在的诸多问题。

此后，在康熙的直接过问下，做了一系列准备工作。康熙亲自决定选用《工部营造册》为标准，规定200里合经线1°，每里180丈，每丈10尺，每尺合经度1%秒。还通过广州向西方购买了一批测量仪器。

1686 年（康熙二十五年），在给《大元大一统志》总裁官勒德洪的上谕中，康熙提出"务求采搜闳博，体例精详，厄塞山川、风土人物，指掌可治，画地成图"的要求。

1702 年（康熙四十一年），几位传教士测定了经过中经线霸州（今河北霸州市）到交河的长距。

1707 年（康熙四十六年），他们又在北京附近试测并绘制成地图。康熙亲自做了校勘，发现质量大大超过旧图。这更坚定了他采用新法测量全国经纬度和绘制地图的决心，也使他对曾参加这些试验的西方传教士的技术更加信任，于是决定委任他们到全国各地进行测绘。

1708 年 7 月 4 日（康熙四十七年五月十七日），全国大测量开始了。这次测绘所使用的测量仪器，大部分是利用西方技术制造的国产仪器。《圣祖实录》载，1714 年礼部曾言："近差官员人等，用御制新仪，测量各省及口外北极高低、经纬度数，精详更胜旧图。"黄伯禄的《正教奉褒》记载，康熙"谕传教士分赴内蒙古各部、中国各省，遍览山水城郭，用西学量法，绘画地图。并谕部臣，选派干员，随往照料……并各省督抚将军，札行各地方官，供应一切需要"。

参加这次测绘的传教士有 10 人：雷孝思（Jean-Baptiste Régis，法国）、白晋（Joachim Bouret，法国）、冯秉正（Joseph-Anne-Marie de Moyriac de Mailla，法国）、杜德美（Petrus Jartoux，法国）、费隐（Xavier Fridelli，奥国）、山遥瞻（Fabre Bonjour，法国）、汤尚贤（Pierre Vincent de Tarte，法国）、麦大成（Joannes Fr. Cardoso，葡萄牙）、德玛诺（Rom. Hinderer，法国）、张诚（Gerbillon Jean Franois，法国）。

1708 年，白晋、雷孝思、杜德美 3 人奉谕测绘长城沿线，包括长城的各门、堡，附近的城寨、河谷、水流等。选择长城为首次测量的目标，显然还考虑到有利于测定北方各省的界线和毗邻地点的经度。两个月后白晋因患病而提前离开，1709 年 1 月 10 日，雷孝思等人结束测绘，返回北京。长城线绘成的地图是一个长卷，长度超过 457 厘米，标明了长城的 300 多个大小城门以及远近全部堡、寨和军事据点，两侧邻近地

区的大小河流、津渡、山岭，地形一览无遗。康熙审阅后颇为嘉许，决定继续实施原定计划。

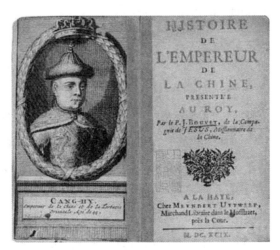

法国传教士白晋

1709 年 5 月 8 日，雷孝思、杜德美和日耳曼传教士费隐，自北京启程去中国东北各地测量。这次测绘的地区大多人烟稀少，康熙下令各地做好准备，以保证夫役、马匹、粮草和物资的充分供应。这次测量的地区是北纬 40°至 45°，绘成的地图还包括图们江对岸的朝鲜北部。

1709 年 12 月 10 日至 1710 年 6 月 20 日，雷孝思、杜德美、费隐完成了直隶测绘。康熙亲自校阅了新制成的地图，表示满意。

1710 年 7 月 22 日，传教士再次去黑龙江测绘，经齐齐哈尔、墨尔根（今黑龙江嫩江县）、黑龙江城（今黑龙江黑河市南瑷珲老城），最北的测量点到达北纬 51° 21′ 36″。从齐齐哈尔城返回时，他们在平原连续进行了几个纬度的测量，发现在北纬 47°至 41°之间，每度间的距离，随着纬度的增加而增长，这实际上证明了地球是扁圆体的事实。1710 年 12 月 14 日，他们将绘成的地图进呈御览。由于东北地广人稀，测绘点有限，这幅地图上还留有不少空白。《清史稿·何国宗传》载，由于鸭绿江与图们江之间的测绘不够详细，康熙曾于 1711 年（康熙五十年）命穆克登率领部属进行复查。

1711 年，测绘人员兵分两路：雷孝思和新来华的葡萄牙传教士麦大成率一队往山东省进行测绘；杜德美、费隐与一位来华才三个月的传教士潘如率一队到新疆哈密一带，测绘喀尔喀蒙古（今蒙古国境内）。杜德美一队在完成测绘后，由嘉峪关经甘肃、陕西、山西返回北京。山东一路的测绘先完成的，康熙在审查地图时，问起是否还有能胜任测绘的传教士尚未被任用，于是又有 4 人被推荐参加。麦大成奉命前往山西，与留在那里的传教士汤尚贤会合，一起测绘了陕西、山西二省，制成两幅约 300 厘米见方的地图。康熙召见汤尚贤时，提出一些他曾经观测过的地点，要汤尚贤在地图上指出它们的位置，一一加以核对。康熙曾认为与陕西、山西相接的另一幅地图中，有一条河的走向画错了，汤尚贤据理力辩，康熙最终还是承认自己搞错了。

1712 年，冯秉正、德玛诺奉命协助雷孝思测量河南省，完成后又一起赴浙江和福建测绘。

1713 年，麦大成、汤尚贤被派往江西、广东、广西测绘；雷孝思在湖广一带测绘；费隐、潘如分别去四川、云南测绘。潘如于 1714 年 12 月 25 日病逝于云南与缅甸边界，费隐也患病无法继续测绘。

1714 年 4 月到 5 月，雷孝思、冯秉正、德玛诺测绘中国台湾西部。

1715 年，雷孝思前往云南，接替因劳累过度、受到瘴气的侵袭而不幸殉职的山遥瞻的工作。从云南归来，费隐也病倒了，雷孝思又代替他测绘贵州地图，并奉命完成了湖广地图的测绘。

1717 年 1 月，参加测量的全体传教士完成任务后返回北京。

1709～1711 年，康熙曾派人去西藏测绘，但测绘的地图没有采用经纬度，绘成的地图与内地用经纬度绘成的地图难以拼接。

1714 年，康熙再派喇嘛楚儿沁藏布兰木占巴和理藩院主事胜住去西藏进行测绘。他们从北京出发，经西宁至拉萨，又去冈底斯山和恒河源。因准噶尔部的策妄阿拉布坦出兵骚扰西藏，他们在恒河源受阻返回。在这次测绘中，他们发现了世界最高峰珠穆朗玛峰，并在地图上做了标注。

1717 年，再次测绘西藏的地图资料得到认可，被补入全国地图。

1718 年，留在京城的杜德美，在全国测绘的基础上，将各省测完的地图拼接合成一幅全国总图，被康熙命名为《皇舆全览图》。

18 世纪中国大测量，技术上由雷孝思、杜德美、白晋、麦大成、汤尚贤等传教士主持，有大批中国的辅助人员参加，查阅了各地官府所藏的舆图及地理书籍，充分利用了中国长期积累的地理、地图资料。测绘人员亲自走遍各地，测定全国的三角网和经纬度，测定经纬点 641 个，用三角法通过已知点测定未标定的地点数以千计。

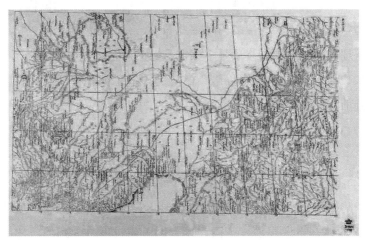

1719 年印行的铜版《皇舆全览图》（局部）

《皇舆全览图》采用桑逊投影，以经过北京故宫中轴线的那条线为中央经线，[①] 按 1∶1400000 和 1∶500000 比例尺绘制。图幅的范围包括东北各省、蒙古、关内各省、中国台湾以及哈密以东地区，即西至西经约 40°，北至北纬 55°。全图由 28 幅分图拼接而成。其中，东北地区 5 幅，蒙古 3 幅，关内 15 幅，黄河上游 1 幅，长江上游 1 幅，雅鲁藏布江流域 1 幅，哈密以东 1 幅，高丽（今朝鲜）1 幅。《皇舆全览图》是当时世界上工程最大、最为精确的地图，是中西人士合作的结晶与硕

① 韩昭庆《康熙〈皇舆全览图〉空间范围考》，《历史地理》2015 年 12 月。

果。当时经纬度的测量，因受仪器设备的限制，多用实地丈量以弥不足，作图时多利用三角测量来推定经纬度，反倒使各地的相对位置较为精确。

《皇舆全览图》从 1708 年（康熙四十七年）正式开测，到 1718 年（康熙五十七年）完工，历时 10 年。所反映的疆域为东北至萨哈连岛，东南至台湾，西至伊犁河，北至贝加尔湖，南至崖州（海南岛）。在 18 世纪初叶的条件下，在全国范围测绘如此广大的区域，这在中国历史上是第一次，堪称世界地图测绘史上从未有过的壮举。

1719 年（康熙五十八年）阴历二月十二日，康熙皇帝看过《皇舆全览图》之后，谕示阁学士蒋廷锡："皇舆全览图，朕费三十余年心力，始得告成。山脉水道，俱与禹贡相合。尔将此全图、并分省之图，与九卿细看。倘有不合之处，九卿有知者，即便指出。看过后面奏。"

清代雍正年间，为了政治及军事的需要，继康熙《皇舆全览图》之后，又有了雍正三年、雍正五年、雍正七年版国家地图《雍正皇舆十排全图》的编绘。

1772 年（雍正五年）建立的"圣祖仁皇帝圣德神功碑"，雍正御制碑文称："……亲授词臣，考订律历，历得合天，律谐真度，诚万世不易之法。按北极之高，测地理南北东西差，得皇舆全图。其他所编辑，卷峡繁富，充于内府……"

可见，雍正皇帝对于地图也是十分重视的。《大清雍正实录》多处记载，雍正处理政务时，经常参考地图。他曾命何国宗保举测量人员，测量运河、卫河、津河、黄河等河道。

雍正初年，为康熙帝测绘地图的西方传教士巴多明（字克安）、雷孝思、杜德美（字嘉平）、费隐（字存诚）、麦大成（字尔章）、冯秉正（字瑞友）、德玛诺等十多人，仍在清廷供职。中西技术人员在康熙时大规模测绘的基础上，补充新资料，引用国外地图的成果，扩大范围，重新修订编绘成内府舆图《雍正十排皇舆全图》。

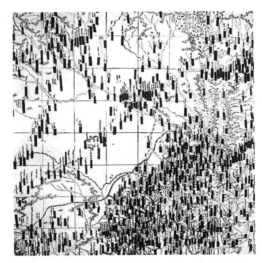

《雍正十排皇舆全图》（局部），图中的黑条为村镇的
汉文名称，原图现藏于中国科学院图书馆。

　　雍正五年，舆图处在造办处，尚附属于"自鸣钟处"，雍正六年始
成立舆图处，不再附属于"自鸣钟处"了。由此可见，雍正帝对舆图绘
制是颇为重视的。在《养心殿造办处各作成做活计清档》中，还记载
有："雍正六年五月十七日示柏唐阿诺黑图来说：奉怡亲王谕'着做总
图十卷。遵此。'于本日交柏唐阿周斌。"《养心殿造办处记事录》记载：
"雍正八年七月初一日，内务府总管海望奏称：怡亲王前因在府攒画各
省舆图，将造办处库内舆图并柏唐阿数人随在府内攒画舆图，现今未
回。内有原任主事诺赫图因在藏画过舆图，于雍正三年怡亲王奏准要在
府内攒画舆图，此人舆图仪器之事甚属明白，意欲着伊在养心殿管理处
行走。再柏唐阿内拣选一人放司库协同诺赫图料理。再怡亲王府内所有
已完未完之舆图俱欲要回造办处存放。奴才往天平峪去时，欲将柏唐阿
内带几人去，诺赫图亦带去画舆图等语奏闻。奉旨：'准奏。钦此。'又
奏请钦天监五官正刘裕锡向来画舆图测量过，今往天平峪去，欲将刘裕
锡带去等语奏闻。奉旨：'准奏。钦此'。"

　　从以上的资料记载，可证雍正《皇舆十排皇舆全图》及其他舆图
等，都是由雍正的第十三弟怡亲王允祥领导绘制的。除了在造办处、舆

图处绘画刷印"钦命"的以外，允祥还组织领导技术人员在其府内编绘舆图。雍正八年五月，允祥病逝，之后，海望乃奏请索回在怡亲王允祥府内绘图的技术人员及已完、未完的舆图资料，仍由造办处存放。

《雍正十排皇舆全图》又称雍正《直格皇舆全图》，内容及地名注记均详于康熙图。图中地名书写整齐，位置排列得当，各种图例符号的设计较为科学，纵横直线正交且等分，成正方形。该图按横线由北向南排列，每隔八条横线为一排，共分十排。长城以北及嘉峪关以西、青海、西藏、四川西部地区的名称注记用满文，长城以南直至海南岛等地区的名称注记，皆用汉文。

雍正处理政务时，经常参考地图。由于《雍正十排皇舆全图》篇幅较大，御览时有些不便，雍正特命内务府编绘尺寸小些的案头用图，并且对地图所绘内容、是否画边远地区的山河、文字注记等均提出具体要求。

《养心殿造办处各作成做活计清档》中记载："雍正五年九月二十日，据圆明园来帖称：郎中海望钦奉上谕：'着单画十五省舆图一份，府内单画江河水路，不用画山，外边地方亦不用画，其字比前所进的图上字再写粗壮些，用薄夹纸叠做四折。……照例写满汉字，钦此。'"由记录可知，清内务府总管海望奉上谕，组织官员绘制进呈了一幅专供雍正皇帝使用的舆图《十五省舆图》。此图纸底彩绘，纵横43厘米×40厘米，方向上北下南、左西右东，北起长城以北、盛京、内蒙古黄河、新疆，南至海南岛，东北濒海，东南至台湾，西抵四川、云南省以西的青海、西藏部分地区。

1755年（乾隆二十年），清军从乌里雅苏台（今蒙古国扎布哈朗特）和巴里坤两路进击，攻入伊犁，初步平定新疆。

1756年（乾隆二十一年），乾隆皇帝命都御史何国宗率一些传教士赴新疆测绘。自二月开始，分南、北两路同时进行，北路由努三负责，南路由何国宗、哈清阿负责。由于天山南路的叛乱尚未完全平息，所以只测量了吐鲁番地区及开都河流域，测绘主要是在天山北路进行的，至

当年十月结束。

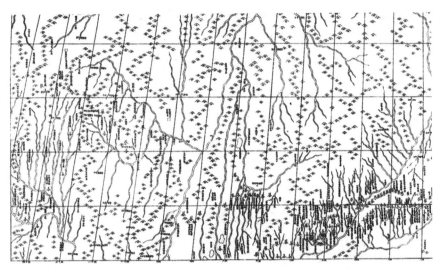

1932 年故宫博物院重印《乾隆内府舆图》

1759 年，清军攻克喀什噶尔和叶尔羌，天山南北两路完全平定。当年 5 月，乾隆派明安图率队到天山南路各地测绘，远至塔什干、撒马尔罕及克什米尔等地，历时近一年，至次年三、四月间结束。

这两次测绘的范围是哈密以西、巴尔喀什湖以东和以南，测定经纬点 90 多个。测绘负责人由中国官员担任，西方传教士充当了他们的助手和具体工作人员。

1760～1762 年，在康熙《皇舆全览图》的基础上，吸收了《西域图志》《钦定皇舆西域图志》等反映哈密以西地区的测绘成果，绘制完成了《乾隆内府舆图》。

《乾隆内府舆图》采用经纬线斜交的梯形投影法，图中以每五个纬度为一排，共 13 排，因此又被称为"乾隆十三排图"。

《乾隆内府舆图》以实测成果为制图依据，绘图范围比《皇舆全览图》几乎扩大了一倍，东北和内地部分与《皇舆全览图》基本相同，主要增加了新疆哈密以西的区域。向西一直画到波罗的海、地中海，向北一直画到俄罗斯北海。凡经过实测的地点，内容都比较详细准确。

17 世纪到 18 世纪，在宗教统治和帝国王朝受到历史性侵蚀并日趋瓦解的情况下，民族国家的国家意识应运而生，一幅地图、一种语言和一个民族，共同的习俗、信仰和传统，那些由君主资助的王国地图，在不经意间变成了一幅幅国家地图。

从法国卡西尼家族、英国军械测量局，到中国的康熙、雍正、乾隆皇帝，不约而同地开展了基于实地测量制作的国家制图行动。

经历了漫长而痛苦的历程，国家制图改变着人们对空间和视觉的感知，将国家视图化，催生出一种行政上的稳定性和崭新的地理现实，以及国民的情感依赖和对于祖国的忠诚。[1]

在人类社会的发展进程中，正是地图，提供了一种新的观察地球的水平视角，也提供了一种前所未有的地理语言。

（2016 年 12 月～ 2017 年 10 月，写于北京金家村）

---

[1]〔英〕杰里·布罗顿著，林盛译《十二幅地图中的世界史》，浙江人民出版社，2016 年，第 272 页。

参考文献

一、著作类

〔南宋〕陈元靓《新编纂图增类群书类要事林广记》，中华书局影印元至顺年间建安椿庄书院刻本，中华书局，1963 年。

〔德〕恩格斯《自然辩证法》，人民出版社，1971 年。

〔唐〕房玄龄等著《晋书·列传第五·陈骞、裴秀》，中华书局，1974 年。

〔清〕张廷玉《明史》卷二八三·列传第一百七十一·儒林二，中华书局，1974 年。

《马克思恩格斯全集》第 25 卷，人民出版社，1974 年。

〔明〕宋濂《元史》，中华书局，1976 年。

向达整理《郑和航海图》，《地名索引》，中华书局，1982 年。

〔法〕保罗·佩迪什著，蔡宗夏译《古代希腊人的地理学》，商务印书馆，1983 年。

〔意〕利玛窦等著，何高济等译《利玛窦中国札记》，中华书局，1983 年。

〔明〕茅元仪《武备志》卷二百四十《航海》，天启元年（1621）刻本，华世出版社，1984 年。

沈福伟《中西文化交流史》，《中国文化史丛书》，上海人民出版社，1985 年。

白寿彝《回族人物志》，宁夏人民出版社，1985 年。

〔明〕乌斯道《春草斋集·文集》卷三，《景印文渊阁四库全书》集部六·别集类五，第 1232 册，台湾商务印书馆，1983 ～ 1986 年。

〔波斯〕拉施特主编，余大钧译《史集》第三卷，商务印书馆，1986 年。

〔意〕克里斯托瓦尔·哥伦布著，孙家堃译《哥伦布航海日记》，上海外语教育

出版社，1987年。

林金枝、吴凤斌《祖国的南疆——南海诸岛》，上海人民出版社，1988年。

胡国兴《甘肃民族源流》，甘肃民族出版社，1991年。

〔德〕维尔纳·施泰因著，龚荷花等译《人类文明编年纪事：科学和技术分册》，中国对外翻译出版公司，1992年。

《秘书监志》卷四《纂修》，高荣盛点校，浙江古籍出版社，1992年。

汪前进、胡启松、刘若芳《绢本彩绘大明混一图研究》，《中国古代地图集》（明代），文物出版社，1994年。

〔美〕丹尼尔·J.布尔斯廷《发现者·人类探索世界和自我的历史》，上海译文出版社，1995年。

〔美〕希提著，马坚译《阿拉伯通史》（上册），商务印书馆，1995年。

白寿彝《中国通史·中古时代·元时期》（上），上海人民出版社，1997年。

葛剑雄《中国古代的地图测绘》，商务印书馆，1998年。

〔古希腊〕亚里士多德著，吴寿彭译《天象论·宇宙论》，商务印书馆，1999年。

顾颉刚、史念海《中国疆域沿革史》，商务印书馆，1999年。

〔古希腊〕柏拉图著，王晓朝译《柏拉图全集》第一卷，人民出版社，2002年。

〔古希腊〕柏拉图著，王晓朝译《柏拉图全集》第三卷，人民出版社，2003年。

〔元〕刘应李原编、詹友谅改编《大元混一方舆胜览》（上、下），郭声波整理，四川大学出版社，2003年8月。

〔日〕海野一隆《地图的文化史》，新星出版社，2005年。

〔法〕韦尔东著，赵克非译《中世纪的旅行》，中国人民大学出版社，2007年。

〔日〕宫纪子《蒙古帝国所出之世界图》，日本经济新闻出版社，2007年。

江晓原《托勒密评传》，http://shc2000.sjtu.edu.cn/030504/Ptolemy.htm，2007年。

邓之诚《骨董琐记全编·骨董三记》卷六"郑和印造大藏经"，中华书局，2008年。

〔英〕杰里米·哈伍德、萨拉·本多尔著，孙吉虹译《改变世界的100幅地图》，生活·读书·新知三联书店，2010年。

〔美〕马克·蒙莫尼尔著，黄义军译《会说谎的地图》，商务印书馆，2012年。

〔美〕阿瑟·H.鲁滨逊《地图一瞥·对地图设计的思考》，测绘出版社，2012 年。

〔美〕维森特·韦格著，金琦译《绘出世界文明的地图》，清华大学出版社，2013 年。

〔古希腊〕斯特拉博著，李铁匠译《地理学》，上海三联书店，2014 年。

〔日〕宫崎正胜著，朱悦玮译《航海图的世界史·海上道路改变历史》，中信出版社，2014 年。

石琴娥《萨迦选集》，商务印书馆，2014 年。

〔英〕罗宾·汉伯里－特里森主编，王晨译《伟大的探险家》，商务印书馆，2015 年。

〔加〕史密斯著，刘颖译《地图的演变》，江苏凤凰美术出版社，2015 年。

〔加〕卜正民著，刘丽洁译《塞尔登的中国地图：重返东方大航海时代》，中信出版社，2015 年。

祝平一《说地·中国人认识大地形状的故事》，商务印书馆，2016 年。

成一农《"非科学"的中国传统舆图：中国传统舆图绘制研究》，中国社会科学出版社，2016 年。

〔英〕杰里·布罗顿著，林盛译《十二幅地图中的世界史》，浙江人民出版社，2016 年。

〔英〕安妮·鲁尼著，严维明译《世界人文地图趣史》，电子工业出版社，2016 年。

〔美〕诺曼·思罗尔著，陈丹阳、张佳静译《地图的文明史》，商务印书馆，2016 年。

欧阳琼《维米尔的地图·对 17 世纪荷兰地图化版商布劳家族的研究》，2016 年。

〔英〕西蒙·加菲尔德著，段铁铮、吴涛、刘振宇译《地图之上：追溯世界的原貌》，电子工业出版社，2017 年。

〔德〕安德烈娅·武尔夫著，边和译《创造自然》，后浪出版公司，2017 年。

苏天爵《滋溪文稿》卷八，《萧贞敏公墓志铭》，《适园丛书》本。

Wikipedia（维基百科），吉姆·西博尔德（Jim Siebold）：我的老地图网站（www.myoldmaps.com）。

二、论文类

陈佳荣《清浚"疆图"今安在？》，《海交史研究》2007 年第 2 期。

陈佳荣《新近发现的〈明代东西洋航海图〉编绘时间、特色及海外交通地名略析》，《海交史研究》2011 年第 2 期。

〔法〕德东布《法国国立图书馆发现的一张 16 世纪的中国地图》，耿升摘译，《亚细亚学报》第 262 卷第 1～2 期，1974 年，载于《中国史研究动态》1981 年第 6 期。

〔法〕杜赫德著，葛剑雄译《测绘中国地图纪事》，《历史地理》第 2 辑，1982 年。

葛剑雄《和平之旅　人类之光·郑和航海的两大重要特点》，《文汇报》2007 年 8 月 26 日第 8 版。

龚缨晏《托勒密的世界地图》，《地图》，2015 年 9 月。

桂起权《物理学史上的毕达哥拉斯主义研究传统》，《洛阳师范学院学报》2005 年第 4 期。

韩昭庆《康熙〈皇舆全览图〉空间范围考》，《历史地理》2015 年 12 月。

李迪《纳速拉丁与中国》，《中国科技史料》1990 年，第 4 期。

李孝聪《传世 15～17 世纪绘制的中文世界图之蠡测》，载刘迎胜编《〈大明混一图〉与〈混一疆理图〉研究》，凤凰出版社，2010 年 12 月。

林梅村《〈郑芝龙航海图〉考》，《文物》2013 年第 9 期。

马建春《元代东传回回地理学考述》，《回族研究》2002 年第 1 期。

钱江《一幅新近发现的明朝中叶彩绘航海图》，《海交史研究》2011 年第 1 期。

宋黎明《中国地图：罗明坚和利玛窦》，《北京行政学院学报》2013 年第 3 期。

唐宏杰《"三宝"太监郑和研究新得》，《中国港口博物馆馆刊》2016 年增刊第 1 期。

唐锡仁、黄德志《明末耶稣会士来华与西方地学的开始传入》，《明清之际中国和西方国家的文化交流——中国中外关系史学会第六次学术讨论会论文集》，1997 年。

汪前进《罗明坚编绘〈中国地图集〉所依据中文原始资料新探》，《北京行政学院学报》2013 年第 3 期。

武晓阳《斯特拉波〈地理学〉的史料考信方法》,《史学史研究》2016 年第 1 期。

杨新世《惠施"我知天下之中央"命题新解》,《河北学刊》1988 年第 6 期。

张箭《地理大发现新论》,《江苏行政学院学报》2006 年第 2 期。

张西平《欧洲传教士绘制的第一份中国地图》,《史学史研究》2014 年第 1 期。

后记

写完最后一行字，从办公室西窗眺望冬日的夕阳远山，我又一次意识到，作为年近花甲之人，《地图简史》这本书，是职业生涯的告别之作。

不经意间，我在测绘这个专业性很强的行业已经工作了 20 多年。我发现，即使在测绘行业，人们关注得更多的也是地图制作而非地图本身，对于地图的悠久历史、来龙去脉，像我曾经那样懵然无知者并非寥寥，更不用说社会上的一般读者了。

作为"观世界、世界观"的地图，历史积淀异常丰富，优秀之作堪称人类文明、文化的标杆。从社会、文化和科技发展的角度审视地图的历史，介绍最著名的地图作品与地图学家，很有意义和必要。

2010 年 4 月，按照国家测绘地理信息局的要求，我参加了南海地图专项工作组，开展了南海地图专题研究的工作。经过几年的努力，我和几位年轻的同事陆续完成了《南海地图研究报告》《南海地图选编》《南海图记》以及《钓鱼岛图志》，这几个项目通过了专家评审，并获得两次测绘地理信息科技进步二等奖。我也由此与地图研究结缘。

写作《地图简史》有点偶然。2016 年底，我有感而发，写了一组《新大陆舆图故事》，在《中国测绘》刊物和测绘界的一个网站上连载。接着，竟然一发而不可收，在差不多一年的时间里，我沉迷于几千年来的地图世界，重走地图史漫漫征途，沁润不同地域和时代的地图文化，勾勒主流地图发展脉络，回溯从上古绘图到 19 世纪的地图发展历程。

当然必须承认，就全球地图史而言，以我的专业、学术背景、知识

储备，写这样一本书，还是属于自不量力的"生命不能承受之重"。我只能努力学习国内外地图史专家的著作和研究文章，遵循孔子"述而不作，信而好古"①的教诲，尽量向读者呈现一部诚实之作。

诚挚感谢我在参考文献中所列出的和未及列出的各国地图史学者、专家，他们出色的著作，促使我将对地图史的一般兴趣，上升为写作此书的动力。

诚挚感谢尊敬的王家耀院士，他不仅在以往的交流中给予了我很多宝贵的指导，主持对这一研究课题的评审，还亲自在百忙中赐序。

诚挚感谢国家测绘地理信息局测绘发展研究中心陈常松主任，他热情鼓励我开展地图史方面的研究，并将《地图简史》列入单位的科研计划。

诚挚感谢商务印书馆李智初先生和责任编辑陈娟娟女士，他们对于本书的编辑出版进行了精心指导、辛勤工作。

徐永清

2017 年 12 月 5 日

于北京金家村

---

① 《论语·述而第七》："子曰：述而不作，信而好古，窃比于我老彭。"